마스터 아키텍트

방식에 의한 **건축설계 방법**

마스터 아키텍트 방식에 의한 **건축설계 방법**

1판 1쇄 발행 2007년 3월 5일
1판1쇄 인쇄 2007년 3월 10일

지은이 | 키타오 야스노리
편역자 | 이정호 김종하 김주야
발행인 | 김병계
발행처 | 도서출판 보문당
등록 | 1990년 6월 15일(제1-1066호)
주소 | 서울시 마포구 신수동 448-6 우) 121-110
전화 | 704-7025 / 704-0635
팩스 | 704-2324
홈페이지 | http://www.bomoondang.co.kr
전자우편 | bmdpub@empal.com

값 17,000원

ISBN 978-89-8413-130-9 (93530)

*파본이나 잘못된 책은 교환하여 드립니다.

마스터 아키텍트

방식에 의한 건축설계 방법

The Master Architect Design Collaboration Method

키타오 야스노리 저

이정호 김종하 김주야 편역

普文堂

제3부 설계 전개프로세스의 고찰

제5장 설계지침의 역할

제6장 합의형성방법

제7장 설계전개의 배경

제8장 결론

서문

이 책은, 저자가 도쿄대학에서 작성한 박사논문 「마스터 · 아키텍트방식에 의한 건축집합체의 환경설계 방법」(2001년)을 기초로 편역서로 출판하게 되었다. 박사논문은 이후 2001년도 일본 도시계획학회에서 학회상을 수상하였고, 2005년도에는 네덜란드의 델프트공과대학에서 'Collaborative Urban Design Shaping the city as a collaborative process' 로 출판되었다.

이러한 수상과 출판을 계기로 마스터 · 아키텍트(MA)방식에 대한 저자의 연구성과를 한국에서도 출판하고자 하는 의욕이 생겨났다. 저자에게 MA방식을 처음 지도해 준 것은 内井昭蔵 교수였다. 우찌이 교수는 저자가 교토대학에서 MA에 관련된 연구를 시작했을 때부터, 실전프로젝트와 이론을 겸비하게 지도해 주었는데, 「논문도 건축 설계와 같은데, 하나의 논문은 하나의 건축이지요」라고 저자를 격려해 준 것이나, 네덜란드에서 연구를 계속하고 있었을 때에, 2002년 도시계획학회에서 상을 받게 되었다는 내용을 전하는 전화에서, 「연구한 성과가 한단계 올라섰네」라고 격려해 주었다. 이러한 격려가 저자에게는 하나의 큰 교훈이 되어, 그 후 MA에 대한 연구에 더욱더 열정을 쏟는 계기가 되었다. 지금은 고인이 되어버린 우찌이 교수에게 한국에서 출간되는 이 책을 바치고자 한다.

그리고 도쿄대학에서는 長澤泰 교수에게 논문지도를 받음으로써, 연구 내용을 보다 깊고, 실제 MA설계에 응용 가능한 논문으로서 진일보할 수 있었다. 나가사와 교수의 국제적인 활약에 영향을 받아 저자는 국제적으로 건축을 전파하는 것에 관심을 가지게 되었고, 어느 나라에서나 통용될 수 있는 건축방식을 생각하게 되었다.

이러한 것이 네덜란드, 한국, 중국에서 본서를 출판하려는 원동력이 되었다. 네덜란드의 델프트 공과대학에서 지도를 해주신 Jurgen Rosemann 교수도 국제적인 건축교육에 종사하면서 많은 나라의 학생들을 지도하고 있는데, 네덜란드에서는 자국의 학생과 더불어 여러 외국의 연구자와의 교류를 통해 저자의 연구

내용을 국제적인 것으로서 변모시켜 갈 수 있었다.

저자가 이러한 국제적인 연구 활동을 할 수 있게 지원해 주신 것은, 교토 공예섬유대학의 고 材野博司 교수 외 교토공예섬유대학의 여러 선생님들이었다. Urban Design이라고 하는 분야에 나를 끌어 들여 주신 것이 材野 교수였는데, 그 밑에서 일하는 기간에 박사논문의 완성을 지도해 주었다.

이 출판은 글로벌사회에 있어 하나의 새로운 시도이다. 도쿄대학에서의 박사논문을 계기로 네덜란드에서의 출판, 그리고 이번 한국에서의 출판, 그리고 계획 중인 중국에서의 출판 등 세계 각국에서 출판을 계획하고 있으며, 그때마다 연구 성과의 질이 높아져만 가고 있음을 느낄 수 있었다.

이 책이 목표로 하는 것은 협동(collaboration)이다. 협동은 21C 건축이나 도시계획에 없으면 안 되는 개념이라고 컬럼비아대학에서의 국제회의에서 전 UIA회장인 사라 · 토프슨 교수가 저자의 주제를 평가해 주었다.

이제 본 저서가 한국에서 재편집되어 출판에 이르게 되었다. 한국에서는 편역저자로 참여하고 있는 이정호 교수로부터 많은 지원을 받아 한국어판을 내게 되었다, 이정호 교수는 예전에 병산서원에서 개최되었던 건축아카데미에서 국제적인 건축교육을 목표로 하는 저자에게 매우 깊은 인상을 주었다. 사실 이 병산아카데미에서의 활동이 저자가 국제적인 활동을 하기 시작한 원점이라는 생각도 든다. 병산아카데미에서 저자는 일본 학생들과 함께 참가하는 기회를 가졌는데, 기대 이상으로 한국 학생들의 정열을 체감했다. 병산아카데미에서의 경험은 일본인이었던 필자에게는 예상을 초월할 정도로 파격적인 인상을 주었다. 병산서원 만대루에서의 특강은 물론, 강변 텐트에서의 철야작업, 학생지도에 힘쓰는 한편 같이 참가했던 튜터들과 건축과 도시를 주제로 열띤 토론을 벌이는 등 아카데미에서의 경험은 또 다른 건축의 방법을 눈뜨게 한 하나의 계기가 되었다. 그때 학생들의 뜨거운 열정이 지금도 저자를 분발하게 하는 원동력이 되고 있음을 고백하지 않을 수 없다.

병산서원이 소재한 경상북도는 일본 교토에서 태어난 저자에게 있어 많은 기회를 만들어준 지역이다. 대학생 때 처음 한국을 방문한 것도 경북 안동이었는데, 그 때에는 교토가 위치한 긴키지방의 고대문화의 근원을 보기 위한 여행이었다. 이 여행에서 저자는 고대의 유적에서부터 현대에 이르기까지 한국에 대한 인식과 견지의 폭을 넓힐 수 있었다. 긴키지방의 고대 불상, 장식품, 고분, 사원에 관한 자료를 발췌하여 한국의 박물관이나 미술관을 들러보면서 풍경을 스케치했다. 이러한 과정에서 한국과 일본 긴키지방의 고대 문화와의 공통성을 강하게 인식할 수 있었고, 그것에 대한 감동은 이루 형용할 수 없을 정도로 가슴에 와 닿았다. 한국의 남부지방이 본래의 의미에서는 긴키지방 문화의 원점이었던 것을 확인하는 순간이기도 했다.

그리고 지금, 이 지역에서 활동하는 이정호 교수, 김종하 교수, 김주야 교수를 비롯해 많은 지인들의 성원에 힘입어 함께 저자의 저술은 한국의 실정과 세계에 통할 수 있는 내용으로 편집하는 과정에서 얻어지는 새로운 것에 대한 발견의 기쁨을 모두에게 알리고 싶다. 그리고 새로운 세기가 열린 앞으로도 이러한 교류는 계속적으로 이루어졌으면 하는 바람이다.

본 편역서가 출판하는 과정에서 신세를 입은 많은 분들의 성함을 하나하나 열거하지는 못하지만, 이 장을 빌어 감사의 뜻을 전한다.

감사합니다.

2006년 12월

敎授 北尾靖雅(키타오 야스노리)

편역자 서문

본서의 저자 키타오 교수는 그의 도쿄대학 박사학위논문인 「마스터 · 아키텍트방식에 의한 건축집합체의 환경설계 방법」(2001년)으로 2002년 일본 도시계획학회 학회상을 수상한 바 있다. 그는 역자가 10여년을 주관한 병산건축아카데미에 참가한 이후 그것이 인연이 되어 지금까지 교류를 계속해 왔다. 그는 매사에 정열적이고 진지한 성품의 소유자로서 현재는 교토여자대학에서 교수이자 연구자로서 또한 설계스튜디오의 건축가로서 바쁘게 활동을 하고 있다. 특히 마스터 · 아키텍트방식에 관해서는 그의 연구가 세계적으로도 참고문헌으로서 언급될 정도로 그 누구보다도 많은 연구를 한 사람으로 알려져 있다. 이러한 연유로 역자는 연령차이나 국적을 떠나 키타오 교수를 신뢰하며 학술적으로나 인간적으로 긴밀하게 교류를 맺고 있다. 특히 역자가 코디네이터로서 세계적인 건축가인 치퍼필드, 시게루 반, 시저 펠리, 레골레타 그리고 빌모트와 함께 대구광역시 봉무동 패션어패럴 주거단지 조성 프로젝트를 수행할 때 역자는 그와 많은 논의를 하기도 했다.

그의 연구에 대한 국제적인 첫 결실은 학위취득 후 2005년에 네덜란드 델프트공대에서 연구를 위해 초청되면서 그 대학 출판부에서 'Collaborative Urban Design Shaping the city as a collaborative process' 란 제목으로 책을 출간하게 되었다. 이를 계기로 저자는 마스터 · 아키텍트(MA)방식에 대한 연구 성과를 한국에서도 출판하고자 하는 의사를 피력하였고 현재 중국에서도 출판을 위해 협의 중이다.

이러한 출판의 배경에는 저자가 가장 존경하던 실질적, 정신적 스승인 일본의 마스터 · 아키텍트 방식의 개척자라 할 지금은 고인이 된 교토대학의 内井昭蔵(우찌이) 교수에게 헌정의 뜻도 있다. 역자도 한번 뵌 적이 있는 우찌이 교수는 매우 인자하고 합리적인 분으로 카나자와 나미키 주거단지(1981)의 참여건축가를 시작으로 한난스카이타운(1994), 매우 성공적인 사례로 평가되는 미나미 오사와 15와 사이타마 뉴 어반 센타(1996), 그리고 시가 현립대학(1992)에 이르기까지 마스터 · 아키텍트를 하셨던 분이다. 저자는 그 스승에게서 이론적으로나 현실적으로도 많은 것을 보고 배울 수 있었던 큰 행운에 대한 보답을 하고 있는 것이다.

이 책은 다원화, 다양화된 21세기에 건축이나 도시를 계획하면서 없어서는 안 되는 중요한 개념인 협동(collaboration)에 대한 하나의 기준이 되는 책이다. 개인의 능력만으로는 한계가 있는 공공 프로젝트로서의 건축이나 도시디자인 프로젝트를 수행해 나갈 때 협동을 위해 다양한 전문가들이 어떻게 참가하면 좋을 것인가, 어떤 방법으로 상호조정을 통해 합리적으로 목표에 도달할 것인가, 설계와 연계된 프로세스는 어떤 방식과 특성을 가지고 있으며 또한 설계가이드라인의 운용과 합의 형성을 이루는 과정상의 중요점은 무엇인가 등에 이르기까지의 광범위한 내용을 매우 상세하게 기술하고 있다. 이 책에서 저자는 앞으로의 건축과 도시설계에 있어서 마스터 · 아키텍트 방식이 하나의 훌륭한 해법을 제시할 수 있음을 잘 보여주고 있다.

이미 우리나라에서도 주택공사를 중심으로 마스터 · 아키텍트 시스템에 대한 많은 연구결과가 나왔고 실제 대규모의 공공적 도시디자인 프로젝트에서 이 방식을 적용하여 시행하고 있으며 앞으로는 더욱더 활성화되어질 것으로 보인다. 그런 연유로 역자는 오래전 에 서구에서 시작된 도시디자인의 수법을 일본에서 적용된 경험과 실제에 의거하여 수많은 사례와 건축가 그리고 과정상의 문제점까지 매우 소상하게 전개한 이 책이 장차 우리나라에서 시행될 주거프로젝트만이 아니라 다양한 공공적인 성격의 프로젝트에 하나의 이론서로서 또는 지침서로서 큰 도움이 될 수 있을 것으로 기대하고 있다.

이처럼 좋은 책의 출판을 위해 번역서를 역자에게 믿고 맡긴 키타오 교수에게 먼저 감사드리고 번역을 위해 수고를 아끼지 않은 김종하 교수님과 김주야 교수님을 비롯하여 출판을 맡아주신 보문당 김병계 사장님과 김태우 실장님 그리고 그 동안 도와주신 많은 분들께 진심으로 감사의 뜻을 전합니다.

2007년 2월
편역자 대표 이 정 호

추천의 글

「마스터아키텍트방식에 의한 건축설계방법」이 한국에서 출판되는 것은 매우 의미가 깊습니다. 왜냐하면 故 内井昭蔵 박사와 연구를 거듭해 온 저자 北尾靖雅 교수는 본서에서 많은 건축가의 참가에 의해 건축 집합체를 설계 · 창조하는 구체적인 방법을 제안하고 있기 때문입니다.

저자는 소생의 지도 속에서 박사학위를 도쿄대학에서 받았습니다. 학위를 취득한 후에 델프트공과대학에서 연구를 계속하는 행운을 잡았습니다. 국제적인 환경에서 박사논문에 대한 연구를 더욱 전개하여, 네덜란드에서 저자의 이론을 출판하는 기회를 갖게 되었습니다.

서양에서 태어난 Urban Design 개념이 동양에서 전개되어, 다시 서양에서 꽃을 피우는 경사스러운 사건이 일어난 것입니다. 본서의 주제는 Urban Design에 있어서의 협동입니다. 협동이라고 하는 주제는 전통적인 한국의 민간예술을 깊게 이해하고 있었던 柳宗悅(야나기 무네요시)의 사상에서도 볼 수 있었습니다. 柳宗悅씨는 한국의 전통적인 민예를 연구하고, 일본에서 민예운동을 진흥시킨 이 분야의 제1인자입니다. 柳宗悅씨는 개인의 창작에는 한계가 있으므로, 개인이 서로 경합하는 세계가 아닌, 서로 힘을 합쳐서 일을 하는 「협단(協團)」을 이상적인 것으로 여긴 인물이었습니다. 또한 「협단은 질서 있는 자유를 우리들에게 전한다」(工芸の道, 1927년)라고 말하기도 했습니다. 柳宗悅씨가 생각한 「협단」은 한국의 공예미와 어떤 불가분의 관계가 있다는 생각이 듭니다. 개인의 능력만으로는 달성할 수 없는 도시공간이라고 하는 것에, 柳宗悅씨의 이른바 「사회미(社會美)」(工芸の道, 1927년)를 대상으로 삼는 공간의 설계에 사람들의 협동이라고 하는 사고방식을 채용한 것은 도시디자인에 있어서의 공예적인 접근이라고도 말할 수 있는 것이 아닐까요.

그런데, 도시디자인에서 협동에 대한 과제는 다양한 전문가가 어떻게 참가하면 좋을 것인가 라고 하는 것에 연결됩니다. 마스터아키텍트방식은 이 과제에 하나의 해답을 제시하고 있습니다.

일본에서 마스터아키텍트방식의 발전은 공영주택의 주거환경개선이라고 하는 과제와 결부되고 있었습니다. 제2차대전 후, 주택의 절대적인 부족에 대한 긴급대책으로, 대량의 공적주택이 건설되었지만, 주거평면의 획일화, 자재나 공비절약을 위한 규격화, 또 남측평행배치에 의한 동지 4시간 일조의 기준 등에 의해 균일한 환경이 형성되었습니다. 이것에 대해 마음 아파하던 일부 건축가들은 건축경관에 변화를 주는 방법을 고안해 실천했습니다. 도쿄대학의 吉武泰水(요시타케) 등의 연구그룹은 중정을 둘러싼 건축구성의 그룹핑 이론을 제안하고, 단지설계에 실제로 적용시키는 등, 다양한 주거환경의 형성을 유도해 왔습니다. 그리고 고도경제성장기의 거대한 단지계획에서는 통합을 형성하는 것이 중요한 과제가 되었습니다. 건축의 배치방식이나 거리의 패턴에 대한 연구 등 다양화와 통합을 실현하는 방법이 검토되었습니다. 그러나 현실에서는 여전히 균일한 주거환경이 대세를 이루고 있었습니다.

1973년의 오일파동 후, 주택의 신규수요가 격감하고, 획일적 외관의 주거동에서는 빈 집이 속출하여 계획의 재검토가 필요가 되었습니다. 입주자의 생활수준의 향상에 따라 다양한 요구에 부응한 주택공급이 필요하게 되었고, 주택공단은 다양한 주택을 건설할 수 있는 시스템을 개발하여, 개성화에 대응하지 않을 수 없었던 것입니다. 그리고 이바라키현이나 요코하마시 등과 같이 선진적 주택정책을 펼치는 지자체에서는 적극적인 주거환경형성의 전개가 이루어져 세간의 이목을 집중시킨 집합주택이 잇달아 건설되었습니다. 종래의 도시계획주도형의 공적단지계획에 건축가나 건축계획연구자의 제안이 요청되고, 반영되게 된 것입니다. 이러한 흐름 속에서 다마뉴타운의 미나미오사와 15주구에서 실시된 마스터아키텍트방식이 Urban Design의 방법으로서 확립된 것입니다.

여기서 일본의 건축가가 도시경관에 적극적으로 관여한 것은 특필해야 할 것입니다. 일반적으로 일본의 건축가는 서양의 건축가만큼 도시경관에 대하여 배려를 하지 않는 것으로 알려져 있습니다. 이것은 일본의 메이지시대 이래의 건축교육에도 다소 문제가 있습니다. 건축교육이 건설기술을 중심으로 하는 체계에 놓이게 되어, 도시나 환경이라고 하는 시점에 대해서는 거의 배려를 하지 않는 상황으로 교육이 전개된 것입니다. 즉 서양사회와 같이 사회형성에 참가하는 건축가라고 하는 사고방식은 일반적이지 않았던 것입니다. 그러나 전후, CIAM 회의에 참가한 前川國男(마에카와)이나 丹下健三(탄게켄조)를 통해, 도시와 건축과의 관계를 생각한다고 하는 근대적 사상이 널리 퍼지고, 黑川紀章(구로카와), 菊竹清訓(키쿠타케), 槇文彦(마키), 磯崎新(이소자키) 등과 같은 메타볼리즘(metabolism) 건축가들은 도시에서 건축이 가져야 할 본연의 모습을 모색하기 시작했습니다. 그들은 일본 도시의 상황을 건축적 방법으로 개선하는 것을 지속적으로 생각해 왔습니다.

또한, 도시와 건축의 관계를 이론적으로 소개하는 저서도 나왔습니다. 일본에서 Urban Design의 1인자라고도 말할 수 있는 芦原義信(아시하라)의 저서 「외부환경의 설계」는 미국에서도 출판되어, 일본 Urban Design의 개념 확립에 많은 공헌을 했습니다. 그는 주택이나 건물의 외부환경이 얼마나 중요한가에 대해 다양한 출판물을 통해서 일본의 건축가들에게 전해준 것입니다. 이렇게 건축이 도시에 근접하는 흐름에서, 르 · 꼬르뷔제의 공동저자였던 吉坂隆正(요시사카)와 메타볼리즘(metabolism)을 추진한 菊竹清訓(키쿠타케)의 밑에서 건축을 배운 고 内井昭蔵(우찌이) 박사가 마스터아키텍트방식으로 Urban Design을 구체화하는 방법을 실천한 것입니다.

이 저서는 우찌이 교수의 제자인 北尾靖雅(키타오) 교수가 조화가 잡힌 도시환경을 형성한 실천적 경험을 이론적으로 정리한 것입니다. 이것은 일본의 근 · 현대에 Urban Design의 개념을 널리 해외에 소개하는 것이며, 일본의 건축가나 공공주택개발을 추진해 온 사람들과 한국에서 건축에 의한 도시디자인을 목표로 하는 사람들이 장래의 도시디자인에 대하여 그 생각을 공유할 수 있을 것입니다.

한국은 대규모의 공공적 도시디자인 프로젝트에서 마스터아키텍트방식이 시범적으로 채용되고 있다고 들었습니다. 서양에서 탄생한 도시디자인의 수법을 일본에서의 이해와 경험에 의거하여 전개한 이 저서에 의해 향후 한국에서의 프로젝트에 기여할 수 있다면 저자에게 있어 대단히 영광스러울 것입니다.

한 · 일우정의 해(2005년)에 도시설계 과정에서 협력의 중요성을 진술한 출판 프로젝트를 한 · 일의 연구자 · 건축가가 힘을 합쳐서 실현한 것은 시대를 반영한 사건이라고 생각합니다. 일본에서 해석된 서양 Urban Design의 개념을 일본에서 주변의 각국으로 발신하는 것은 한 · 일 학술문화의 전개에도 좋은 기회를 주고 있습니다. 저자 키타오 교수는 저서에서 주요 컨셉으로 다루어지고 있는 협력이라고 하는 키워드가 양국 사람들에게 다시 인식하게 되어서, 금후 한국과 일본의 우호적인 교류가 더욱 촉진될 것을 기원하고 있습니다.

2007년 1월

東京大學大學院工學係硏究科

建築學專攻

教授　長澤泰(나가사와 야스시)

제 1 부

설계 조정 방법의 고찰

지금까지 건축 집합체를 대상으로 한 협동설계사례에서는 어떻게 설계내용을 조정해서 온 것일까? 본서에서는 마스터아키텍트방식(MA방식)에 유사한 설계사례를 대상으로, 설계조정이 어떻게 이루어져 왔는가를 그 구조에서부터 고찰하였다. 그리고 건축 집합체를 구성하는 건축물이나 도시기반을 통합해서, 복수의 설계자가 일체적으로 건축 집합체를 설계하기 위해서 필요하다고 생각되어지는 설계조정방법을 명확히 밝히고자 한다. 이러한 사례전개 속에서 본서에서 고찰하는 MA방식의 특징이 하나하나 명확히 밝혀질 것이다.

제 1 장

설계조정의 틀

1-1 개요

협동설계에서는 전체 대지를 복수의 설계자가 분할하고, 각 설계자가 개별 대지를 설계한다. 또 「협동」에서는 항상 참가자의 공통 목표가 존재한다. 여기서는 이러한 협동설계의 기본적인 형태에 대하여 「개체」를 어떻게 「집합」(「개체」와 「집합」은 각각 개별 대지와 건축 집합체에 대응한다)으로 만들어 가고 있는가에 대해 기술한다. 그리고 건축 집합체의 설계내용을 조정하는 조정수법과 그 방향성(이하, 조정경향)을 파악하여, 건축 집합체를 설계하기 위해 필요한 조정의 짜임새를 이하의 순서에 입각하여 기술했다.

① 협동설계방법의 사례를 수집해서 참가자의 구성, 과제 등을 조사

② 각 사례의 집합유형과 집합체의 구상을 조사해 분류

③ 각 사례별 협동설계 틀에 의한 조정수법, 설계전개의 구성순서, 설계내용을 직접 조정하는 수법을 조사하고, 각각의 조정경향을 분석

④ 설계조정수법과 그 조정경향에서, 각 사례별로 채용된 설계내용 조정수법의 구성을 살펴보고, 그것과 집합유형, 집합체의 구상과의 관계를 조사

⑤ 협동설계사례 전체 중에서 본서에서 상세하게 고찰하는 미나미오사와 15주구, 시가현립대학, 한난 스카이타운, 사이타마 신도심의 특색을 조정수법의 관점에서 비교해 그 특색을 밝힌다.

1-2 분석 대상의 설계사례

본서에서 대상으로 삼은 설계사례는 복수의 설계자가 건축 집합체의 설계에서 전체 대지를 복수로 분할한 대지(개별 대지)에, 각기 다른 건축물이나 도시기반의 설계자가 분담하여 설계가 이루어진 최근의 사례 중에서 대표적인 29건의 설계사례(표 1-1)를 선정하였다. 설계사례 No.1~29를 대상으로 각 사례에 채용된 조정수법을 설계보고서, 디자인코드(Design Code),

마스터플랜(Master Plan)을 조사했다. 그리고 설계 프로세스를 특징짓는 설계조정수법을 추출하고, 사례와의 관계를 정리했다(표 1-5).

표 1-1

사례명칭	개발시기	설계자수	건설된 도시	설계사례의 개요	사례기호	분류기호
리에주대학 (리에주)	1967~	11* (1)	벨기에 Liege	삼림보호 문제와 대학 확장의 문제에 대하여 삼림보호를 전제로 대학계획이 진행되었다.	1	Dd1
루반 · 라 · 누브 (루반)	1971~	7 (1)	벨기에 Ottignies	「도시와 대학의 일체화」 이념에 의해 중세 이후의 대학이 이전함으로써 대학도시가 건설되었다.	2	Da2
카메오카(龜岡) 고세(古世)단지계획 (고세(古世)단지)	1975	6 (1)	교토부(京都府) 카메오카(龜岡)시	카메오카시 주택공사가 계획한 166호의 분양주택(기본설계만).	3	Ba1
카나자와(金澤) 나미키(竝木) 2가 중앙 존 (카나자와(金澤))	1981	4 (1)	카나가와(神奈川)현 요코하마(橫浜)시	대규모 단지의 보행자전용 도로를 중심으로 하여 거리를 테라스하우스로 만드는 것을 테마로 했다.	4	Cc1
자르갓세(Saalgasse) (Saal)	1982	12 (1)	독일 Frankfurt	대성당 주변지구의 현상공모에서 성당이 도시건축 스케일과의 조화 때문에 주택이 제안되었다.	5	Ac1
이바라키(茨城)현 사쿠라가오카(櫻ケ丘) 단지 (사쿠라가오카(櫻ケ丘))	1982	4 (1)	이바라키(茨城)현 미토(水戶)시	건설성이 추진하는 우량모델 주택가구로서 기존단지와는 다른 화려한 분위기가 목표로 되었다.	6	Cc2
이바라키(茨城)현영 타자와다이(田澤台)단지 (타자와다이(田澤台))	1983	5	이바라키(茨城)현 히타치(日立)시	우량모델 주택의 하나로서 건설된 사업으로, PC공법으로 건설되고 고밀도한 계획이 재고되었다.	7	Bd3
시브가와(澁川) 상가 (시브가와(澁川))	1983	10 (1)	군마(群馬)현 시브가와(澁川)시	상가 재생을 주민이 스스로의 손으로, 집단적으로 착수한 사례.	8	Aa2
에이브레인지구 (에이지구)	1989	5 (1)	네델란드 Amsterdam	조선소 도크의 철거지에 2개의 주구를 근린의 전원도시 전통을 계승해서 건설했다.	9	Ba3
벨코리누 미나미오사와(南大澤) (미나미오사와(南大澤)15주구)	1988	7 (1)	도쿄(東京)도 다마(多摩)시	다마뉴타운의 일각에 남겨진 자연지형을 살린 1500호의 집합 주택단지.	10	Da3
주택환경전 (주택환경)	1989	7 (2)	후쿠오카(福岡)현 후쿠오카(福岡)시	박람회의 세계 설계자 거리존에 상업시설 3동, 집합 주택 4동으로 구성.	11	Ac3
하이터치 리서치파크 (하이터치)	1990	6 (1)	교토(京都)부 키주쪼우(木津町)	지역기업이 모여 새로운 산업을 다른 업종끼리의 교류에 의해 만들어내기 위한 산업단지.	12	Db4
넥서스 월드 (넥서스)	1991	8 (1)	후쿠오카(福岡)현 후쿠오카(福岡)시	박람회를 계기로 개최된 주택전시회에서 중층주택 192호, 점포 16호로 구성된 주택단지.	13	Ac4
오라니에 · 낫소우 · 가젤네 (오라니에)	1992	7 (2)	네델란드 Amsterdam	이전에는 군대가 소유하고 있었던 군부대 철거지를 집합 주택지로 재생하는 사업.	14	Bc4

사례명칭	개발시기	설계자 수	건설된 도시	설계사례의 개요	사례 기호	분류 기호
팔쿠 · 데 · 마르지구 (팔쿠)	1992	33 (1)	스페인 Barcelona	바르셀로나 올림픽에 필요한 선수촌 건설이 이루어져 공업지대를 주택도시로 만들었다.	15	Ba5
쯔루가메(鶴亀)타운 (쯔루가메(鶴亀))	1992	3 (1)	카고시마(鹿兒島)현 이즈미(出水)시	지역의 조사를 실시하여, 방의 배치나 단면 등 지역에 어울리는 공영주택단지로 설계되었다.	16	Cb3
아사힐즈 (아사)	1993	5 (1)	효고(兵庫)현 고베(神戸)시	세이신(西神)NT에서 주택도시정비공단의 협동주택제도의 협의회에서 설계되었다.	17	Bc6
벨시지구 (벨시)	1994	7 (1)	프랑스 Paris	도심에 남겨진 19세기 와인창고가 있는 가로를 주택도시로서 재생하는 사업.	18	Aa6
구마모토(熊本)현영 다쿠마(詫麻)단지 (다쿠마(詫麻))	1994	3 (1)	구마모토(熊本)현 구마모토(熊本)시	1960년대 후반에 건설된 저층 단지를 3년에 걸쳐 재건축하는 현(縣)의 아트폴리스사업.	19	Bc7
렌쇼지(蓮生寺) 공원 1, 2, 3번가 (렌쇼지(蓮生寺) 공원)	1994	5 (1)	도쿄도(東京都) 하치오지(八王子)시	고도경제성장기에 건설된 주택단지를 순차적으로 재건축하는 사업.	20	Bd8
마쿠하리(幕張) 베이타운 (마쿠하리(幕張))	1995	22 (4)	치바(千葉)현 마쿠하리(幕張)	현(縣), 민간기업 36사, 주택도시공단, 현(縣)공사가 참가해서 건설한 8900호의 주택도시.	21	Aa5
구마모토(熊本)현 현영 신티(新地)단지 (신티(新地)단지)	1991~96	5 (1)	구마모토(熊本)현 구마모토(熊本)시	현(縣)의 아트폴리스 구상에 따라 약 1100호의 집합주택이 5개년 계획으로 순차 건설되었다.	22	Cd4
시가(滋賀)현립대학 (시가(滋賀)현)	1996	4 (1)	시가(滋賀)현 히꼬네(彦根)시	「인간과 자연」이라는 대학설립의 이념에 따라 자연과 전통적인 취락이 있는 대지에 건설되었다.	23	Da5
오카야마(岡山) 현영 나카쇼(中庄)단지 (나카쇼(中庄)단지)	1995~98	3 (1)	오카야마(岡山)현 구라시키(倉敷)	고도경제 성장기에 건설된 주택단지를 순차적으로 개축하는 사업.	24	Cc5
KNSM 섬 (KNSM)	1996	4 (1)	네델란드 Amsterdam	사용되지 않게 된 선착장을 주택도시로 재생하는 사업.	25	Bb9
보르네오섬 · 스볼벵구섬 (보르네오섬(Borneo Island))	1999	35 (1)	네델란드 Amsterdam	암스테르담 항만시설의 재개발 일부를 수행하는 계획으로 2개의 섬에 건설된 집합 주택지.	26	Ab7
이마이(今井) 뉴타운 (이마이(今井) 단지)	1998	7 (1)	나가노(長野)현 나가노(長野)시	동계 올림픽의 수요에 의해 건설된 선수촌으로서 이용한 후에 현영(縣榮)주택이 되었다.	27	Cb6
사이타마(埼玉) 신도심 (사이타마(埼玉) 도심)	1999	10 (1)	사이타마(埼玉)현 사이타마(埼玉)	동경(東京)으로의 집중을 완화시키기 위해, 중앙청사의 일부가 이전하는 복합 업무도시.	28	Db6
한난(阪南) 스카이타운 (한난(阪南))	1995~	7 *(1)	오사카(大阪)부 한난(阪南)시	칸사이(關西)국제공항의 토사채취 철거지를 활용해서 뉴타운을 센난(泉南)지방에 건설.	29	Db7

주) 설계자 수 칸의 ( )은 디자인의 조정자 수
*은 조사대상의 자료가 작성되었을 때의 설계자 수이며, 순차 확장되고 있는 사례에 대한 데이터는 변화하고 있다.
사례명칭의 ( )는 분석에서 사용된 약칭.

No.1 **리에주대학 :** 1950년대 후반에 리에주 시는 삼림보호의 문제와 대학 확장의 문제에 직면하여, 대학의 설치에 따른 삼림보호를 결정했다. 장기간에 걸친 건설과 건설예산에 대응하기 위해 추경예산으로 완결할 수 있는 소규모 유닛을 만들고, 그것을 매년 추가하는 방법이 채용되었다. 법률상의 자치권을 가지고 있는 대학은 1961년에 설계자를 설계자겸 도시계획가겸 코디네이터로 임명하여, 설계자의 선정이나 디자인의 내용 등 모든 결정 권한을 주었다. 설계자의 선정에는 조정자의 동의가 필요하며, 동의에 근거해 이력 등이 이사회에서 검토되어 설계자, 엔지니어, 도급업자가 지명되어 대학의 사무국과 계약을 맺었다. 조정자가 작성한 전체계획에서는 건물의 대지와 용도를 제시했다. 보존이나 회복을 필요로 하는 자연 환경, 고도의 개성을 가진 대지의 요소 등, 보호에 필요한 점과 액티비티로의 적용이 의도되었다. 전체계획에서는 최종적인 건물의 형태를 미리 결정하지 않고, 주변 도시와의 연결이나 건축물의 배치계획과 건축개체 상호의 연결을 중시하여, 건축물과 환경이 동화돼서 통합하는 것이 의도되었다. 전체계획에서는 72m 간격으로 이루어진 축을 설정하고, 대지 전체에 원형의 기준선 그물을 덮어, 모듈 코디네이션을 실시하였다. 전체계획이 매년 검토되는 구조나 장기간의 건설에 연속성을 주기 위해 건축의 형태표현

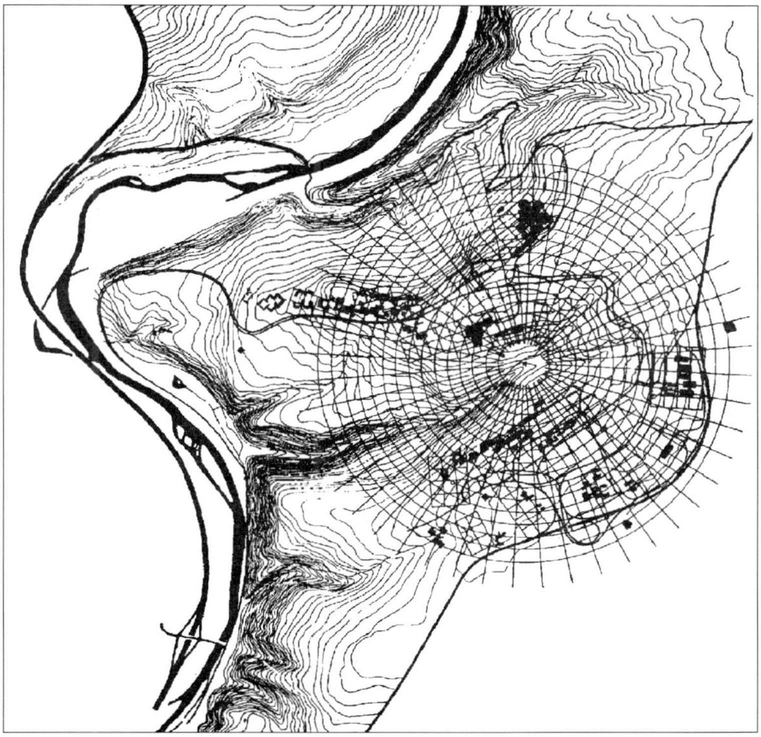

그림 1-1 리에주대학 전체계획도/출처 : 스페이스 · 디자인

을 전체의 발전에 부합되도록 자제하는 것, 자연과 건축과의 대화 등이 의도되었다. 조정자는 「자신(조정자)의 역할을 물질적이 아닌 사려(思慮)와 훈도(訓導)와 그리고 존재함으로써 살아있음을 전하는 아버지와 같은 것이다」라고 기술하고 있다.

참가 설계자는 Claude Strebelle, Andre Jacqmain, D. Boden, C. Vandenhove, Rene Greisch, C.H. Dumont, Jean Englebert, P de Gobert, L. Wvidar, P. Clulot, J.P. Laenen, D.Hambye, and others.

| 그림 1-2 | 리에주대학, 리에주 · 벨기에

No.2 루반 · 라 · 누브 : 브뤼셀(Bruxelles) 서쪽에 중세 이래의 대학도시 루반이 있다. 루반대학은 1960년대 후반에 브뤼셀 남쪽의 사텔만으로 이전했다. 새로운 대학도시 루반의 건설에 앞서 학술평의회는 「도시와 대학의 일체화」를 건설이념으로 했다. 계곡과 삼림에 둘러싸인 언덕으로 구성된 900ha의 대지에 어번센터, 커뮤니티시설, 주거, 대학시설, 보호녹지 등이 계획되었다. 초기의 전체계획은 빅터 · 굴엔이 작성했지만 개발수법에 의견이 발생하여 GAUA(루반 · 라 · 누브 도시계획그룹)의 계획이 선정되었다. 그 지도적 입장에 있었던 R · M · 루멜루반 대학교수가 다시 전체계획을 입안했다. 전체계획에서 자연의 지형을 존중하는 것을 기본으로 하고, 도시의 일체성을 갖게 하기 위해 외장재료를 벽돌과 노출콘크리트로 한정했다(후에 일부시설에 판자를 붙이는 것이 허용되었다). 시설은 각각의 설계자에게 자유도가 주어져 설계자는 광장, 가로의 설계에 관여했다.

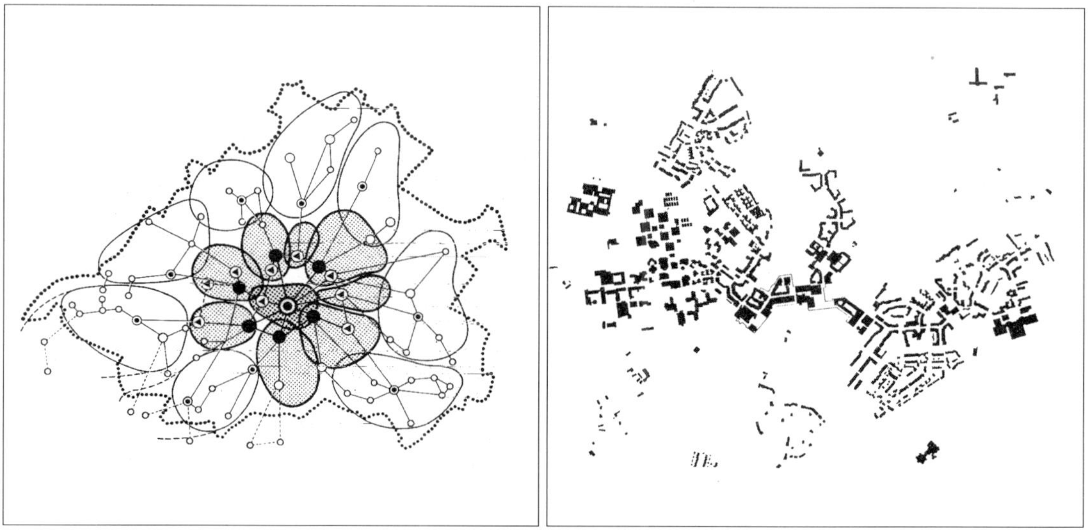

| 그림 1-3 | 루반 · 라 · 누브 전체계획도/출처 : LOUVAIN-LA-NEUVE-VILLES NOUVELLES

참가 설계자는 A. Jaquemain, URBS(M. de Visscher, T. Lamy, P.Toussaint, L.le Clerq, D.Montariol), Groupe U.A, Bureau Arc, Y. Lepere, J. Polet, Walhain-Saint-Paul, J. Cosse, and others.

| 그림 1-4 | 루반 · 라 · 누브 전경

| 그림 1-5 | 루반 · 라 · 누브, 오디겐 · 벨기에

No.3 카메오카(龜岡) 고세(古世)단지 : 교토부 · 카메오카시에 계획된 판매용 분양주택. 카메오카시 주택공사가 프로듀서(우에다(上田 篤))씨에게 마스터플랜의 작성을 의뢰했다. 우에다(上田)는 「새로운 마치야(町屋)」의 창조를 의도한 2면 개방형의 주택에 의한 건축 집합체의 건설을 목표로 했다. 가구(街區)마다 설계자가 설계를 담당하고, 7명의 설계자가 참가했다. 마스터플랜, 디자인폴리시(Design Policy)는 프로듀서가 결정하고, 이러한 디자인 룰을 준수하는 것이 설계 참가의 조건이 되었다. 회의를 거듭하는 과정에서 서서히 설계내용이 결정되어 갔지만, 설계의 전개에 맞춰 설계자와 프로듀서의 협의에 의해 디자인폴리시는 변경되었다. 설계자는 30대에서 40대 연령층의 건축가 중에서 선정되었다.

950㎜의 플랜모듈, 2면 개방형 건축유형의 이용, 외벽, 개구부 사양, 배치구성의 통일을 실시했다. 외관의 획일화를 막기 위해 물을 사용하는 장소를 중정측으로 함으로써 가로측의 디자인을 자유롭게 하였으며, 지붕형상도 자유롭게 하였다.

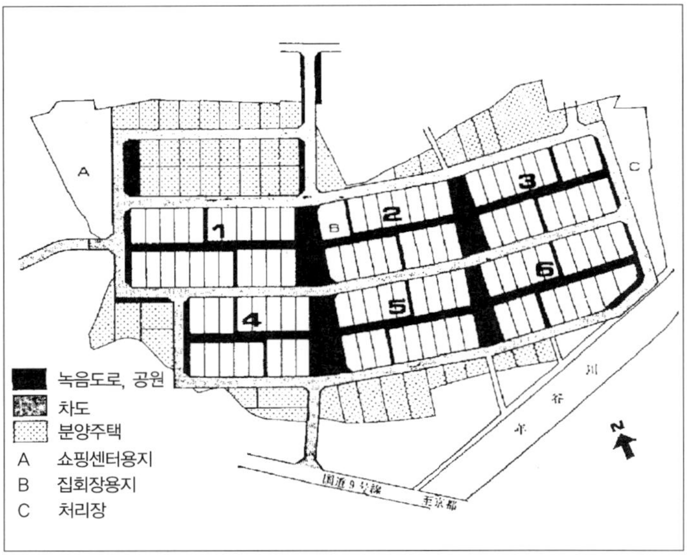

| 그림 1-6 | 카메오카 고세단지 계획도, 카메오카시 · 교토부/출처 : 都市住宅

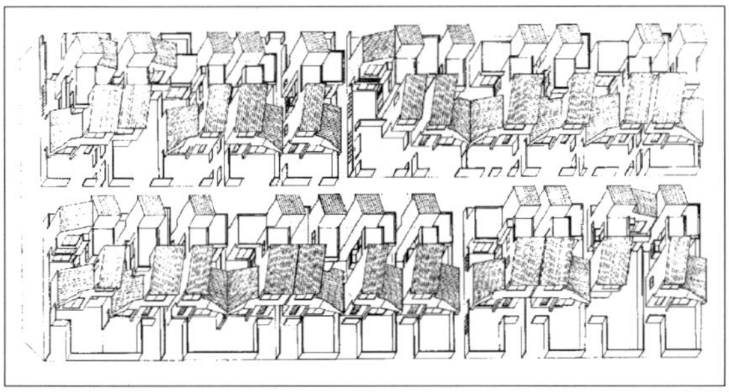

참가 설계자는 우에다(上田 篤)*+시오지(塩路)건축사무소, 가와사끼키요시(川崎清)+환경건축사무소, 도시과학구소, 다카구찌(高口恭行), 야마시타(山下和正)건축연구소, 아즈마(東高光)건축연구소.

| 그림 1-7 | 카메오카 고세단지/출처 : 都市住宅

No.4 카나자와(金澤) 나미키(竝木) 2가 북쪽 블록 중앙 존 : 보행자전용 도로를 중심으로 마을을 만드는 것이 테마가 된 요코하마시 매립지에 건설된 집합주택지이다. 하나의 사업자가 단독으로 개발할 수 있는 대지가 남아있었는데, 대지의 조건 때문에 그리드패턴이 적용되지 않았다. 그래서 4명의 설계자에게 단지형이 아닌 변화가 있는 도시공간을 만들 것, 다시 말해, 단지가 아닌 일반적인 도시를 목표로 하는 것이 요구되었다. 설계자 선정은 요코하마시가 작성한 개발계획에 준한 주택개발을 실현할 수 있는 것을 전제로 사업자 판단으로 결정되었다. 디자인코드는 미리 만들어지지는 않았으며, 서로의 작업을 보면서 설계가 진척되었다. 설계에서는 다른 블록이나 대지 중심의 보행자전용 도로와의 긴장 관계를 유지하면서 디자인하는 것이 과제가 되었다.

설계자 상호간의 논의 속에서 배치계획, 계획원리, 색채, 지붕형상(구배), 개구부의 표정, 정원, 건축외부에 관해서 협의를 하면서, 각 블록의 설계안이 결정되었다. 외부는 조경가가 설계를 하여 보행자전용 도로와 연결되는 것을 지원하였다. 설계조정 속에서 배치구성, 정원의 충실, 설계자 상호 디자인의 분위기를 서로 수용하는 설계가 이루어졌다.

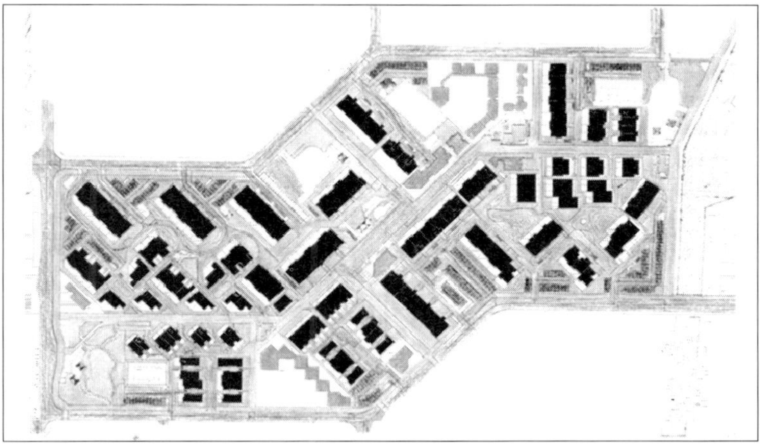

| 그림 1-8 | 요코하마 씨사이드타운 나미키 2가 북쪽 블록 중앙 존 전체계획도 /출처 : 都市住宅

그림 1-9 나미키 2가, 요코하마시 · 가나가와현

No.5 **자르갓세 :** 독일 · 프랑크푸르트의 로멜벨구 대성당 주변을 대상으로 설계공모전이 실시되었다(1981년). 대지는 니코라이 교회와 구 대성당 사이에 있는 자르(Saal)가로에 면해서 설정되었다. 설계공모전을 통해 1명의 설계자가 선정되었다. 대성당의 거대한 엘리베이션을 도시건축 스케일로 융합시키기 위해, 가로변을 따라 대성당과 연계된 주택군을 제안하여, 성당 앞 자르가로의 경관을 보존하는 것이 의도되었다. 이 제안에 프랑크푸르트 시 당국은 동의하여, 설계공모전에 참가한 다른 설계자에게 각 1구획씩의 주택설계를 의뢰했다. 그 결과, 상당히 독자성이 높은 디자인의 주택군이 설계되었다. 각각의 대지가 서로 같은 크기에 같은 조건으로 정돈되었다. 더욱이 각각의 건축물은 뱃집지붕의 구배지붕을 가질 것, 벽면선을 맞출 것, 건축선을 맞출 것 등 디자인요소가 정비되었다. 교회가 건축 집합체의 심벌이 되고 있다.

그림 1-10 자르갓세 연속 입면도/출처 : a+u

참가 설계자는 Bangert, Jansen, Scholz+Schultes(master planner, architect), Ch Mackler, Berghof+Landes+Rang, Heinrici+Geiger, Herms, von Gerken+Marg, Eisele+Fritz, Unglaub und Horvath, Charles Moore, A. Natalini, Joudan+Muller, Fisher, Glaser, Kretschmer.

| 그림 1-11 | 자르갓세, 프랑크푸르트 · 독일

No.6 사쿠라가오카(櫻ケ丘) 단지 : 공개 설계공모전을 통해 4명의 설계자가 선정되었다. 집합주택의 모델이 되는 새로운 제안이나 현실성이 기준이 되어 제안 내용이 선정되었다. 4명의 설계자의 개성을 살리면서 하나의 단지로서 통일감이 있는 것으로 하려는 노력이 시도되었다. 종래의 단지에서 보였던 무채색에 침체되어 있는 듯한 분위기를 화려한 분위기로 하는 것으로 전체를 통합했다. 정비구역은 공원에 인접하고 있으므로 공원과 도시를 연결하는 장소로서 「공원주구(公園住區)」의 구상으로 설계가 진척되었다. 안내판, 주거동 번호, 포장패턴, 식재, 주차장 BL 내의 폭과 마무리를 정비하는 것, 식재의 통일, 주호 전후에 완충녹지를 마련하는 것이나, 구배지붕, 2면으로부터 접근이 가능한 주택, 색(흰색, 밝은 그레이)의 제한이 「계획코드」로 정해졌다. 나아가, 설계자가 결정되고 나서도 조정이 계

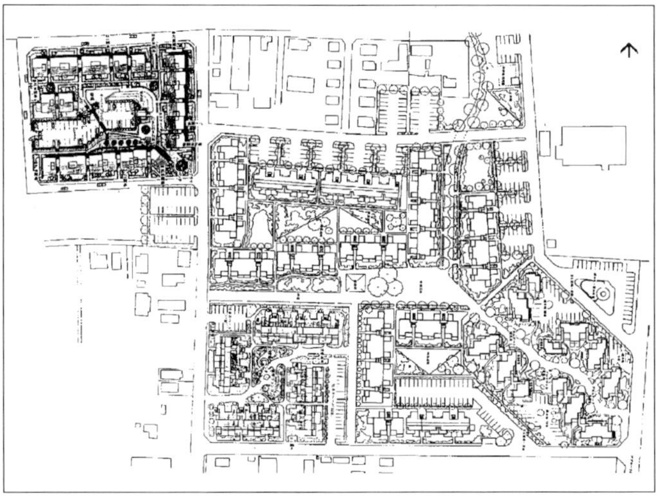

| 그림 1-12 | 사쿠라가오카 단지 계획도/출처 : 都市住宅

속되어, 설계자 상호의 협의에 의해 1층과 2-3층을 상하로 나누어 칠하는 것이나 같은 소재를 사용하는 것이 결정되었다. 개성화는 외벽색의 차이로 나타내었다. 설계안의 선정 단계에서 각각의 BL은 개성을 가졌지만, 설계경기에서 이미 질서화가 이루어져, 각각의 설계자가 독자안을 실시하여 전체가 통합되었다.

참가 설계자는 환경설계연구소, 오노(小野富雄)건축사무소, 카이(開)건축설계사무소, 우찌이(内井昭蔵)건축설계사무소

그림 1-13 사쿠라가오카 단지, 미토시 · 이바라키현

No.7 타자와다이(田澤台) 단지 : 태평양을 바라보는 조금 높은 언덕에 이바라키(茨城)현이 우량 모델주택의 하나로서 건설한 타자와다이 단지는, 전체가 PC공법에 의해 건설되었다. 그러나 고밀도한 계획이 되어버린 관계로 종합적인 재검토가 이루어졌다. 재검토는 중앙 블록에서 실시되어, 설계자가 중앙에 5층 건물, 주변에 3층 건물로 하는 배치 변경이 이루어졌다. 그 결과, 단지 전체의 형태가 피라미드 모양의 스카이라인이 되었다. 이러한 변경으로 생활편의시

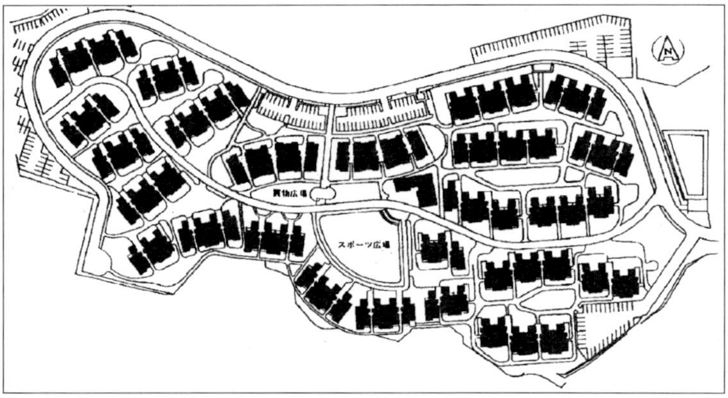

그림 1-14 타자와다이 단지 전체계획도/출처 : 닛케이아키텍쳐(日経アーキテクチャー)

설과 다목적 광장이 단지 중앙에 마련되고 야외무대 등이 설치됨으로써 단지의 심벌성이 나타났다. 벤치, 파고라, 사인 등의 노력에 의해 외부환경이 만들어지고, 보행자전용 도로를 외부환경과 관련지어 "멈추거나 확장성"에 의해 풍부하고도 변화가 있는 구성이 되었다. 건축선 외벽의 주거표시의 경계석에 이나다(稲田)산 화강암을, 외벽색에 풍토색을 채용하여 지역성의 창출을 시도하였다.

참가 설계자는 이바라키(茨城)현 토목부 건축과, 우찌이(内井昭蔵)건축설계사무소, 현대계획연구소, 야마시타(山下和正)건축연구소, 요코스카(横須賀満夫)건축설계사무소(배치 계획).

| 그림 1-15 | 타자와다이 단지, 히타치시 · 이바라키현

No.8 시부카와(澁川) 상점가 : 시부카와시와 역전상가진흥조합의 발주로 하라히로시(原廣司)+아뜨리에Φ+도시건축센터가 기본계획을 책정했다. 1983년 완성. 시부카와시가 계획하는 시부카와시 토지구획정리사업의 일부분인 동부토지구획정리에 관해 지방도를 중심으로 한 지역의 건축적인 계획. 건축가(原廣司)는 마스터플랜에서 작성한 모델플랜을 참조하면서 각각의 설계자들이 건축주와 협의하여 각각의 독자적인 판단이 축적된 결과를 도시구성

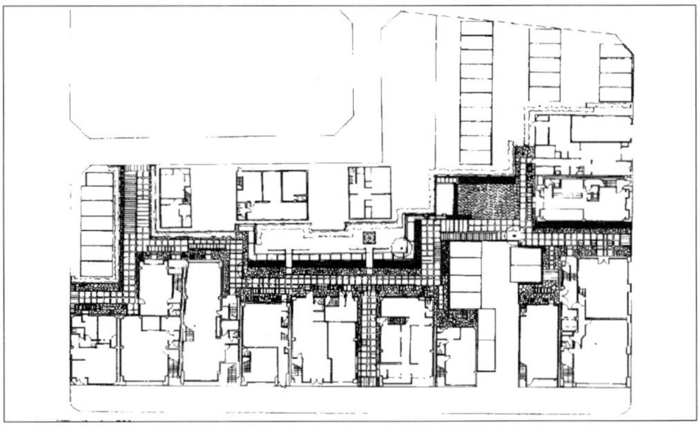

| 그림 1-16 | 시부카와 상점가 전체계획도/출처 : 都市住宅

으로 하였다. 조정자는 주민을 주체로 하는 실행위원회에 속하여, 파사드 조정을 실시하였다. 전체계획에 담겨져 있었던 중정의 정비는 전체계획의 작성단계에서 방침의 확인을 실시하고, 여러 가지 기관의 협력을 거쳐서 실현되었다. 가로의 디자인을 대상으로는 규정이 결정되었었다. 1층은 유리창문, 처마 벽의 상부는 유사한 계통의 의장, 파사드의 중간부분은 점포에 따라 자유롭게 하는 것이나 마감의 공통 사양, 파사드 재료의 통일, 색조 통일 등이 구성원리로서 정해졌다.

참가 설계자는 이노우에(井上)공업(주), 미키(三貴)건축설계사무소, 미나미사와(南澤)건축(주), 코시카(越賀)설계공방, (유)아이자키(相崎)1급건축설계 사무소, 쇼쿠산(殖産)주택(주), 나가이코무텐(永井工務店), 닛쇼설계, 산쇼(三照) 건축설계사무소, 환경기술연구소 · 아뜨리에Φ.

그림 1-17 시부카와 상점가

No.9 에이프레인지구는 네덜란드 · 암스테르담의 조선 도크 철거지의 주구계획으로, 근린의 전원도시 전통을 계승하는 것이 의도되었다. 주구는 지구 서부의 「도시적 주구」와 동부의 「취락적 주구」의 2개 근린주구로 구성되어 있다. 건축 집합체의 중앙부에는 띠모양의 공원이 있어, 2개의 주구를 분리함과 동시에 건축 집합체의 중심적인 골격을 형성하고 있다. 전체 배치계획과 각 주동형식이 조정자인 OMA가 실시한 것 외에는 4명의 설계자가 참가했다. 설계자의 선정은 시 주택국과 주민합동위원회에서 결정되고, 지구 내의 초등학교는 조정자가 설계했다. 조정자는 건축의 색채와 파사드는 추상적으로 할 것을 공통사항으로 결정했다.

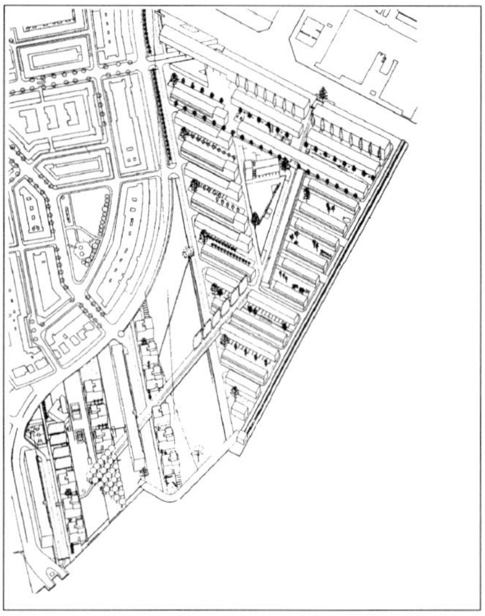

| **그림 1-18** | 에이프레인지구 전체계획도/출처 : The IJ-Plain

참가 설계자는 OMA+Rem Koolhaas(master planner, architect), H. van Meer.

| **그림 1-8** | 에이프레인지구, 암스테르담 · 네덜란드

No.10 **미나미오사와(南大澤) 15주구** : 본문 내용에서 정리

No.11 **주택환경전** : 후쿠오카(福岡)시 · 씨사이드 거리에서 열린 주택환경

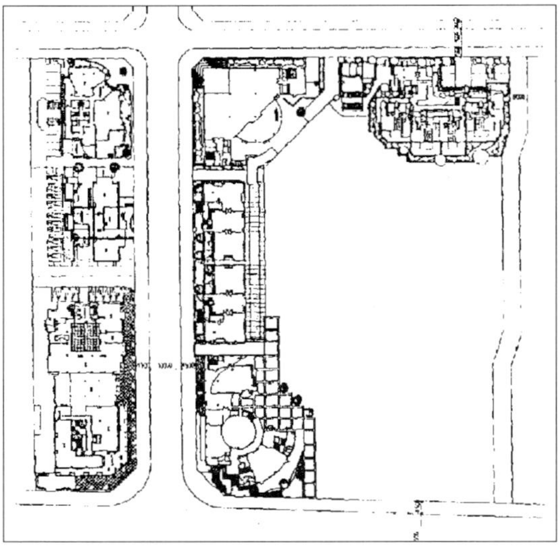

❙ **그림 1-19** ❙ 주택환경전 전체계획도/출처 : 住宅特集

전 · 세계의 설계자 거리촌으로 7명의 설계자가 참가했다.

건축 집합체의 중심에 도로가 있고, 한 쪽에 상업시설 3개 동과, 다른 한 쪽에 집합주택 4개 동으로 이루어졌다. 각 동의 설계에서는 건축 디자인코드가 토털프로듀서에 의해 제시되었다. 높이, 층수, 개수 등의 제조건이 제시되었다. 3개 동의 상업시설이 늘어서 있는 블록에는 구로카와(黑川紀章), 요우(葉祥榮), 키지마(木島安史)가 참가하고, 기본설계 단계에서 합동 회의가 몇 번인가 이루어졌다. 개성화와 통합화를 동시에 진행시켜, 전체로서의 조화를 만들어내도록 디자인 조정이 이루어졌다.

참가 설계자는 미즈타니(水谷穎介)*+미야와키(宮脇檀)*, 키지마(木島安史), 요우(葉祥榮), 구로카와(黑川紀章), 지츠카와(實川淳而), 이즈에(出江寬), 마이클 · 구레이부스, 스탠리 · 타이거맨.

❙ **그림 1-20** ❙ 주택환경전, 후쿠오카시 · 후쿠오카현

No.12 **하이터치 리서치파크** : 칸사이(關西) 문화학술연구도시에 13개 기업이 각자 연구소를 건설했다. 21세기의 라이프스타일을 제안해서 세계에 발신하는 「21세기의 광열촌(光悅村)」이 목표가 되었다.

참가한 각 기업의 개성을 건물에 표현하기 위해 건물의 형태·색채 등은 각 설계자의 재량에 맡겼지만, 전체로서 일체감이 있는 연구소군으로 할 것, 중앙에 공용 식당을 마련하는 것이 결정되었다. 블록마다 각기 테마를 가진 광장이나 교차로를 설치하고, 그것들을 연결하는 산책길을, 블록마다에 모뉴먼트가 세워졌다. 대지 경계를 명확하게 구획하지 않고, 대지는 녹음도로나 광장으로 완만하게 연결되며, 경계는 낮은 돌쌓기와 낮은 식재를 하고, 정원 가로등의 사인보드를 통일하는 것 등이 결정되었다.

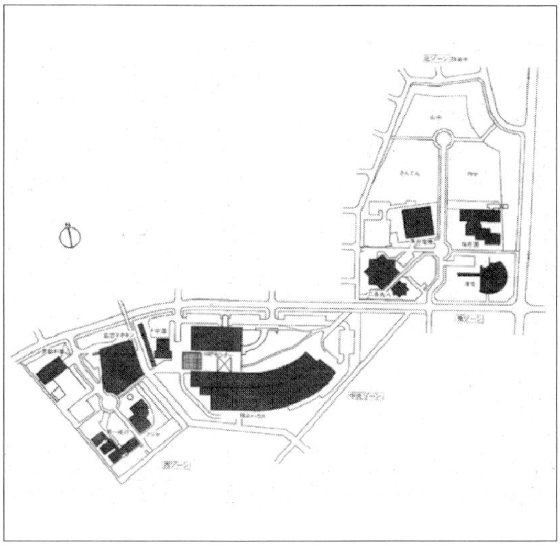

| 그림 1-21 | 하이터치 리서치파크 전체계획도/출처 : 新建築

디자인은 각 블록이 정하고 위원회가 승인하는 방법으로 결정되었다. 가이드라인이 책정되고, 설계조정이 이루어졌다. 전체계획(pilot plan)의 작성은 여러 명의 설계자로 구성되었다. 개성적인 건축군의 환경계획에 의한 통합이 의도되었다.

참가 설계자는 닛켄(日建)설계, 다케나카코무텐(竹中工務店), 키시와로우(岸和朗) 건축설계 사무소, 타카마츠(高松伸)건축설계사무소, 히라노(平野智司)계획공방, KUS 건축설계사무소.

| 그림 1-22 | 하이터치 리서치파크, 세이카쵸 · 교토부

No.13 **넥서스 월드 :** 후쿠오카(福岡)시의 서쪽 · 카시이(香椎)에 있는 주택단지의 일각에 건설된 집합주택지. 계획내용을 규정하고, 그것에 따라 설계를 진척시키는 서양적인 방법이 아닌 방법의 설계전개가 과제였다. 설계자는 다양한 상황에 유연하게 대응할 수 있고, 상황에 따라서 자신의 방법을 전개할 수 있으며, 또한 그러한 과정 속에서 개성을 강조할 수 있는 설계자가 프로듀서에 의해 7명이 선정되었다. 전체는 중층주택으로 구성되고 중앙에 트윈타워가 계획되었다. 1개의 건축물로서 디자인하기 쉬운 단위의 바닥면적(40호, 6층 정도, 약 2000㎡)으로 하여 디자인의 개성화를 추진하였다. 중앙의 트윈타워는 6명의 설계자의 의견을 받아 프로듀서가 설계하게 되었다. 당초에는 사업주체와 설계자의 사이에서 서로의 의사소통을 조정하는 역할이 프로듀서에게 주어졌다. 조정자는 대강의 배치와 볼륨을 설계자에게 주고, 벽면선, 층고를 제시하는 정도의 간단한 가이드라인을 프로듀서가 설계자에게 제시했다. 그러나 설계자가 내용을 지나치게 엄수하는 역효과가 나타나 가이드라인을 기각한 후 재설계가 이루어졌다. 설계내용은 상호 관계에 의해 각 안건마다 조정되었다. 프로듀서는 설계자 상호 설계내용의 응답을 실시하는 장소를 만드는 것에만 책임을 가졌다. 전체상은 각 설계자의 연쇄(連鎖)에 의해 만들어내는 것이 요청되었다. 건설은 2기로 나뉘어져, 1기에 볼륨을 억제하고 설계상의 자유스러운 상황이 설정되었다. 2기째에 중앙의 타워모양의 건축을 세우는 것으로 일사 등의 조건에 대응하였다.

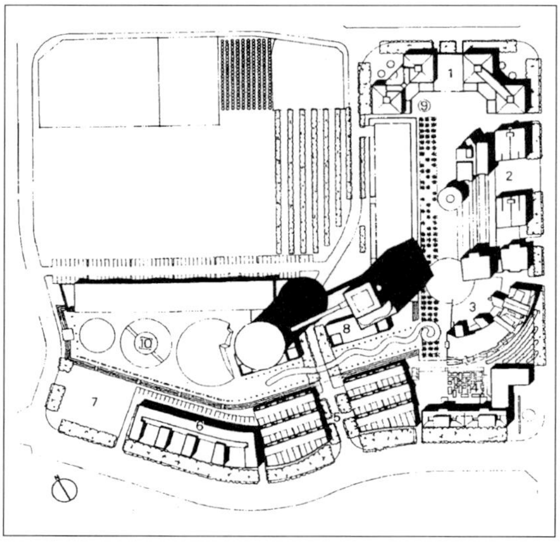

그림 1-23 넥서스 월드 전체계획도/출처 : JA

참가 설계자는 Oscar Tusquets, Christian de Portzamparc, Marc Mack, Rem Koolhaas, Steven Holl, 이소자키(磯崎新), 이시야마(石山修武), Andrew Macnair.

| 그림 1-24 | 넥서스 월드, 후쿠오카시 · 후쿠오카현

No.14 오라니에 · 낫소우 · 가젤네 : 암스테르담 구 시가지의 운하를 따라 늘어서 있던 군대의 연병장 철거지를 재개발한 집합주택이다. 나폴레옹 통치시대에 건설된 건물을 독신자용 주택으로서 재생한 것으로, 338호의 집합주택을 신축했다. 1984년 군부대의 이전이 결정된 후 1987년에 시, 주택공사, 주민대표가 상의해서 5명의 설계자가 선정되었다. 1988년 설계자이자 조정자인 한스 · 판베크의 사무소가 실시설계를 담당했다. 판 · 스티프가 작성한 마스터플랜에 복수의 설계자가 참가해서 전체계획에 변화를 주는 것을 시도하였다. 설계에서는 5명의 설계자와 주민을 대표하는 설계자가 참가한 1주일간의 워크숍이 이루어졌다. 거기에서 기본설계가 완료되었다. 설계환경의 일체화를 위하여 전체의 통합화를 목표로 했다. 대지의 배분은 제비뽑기방식으로 결정되었다. 설계자는 세계 각국에서 참가하고, 각 나라의 이미지를 만들어내는 것을 설계과제로 삼았다. 펜트하우스(penthouse)의 디자인과 높이는 자유롭게, 건축물의 위치 조건(강가 또는 중정 측)의 차이로 주호 내부의 평면적인 차이를 내는 것으로 각 동을 개성화시

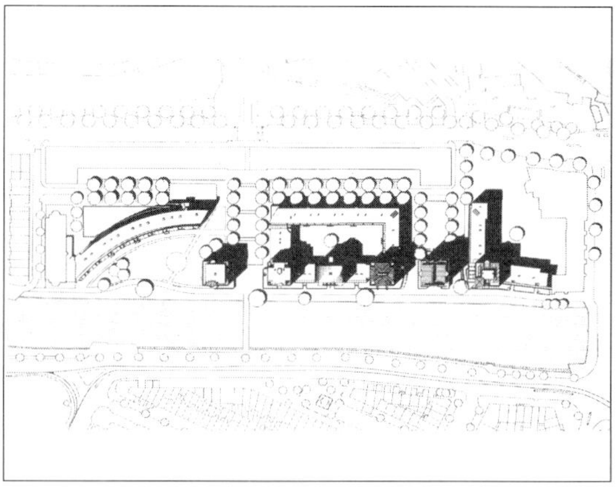

| 그림 1-25 | 오라니에 · 낫소우 · 가젤네 전체계획도/
출처 : Process Architecture

켰다. 유지관리가 용이한 타일의 사용, 거의 같은 볼륨의 건물의 규칙적인 배치, 구 군대건물을 전제로 하여 배치하였다.

참가 설계자는 야기(八木幸二), Hans van Beek, Wolter Nuis, Alexander Tombazis, Cuno Brullmann, Partric Pinell, Tage Lyneborg, Jeremy Bailey.

그림 1-26 오라니에 · 낫소우 · 가젤네, 암스테르담 · 네덜란드

No.15 팔쿠 · 데 · 마르지구 : 스페인의 독재 정권이 끝나고 1992년 올림픽의 개최가 결정되면서, 도시정비 전문기관이 설립되었다. 해안선과 시내는 공장, 창고에서 분단되어 있었지만 개발에 의해 연결되었다. 올림픽촌의 설계를 위하여 바르셀로나 상의 수상자를 중심으로 한 설계자가 지명되어, 35명의 설계자가 참가했다. 세더플랜에 의한 블록을 이용한 전체계획이 오리올 · 보이카스, 죠셉 · 마루토레이, 레빗 · 맛케이의 팀에 의해 작성되었다. 상업시설, 국제회의장, 집합주택으로 구성되었다. 배치구성에 관해 가구(街區) 외주부는 젤다안을 답습하지만 가구 내에서는 자유스러웠다. “만사나라고 불리는 4군데의 모퉁이가 떨어진 가구 각각의 「테두리」를 초월할 수 있는 구성이 의도되었다. 가구(街區) 상호를 연결시키는 게이트 부분에는 가구(街

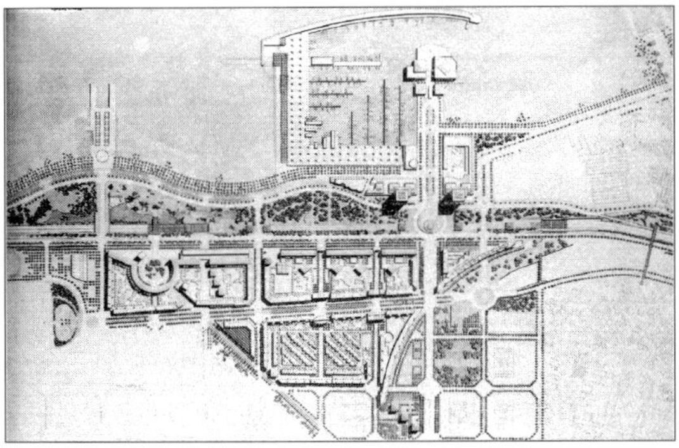

참가 설계자는 Oriol Bohigas, Josep Martorell, David Mackay, Albert Puigdomenech. Participating architects: Enrico Miralles, Alvaro Siza Vieira, Bruce Graham of Skidmore, Owings & Merrill, Frank Gehry, Jaume Bach Nunez, Gabriel Mora Gramunt, Roser Amado Cercos, Llius Domenech Girbau, Helio Pinon Pallares, Albert Viaplana Vea, Ricardo Bofill, Esteve Bosnell, Francese Ruis, J.M. Gill, J.A. Martinez Lapena, E. Torres Tur, Inigo Ortiz, Enrique Leon, Correa-Mila Studio, and others.

그림 1-27 팔쿠 · 데 · 마르지구 전체계획도/출처 : a+u

區)마다의 심벌이 되는 게이트 건축이 배치되었다. 건축물은 벽돌 마감의 통일, 경사지붕, 입구의 위치, 하부에는 상업시설로 하고, 상부는 주택으로 하는 것이나, 건물의 전후를 2~3m 어긋나게 배치할 수 있는 등의 규정이 사용되었다. 선수촌으로 이용된 후에 집합주택으로 사용되었다.

그림 1-28 팔쿠 · 데 · 마르지구, 바르셀로나 · 스페인

No.16 쯔루가메(鶴亀) 타운 : 겨울에 찾아오는 학과·현인의 지혜가 담긴 부케야시키(武家屋敷)가 현존하고 있는 것에서 「학과 역사의 도시」로 알려진 이즈미(出水)시의 공영주택단지다. 설계는 1986년부터 진행되었다. 기본계획의 책정에는 3명의 설계자가 참가했다. 설계자는 이미지와 생활양식을 채집한 후 토론을 실시하여 「학과 역사」의 이미지로부터 「새것과 낡은 것이 한데 섞인 공간」의 디자인으로 전체를 구성하는 것을 시도했다. 각각의 설계자는 전통형(vernacular형), 현재형(postmodern형), 모더니즘(modernism)형의 3개 디자인 방향을 설정해서 각기 설계를 진행했다. 방의 구획은 미나미큐슈(南九州)에서 일반적으로 보이는 연속형(続き間型) 일본식 방을 원칙으로 하고, 여름에 대응하여 바람의 통과할 수 있는 방의 구획이 공통으로 채용되었다.

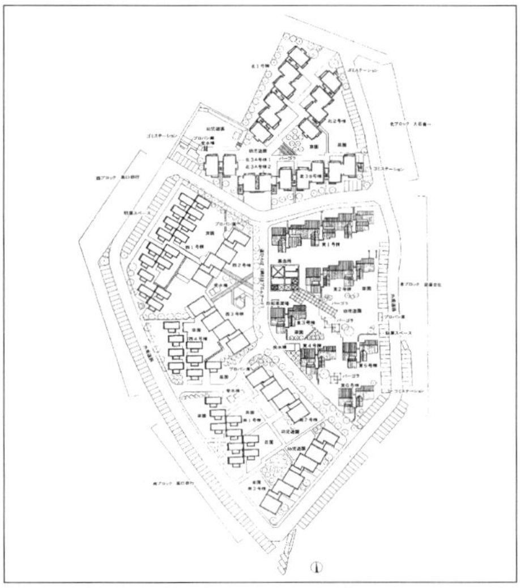

그림 1-29 쯔루가메 타운 전체계획도/출처 : 住宅特集

참가 설계자는 오오이시(大石義一)+조카(造家) 연구회, 다카구찌(高口恭行), 엔도(延藤安弘).

그림 1-30 쯔루가메 타운, 이즈미시 · 가고시마현

No.17 아사힐즈 : 공단의 그룹분양주택과 코프(coop)주택추진협의회의 창립 10주년을 기념해서 실시된 코포라티브 집합주택으로, 7명의 설계자가 참가했다. 타카다(高田昇)씨가 소프트 면의 코디네이터, 야스하라(安原秀)가 설계 코디네이터로서 설계자 상호를 연결시키는 역할을 수행했다. 디자인코드는 사용되지 않았고, 설계자와의 상담을 통해서 조정을 수행하는 계획으로 작업을 진척시켰다. 그러나 색채에 관해서만은 황색, 진초록, 핑크, 그레이, 세피아(sepia)에서 5가지 색을 선택할 것과, 참가주민은 구조계획에는 관여하지 않을 것, 배관의 상세한 규정만이 결정되었었다. 공유공간은 코디네이터에 의한 전체계획을 바탕으로 토론을 실시하였다.

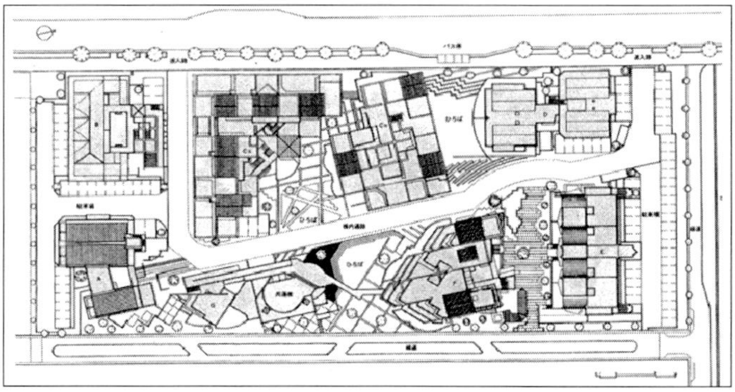

그림 1-31 아사힐즈 전체계획도/출처 : 新建築

참가 설계자는 타카다(高田昇)*, 야스하라(安原秀)*, 히로오카(廣岡眞佐子)* SD설계실, 생활 공간연구소, VANS, 차야(茶屋)건축사무소, 히라가(平賀久生)건축사무소, Team Zoo 이루카설계집단, 헤끼사(Hekisa).

▌그림 1-32▐ 아사힐즈, 고베시 · 효고현

No.18 벨시지구 재개발 : 파리 서쪽지구 · 세느강 오른쪽 강변의 벨시지구는, 예전에 와인 저장 창고지대였다. 그 철거지 재개발에서는 ZAC의 개발수법을 채용한 집합주택지가 계획되었다. J·P·뷔페가 현상공모전에서 조정자로서 선정되었다. 조정자는 파리에 대해서 잘 알고 있다는 것이 선정 근거가 되었다. 건축의 디자인 지침은 조정자가 작성하고, U-shaped Blocks라고 불리는 매스(mass)가 설계자에게 주어졌다. 파리 시내 가구(街區) 건축의 일부분이 되는 전면(frontage) 디자인이 목적이 되었다. 8명의 설계자가 조정자에 의해 현상공모에서 뽑혔다. 설계자는 조정자가 그린 마스터플랜에 근거한 설계공모전에서 선정되었다. 설계조정은 설계자의 의견을 근거로 하여, 조정자와 설계자의 협의를 통해서 조정되었다. 건축 볼륨의 제한, 지붕의 형태, 발코니의 깊이, 건축높이(26M), 프론트 파사드는 70%를 유리로 할 것, 반사유리나 착색유리는 사용하지 않을 것, 벽면소재에 관한 제한을 했다. 가구(街區) 가장자리부분에 아메리칸 센터를 위치하는 등, 지구(地區)의 심벌화도 실시했다. 특히 수평방향의 발코니 디자인은 이러한 건축 집합체를 특색 있게 하였다. 건축물에는 파리 시내의 샹디마르크나 리보리 가(街)와 같은 외관의 이미지나 U자형 주동에 둘러싸여진 퍼빌리언(pavilion)을 자유롭게 설계하는 것도 설계자에게 요구되었다.

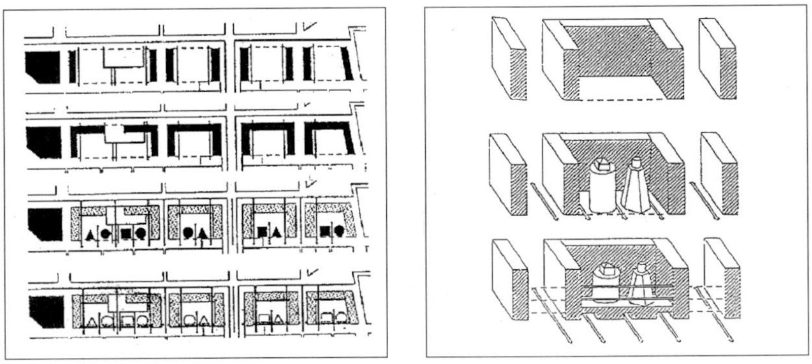

| 그림 1-33-a | 기본 구성도

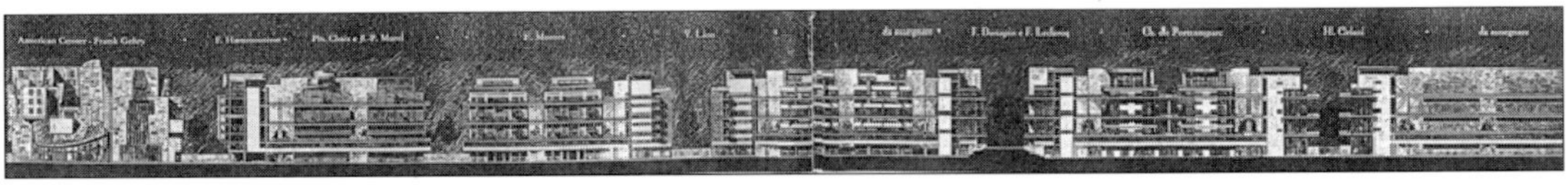

| 그림 1-34-b | 벨시지구 연속입면도/출처 : 아르세나르 · 드 · 파리 자료

참가 설계자는 F.Gehry, F.Hammoutene, P.Chaix, J.P.Morel, F. Montes, Y.Lion, F.Dusapin, F.Leclercq, C.de Portzamparc, H. Ciriani.

| 그림 1-35 | 벨시지구, 파리 · 프랑스

No.19 쿠마모토(熊本)시영 다쿠마(詫麻)단지 : 쿠마모토현에서 실시한 아트폴리스 사업의 하나이다. 1960년대 후반에 건설된 저층 단지를 3기에 걸쳐 일부를 남겨둔 채 재건축했다. 아트폴리스의 설계자 기준에 따라 3명의 설계자가 디렉터(Director)에 의해 선정되었다. 전체 대지가 주변의 일반도시와 연속하고 있으므로, 주변과의 일체화를 목적으로 하여 복수의 설계자가 참가해서 일반도시와도 조화로운 전체(오늘날의 도시성을 수반한 환경)가 만

들어지는 것이 의도되었다. 전체 대지의 중앙에는 남북으로 중앙 녹음도로가 설치되고, 각 건축물이 거기에 관련되도록 배치되었다. 3~5층 높이의 중층 건축물 11개 동으로 전체가 구성되고, 중앙 녹음도로에는 게이트볼장, 아동공원, 광장이 있고 단지의 중앙에는 집회시설이 있다. 설계에서는 3명의 설계자가 기본구상, 전체계획을 공동으로 작성하고, 나아가 3기 모든 단계에 걸쳐 주거동을 혼재시킴으로써 주변과의 일체화되는 것을 목표로 했다. 설계 작업을 분담해서 작업 내용에 관한 의사결정에서 합의형성이 이루어졌다.

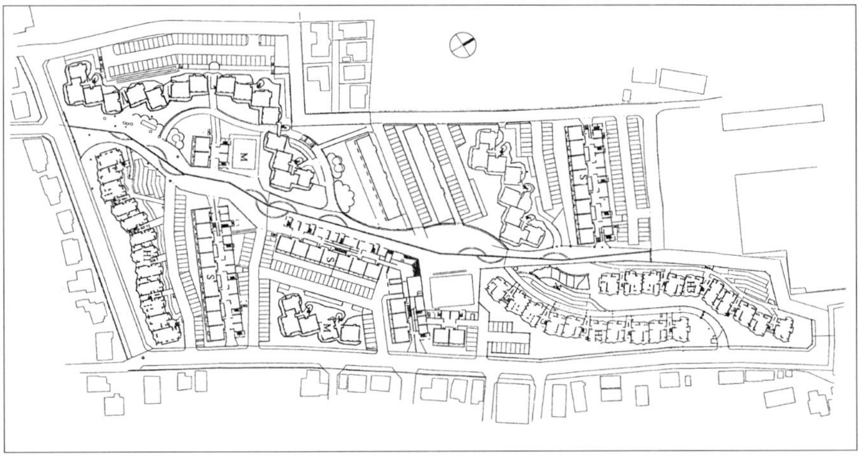

| 그림 1-36 | 다쿠마단지 전체계획도/출처 : JA

참가 설계자는 사카모토(坂本一成), 하세가와(長谷川逸子), 마츠나가(松永安光).

| 그림 1-37 | 다쿠마단지, 쿠마모토시 · 쿠마모토현

No.20 **렌쇼지(蓮生寺) 공원 1, 2, 3번지 :** 자연지형이 남아 있는 다마뉴타운의 일각에 건설된 집합주택지. 설계자는 사업주체가 선정하고, 배치계획을 실시한 설계자가 다른 설계자와 같이 건축설계를 실시하는 단계가 되었을 때, 설계자가 조정자가 되어 전체의 디자인 조정을 실시하였다. 렌쇼지 공원이라고 불리는 조금 높은 언덕을 둘러싼 대지와의 사이에 있는 도로에는 CCR이라고 불리는 기능이 부여되어 있었다. 이 언덕을 둘러싼 하나의 선상 플랜(plan)에서, 선에 해당되는 도로의 시퀀스에 변화를 연출하는 것이 목적이었다. 경사면의 식생보존과 녹화, 주로 중층 주거동을 기본으로 하여 구성하고, 그 사이에 고층동을 점적으로 삽입해서 도로변의 경관에 통합을 만들어내는 것이 의도되었다. 대지의 중앙부에 있는 골짜기를 활용하여 기승전결을 생각한 시퀀스가 만들어졌다. 각 주거동에는 하층부의 녹음, 주거동 정상부의 크로스볼트(cross volt), 볼트(volt), PC판 곡면 패널로 공통화하고, 접지층에서는 RC 프레임에 의해 내부 전용 테라스가 설치되었다.

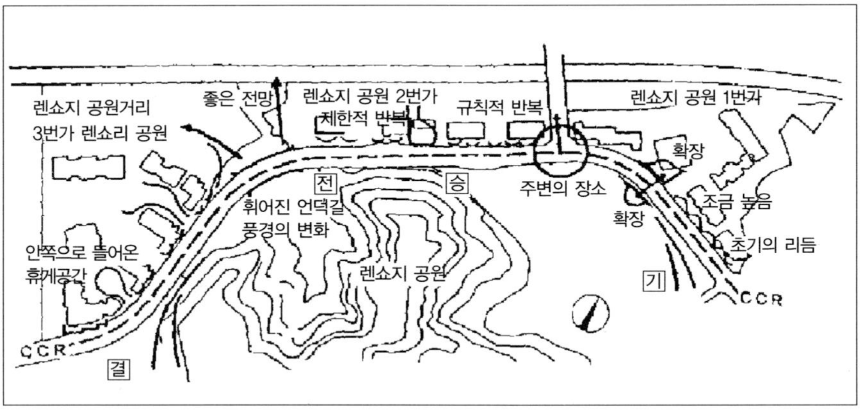

‖ **그림 1-38** ‖ 렌쇼지 공원 1, 2, 3번지 전체계획도/출처 : 住宅特集

참가 설계자는 호사카(保坂陽一郎)*, 호사카(保坂陽一郎)건축연구소, 쿠단(九段)건축연구소, 쿠보데라(久保寺敏郎)건축연구소, 오타큐(小田急)건설, 알세트 건축연구소.

| 그림 1-39 | 렌쇼지 공원 1, 2, 3번가, 하치오지시 · 도쿄도

No.21 마쿠하리(幕張) 베이타운 : 치바(千葉)현의 마쿠하리 신도심지구 주택지에서는 가구형(街區型) · 연도형(沿道型)의 시가지형성을 목표로 하여, 치바현이 사업주체가 되고, 민간기업 36사와 주택도시정비공단, 치바현 주택공급공사의 참가에 의해 이루어져, 연도형의 건축 집합체가 계획되었다. 설계는 기본계획 이미지에 근거하여 사업계획서와 디자인가이드라인이 미리 작성되고, 동의하는 사업자만이 공모에 의해 참가할 수 있는 구조로 실시되었다. 각 사업자에게 「계획설계 컨설턴트」(설계자 또는 도시계획 컨설턴트의 개인)가 대응해서 디자인 조정을 실시하였다. 도시경관의 다양성을 실현하기 위해, 사업구획을 세분화하여 다수의 사업자와 설계자가 혼재했다. 사업자와 설계자 상호의 디자인 조정을 위해 계획디자인 회의와, 이것을 지원하는 워크숍 등의 자리가 마련되었다. 디자인가이드라인은 절대적인 판단기준이 아니었으며, 그

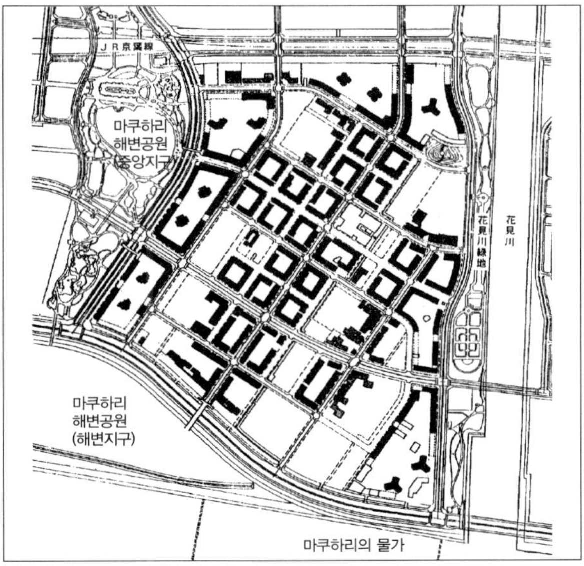

| 그림 1-40 | 마쿠하리 베이타운 전체계획도

것으로부터의 일탈도 도시디자인적으로 의미가 있다고 판단되는 것은 계획디자인 회의에서 유연하게 대응되었다. 건축물에는 벽면선의 지정, 층수의 지정, 3층 구성의 파사드 규정에 근거한 설계가 이루어졌다. 디자인 가이드라인은 각 구획의 설계자가 토론을 거듭해서 작성했다. 행정담당자의 교체에 대응하고 사업에 일관성을 주기 위해서 기본계획의 책정에서부터 와타나베(渡邊定夫)씨와 미노하라(蓑原敬)씨가 치바현의 지사(知事)로부터 위촉받아 사업계획 조정원으로 사업을 총괄했다. 각 구획마다 전속 조정자가 배치되어 설계가 진행되었다.

참가 설계자는 다음과 같다.
스즈키(鈴木嵩英) * 〈(야마시타(山下昌彦), 우노(宇野求), 혼다(本多勝), 야마구치(タダシヤマグ)〉
소네(曾根幸一) * 〈(다이코(大行征), 가토(加藤義行), 에노모토(榎本敏男), 소네(曾根幸一)〉
후지모토(藤本昌也) * 〈(마츠나가(松永安光), 사카모토(坂本一成)〉
츠치다(土田(旭) * 〈(야마나시(山梨知彦), 카나타(神多峻), 시부타(澁田一彦)〉
오자와(小澤明) * 〈(키타(喜多徹夫), 이노우에(井上一三), 야마모토(山本成之)〉
오오무라(大村虎一) * 〈(시바하라(芝原達明), 아키모토(秋元和雄), John Gosling(RTKL)〉 외.
*은 각 구역의 계획조정자, ( )안은 설계자

| 그림 1-41 | 마쿠하리 베이타운, 치바시 · 치바현

No.22 **구마모토(熊本)시영 신티(新地)단지** : 구마모토현의 아트폴리스 사업의 일환으로 추진된 프로젝트. 아트폴리스 조정자(Commissioner) 한사람이 디렉터(director)로서 전체계획을 작성하고, 5명의 설계자가 참가했다. 약 1,100호의 집합주택을 5명의 설계자가 분담해서 5개년 계획으로 순차적으로 건설되었다.

설계자는 국제적인 감각을 가진 설계자인 동시에 신진 설계자이어여야

된다는 기준에 입각하여 사업자 그룹의 지명을 통해 선정되었다. 고저차가 있는 구릉지대에 고도경제성장기에 세워진 주택단지의 재건축을 실시하였다. 설계에서는 디자인코드를 설계자 상호가 작성한 후에, 조닝과 주거동 구성을 나타내는 전체계획이 제시되고, 각 설계자가 설계를 실시했다. 변화가 있는 지형을 살리는 것이나 설계를 진행시키면서 공유영역의 중요성을 설계자간에 토론하여 광장의 네트워크를 전체에서 만들어냈다.

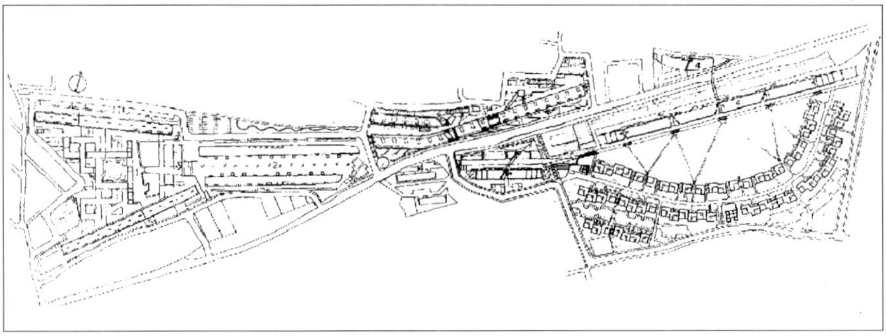

| 그림 1-42 | 신티단지 전체계획도/출처 : JA

참가 설계자는 하야카와(早川邦彦), 오가타(緒方理一郎), 토미나가(富永讓), 니시오카(西岡弘), 우에다(上田憲二朗).

| 그림 1-43 | 신티단지, 구마모토시 · 구마모토현

No.23 **시가(滋賀)현립대학** : 본문 내용에서 정리

No.24 **오카야마(岡山)현영 나카쇼(中庄)단지** : 나카쇼단지는 오카야마현의 크리에이티브 타운 오카야마(CTO) 제도를 쿠마모토(熊本)의 KAP에 따르면서, 지사(知事)로부터 임명된 조정자(Commissioner)가 역할을 맡았다. 일

정한 견해를 갖는 조정자가 안정된 견해를 가지고 설계자를 계속해서 선정해 가는 것으로, 도시를 만드는 여러 가지 이미지를 계속시켜 가는 것이 의도되었다. 조정자는 설계자를 선정하는 것에 머무르지 않고, 계획의 기본적인 방침을 명시하고, 도시경관의 적극적인 조정을 의도한 점이 KAP와 다르다. 프로젝트에 관한 컨셉 등을 주요항목(key sentence)으로 하여, 이것을 사업자와 설계자에게 제시하고, CTO가 종합적인 마을가꾸기운동으로의 전개를 의도했다. 나카쇼단지의 재개발은 CTO의 제1호 사업으로서 조정자가 설계자를 선정하는 것으로 단지의 전체상을 맡길 수 있었다.

대지는 1961년에 건설된 중·저층의 단지로, 4기에 나누어서 그 갱신을 실시하고, 각 기마다 설계자가 바뀌어 4명의 설계자가 단지 전체를 재생했다. 조정자(CTO조정자)는 CTO구상에 의거하여 4명의 설계자를 선정했다. 추천 기준은 설계의 마무리가 확실하고, 내구수명이 고려된 기능이 담긴 디자인을 지향하는 설계자가 선정되었다. 주요항목(key sentence)에는 주차장의 구성, 노출콘크리트 마감, 스카이라인, 대지 인접부를 생각하고, 외주 도로와의 관계를 생각하는 것이 있으며, 이것을 중심으로 설계자 상호가 대화를 통한, 설계자 상호의 연계에 의해 단지의 경관과 생활동선의 연속성이 이루어졌다. 전체계획은 1명의 설계자가 작성한 내용을 근거로하고, 인접하는 설계자가 작성하는 것을 연쇄(連鎖)시켜서 전체계획을 작성했다. 설계자 상호의 설계내용 연쇄(連鎖)가 의도되었다.

그림 1-44 나카쇼단지 전체계획도/출처 : 新建築

참가 설계자는 탄다(丹陀悦雄), 아베(阿部勤), 엔도(遠藤剛生).

그림 1-45 나카쇼단지, 오카야마현 · 오카야마시

No.25 KNSM섬 : 아이젤강에 떠있는 많은 섬이 암스테르담의 이스턴 · 도크랜드(Eastern Dock Land)를 형성한다. 그 중 KNSM섬은 1979년에 선박터미널의 폐지 후, 스쿠옷타 지구의 주민이 문화복지부의 예산으로 설계자 발헬쿠 · 데쿠라인에게 재개발계획을 의뢰했다. 한편으로 시당국도 전체계획을 작성했다. 시의 플랜(plan)이 도시계획으로서 최종 안으로 채용되어, 현재 KNSM섬의 전체계획(상세 마스터플랜)이 슈퍼바이저(Supervisor) 요 · 크넨에 의해 작성되었다. 암스테르담 도크랜드 개발의 모델이다. 건축물, 도시기반, 기존항만시설을 통합하는 것을 목적이라고 한 전체계획에서는, 섬의 중심을 통과하는 주요 도로가 섬을 남북 2개의 블록으로 나눈다. 남부에는 광장을 가진 2개의 주거구역, 북부에는 3개의 주거구역이 있다. 각각 콘트라스트(contrast)를 가지도록 의도되었다. 북쪽은 찬 느낌의 건물에 따뜻함이 있는 포장도로(pavement)가 있으며 강으로 향하는 조망을 위해 호안이 높게 되어 있다. 한편 남측은 인포멀(informal)한 느낌의 건물에 따뜻함이 있는 포장재(pave)를 사용하고, 하우스 보트(house boat) 등 수상교통 수단과의 관계로 호안을 낮게 했다. 반도의 가장자리에는 요 · 크넨이 설계한 바벨탑(Tower of Babel)이라고 하는 원형의 주택과 빌라가 있다. 그 외에 탑모양이나 포위형 집합주택이 설계되었다. 전체계획은 강과 항구의 스케일을 고려해서 계획되었고, 건축물은 어떤 변화에게도 대응할 수 있는

구조, 외관을 갖추었다. 도로 옆은 3겹으로 식재하여 독립성이 확보되었다. 최종 단계에서 변경이 가능하도록 마스터플랜에 여유를 남겨 두었다.

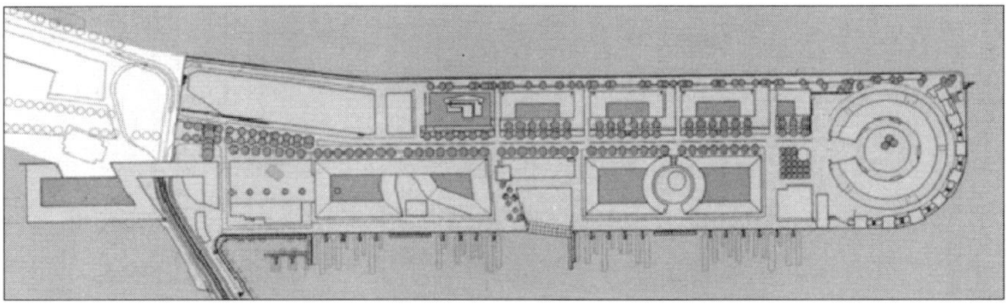

| 그림 1-46 | KNSM섬 전체계획도, 네덜란드 · 암스테르담/출처 : OOSTELIJK HAVENGEBIED AMSTERDAM

참가 설계자는 Jo Coenen(master planer), Frank and Paul Wintermans, Hans Kollhoff, Christian Rapp, Bruno Albert, Weil Arets, Babet Galis, CASA Architecten, and others.

| 그림 1-47 | KNSM섬, 암스테르담 · 네덜란드

No.26 보르네오 · 스볼벵구섬 : 암스테르담의 도크랜드 재개발의 일부에 해당하는 2개의 섬에는 100호/1ha의 밀도로 거주의 다양화를 의도하여 집합주택지가 계획되었다. 섬에는, 주민용 배의 정박설비나 요트하버(yacht harbor) 등 정박장이 마련되었다. 저층 주택의 1층은 층고 3.5m를 충족시키는 것이 요구되었다. 저층 주택의 홈통 높이의 연속과 재질의 차이에 의해 개성있는 파사드가 생겨났다. 섬의 중앙부에 있는 카페(cafe), 보트하우스(boathouse) 등의 기능을 가지는 18층의 집합주택은 암스테르담시나 주

변의 개발지(KNSM섬 등)와의 축선을 고려해 배치되어졌다. 일반적인 저층 건축은 3층 구성에, 파티오(patio), 지붕 테라스의 형식을 가진 주택이며, 그것들이 연속되고 있다. 이 주택은 「바다의 주택」이라고 불렀다. 웨스트가 루디 · 웃텐핫쿠와 공동으로 고안한 파티오(patio)형 주택의 프로토타입(prototype)에 근거하여 36명의 설계자가 각각 설계했다. 동일한 주택사업자와 설계자의 그룹(group)을 늘어놓아서 통일시키는 것이 아니고, 서로 혼합되었다. 도로, 보도는 구운 벽돌의 포장 재료로 통일되었다.

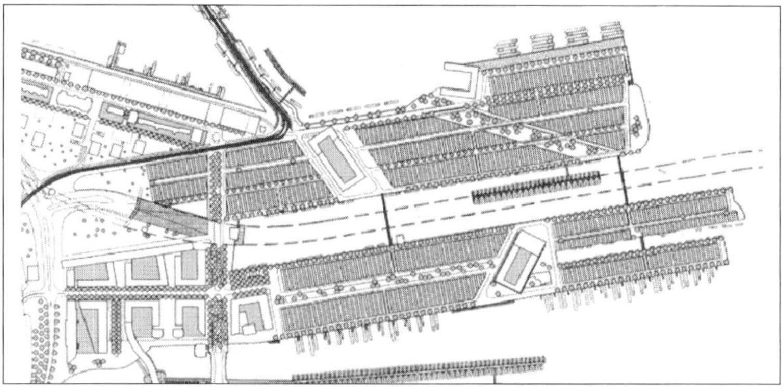

| 그림 1-48 | 보르네오 · 스볼벵구섬 전체계획도/출처 : OOSTELIJK HAVENGEBIED AMSTERDAM

| 그림 1-49 | 보르네오 · 스볼벵구섬, 암스테르담 · 네덜란드

No.27 이마이(今井) 뉴타운 : 나가노(長野)시 이마이(今井) 뉴타운은 올림픽 선수촌으로 정비되었다. 집합주택은 시영주택, 현(縣) · 시의 직원주택, 국가공무원주택, 기업 사택과 일반분양 집합주택으로 구성되었다. 대지의 일부에는 주택 건설을 하지 않는 버퍼존(buffer zone)도 설치되었다. 전체계획

을 결정한 후, 나가노시는 디자인 조정자(Commissioner)로 와타나베(渡邊定夫)씨를 지명하고, 조정자를 중심으로 설계조정을 하였다. 7명의 설계자가 프로포잘(Proposal)방식으로 선정되고, 각각은 주거동의 설계를 담당했다. 한편, 조정자측은 배치설계팀, 조성설계팀, 조경설계팀으로 나누고, 조정 가이드라인을 작성하여 전체 조정과 개별 조정을 하였다. 지구(地區) 내에는 농업용수로를 활용한 친수성 수로가 놓여지고, 이것에 의해 「도시적」「전원적」의 2개의 테마를 가진 집합주택단지가 설계되었다. 설계에 있어서는 겨울철 기상조건, 나가노(長野)의 지역성, 베리어프리(barrier free)에의 대응이 과제가 되었다. 설계는 조정자의 느슨한 가이드라인에 근거하여, 설계자의 생각을 존중하는 것이 의식적으로 실시되었다. 설계조정 단계에서는 구성을 위한 기초적인 사항, 가이드라인의 수정 및 추가, 공공공간의 조정과 협의가 이루어졌다.

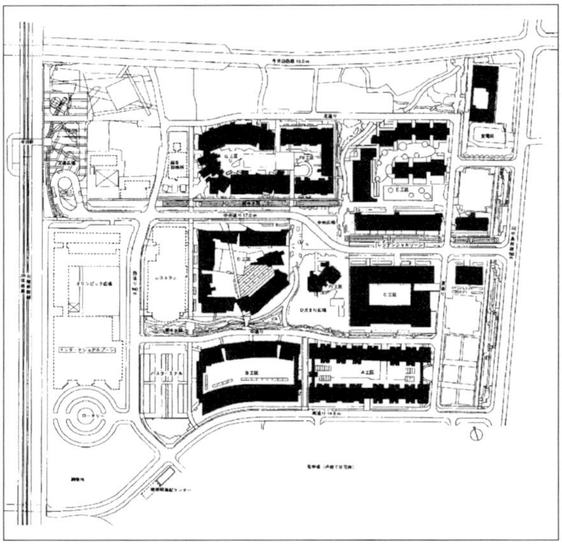

그림 1-50 이마이 뉴타운 전체계획도/출처 : 新建築

참가 설계자는 아라이(新井千秋), 하세가와(長谷川逸子), 나이토(内藤廣), 토미나가(富永讓), 근대건축연구소, 스튜디오건축계획(모토쿠라(元倉眞琴)), 엔도(遠藤剛生).

그림 1-51 이마이 뉴타운, 나가노시 · 나가노현

No.28 **사이타마(埼玉) 신도심** : 본문 내용에서 정리

No.29 **한난(阪南) 스카이타운** : 본문 내용에서 정리

분석 대상 사례는 서적과 잡지를 조사해서 설계내용이나 설계의 경과가 기입된 문헌을 국가와 관계없이 선정하였다. 그 결과, 집합주택지, 단독주택지, 상가, 복합업무도시, 박람회, 대학, 뉴타운 등의 건설계획에서 협동설계방식을 사용하고 있음을 알 수 있었다. 한편, 미나미오사와 15주구, 시가현립대학, 한난 스카이타운, 사이타마 신도심에 관해서는, 본문 내용에 상세하게 기술되는 관계로 여기서는 누락시켜 정리하였다. 분석에 있어서는 사례자료로부터 조정을 실시한 의도를 분명히 읽어낼 수 있는 조정수법이 사용된 사례건수를 조사하고 표 1-5에서 그 사례명칭과 조정수법의 관계를 정리하였다.

1-3 건축 집합체의 기본형태

1-3-1 집합 유형

건축 집합체는 기본적으로 「개체」인 개별 대지와 「집합」인 전체 대지의 관계로 구성된다. 각각의 설계자가 담당하는 대지간의 상호 관계는 전체를 구성함에 있어 매우 중요하다. 그래서 29개의 설계사례가 어떻게 구성되어 있는가를 집합의 유형으로 분류해 보았다. 그 결과, 「개체」에 해당하는 각각의 개별 건축과 「집합」인 건축 집합체의 관계를 외부공간을 다루는 방법에서 보았을 때 집합 유형을 4가지로 나눌 수 있었다(표 1-2).

| 표 1-2 | 집합 유형

형태 \ 유형	유형			
	A-type	B-type	C-type	D-type
개체별 형태	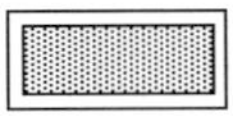 건축물 주위에 외부공간이 없다		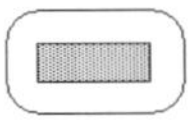 건축물 주위에 외부공간이 있다	
건축 집합체의 집합유형	외부공간이 없는 개별 대지 상호가 서로 접하고 있다. 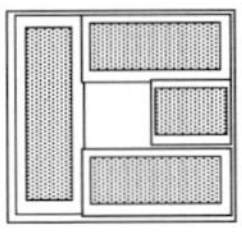	설계자의 개별 대지 주변에 외부공간이 있다. 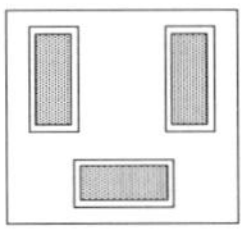	개별 대지의 외부 공간이 서로 접한다. 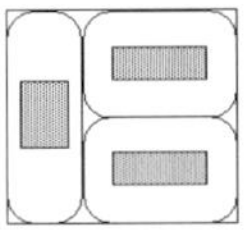	개별 대지의 외부 공간 바깥에 외부 공간이 있다. 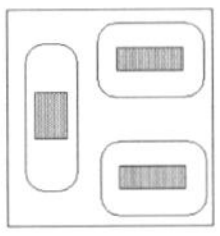

크게는 건축물 주위에 외부공간이 없는 개별 대지가 집합하는 A, B-type으로 나눌 수 있다(표 1-2).

A-type(7개 사례)은 개별 대지가 상호 인접하지만, B-type(9개 사례)은 개별 대지끼리의 사이에 외부공간이 존재한다.

한편, 설계자가 어떤 일정한 외부공간을 포함한 범위를 설계하는 경우에는 개별 대지 상호가 접하고 있는 C-type(6개 사례)과 개별 대지 사이에 외부공간이 있는 D-type(7개 사례)으로 나눌 수 있다.

이상의 분류에 따라 사례의 기호(A · B · C · D)를 기입하였다.

1-3-2 공동 목표

다음으로 설계조직의 공동 목표를 조사한 바, 공동 목표는 크게 나누어 4개의 종류로 분류할 수 있었다(표 1-3). 목표에는 풍경적인 건축 집합체의 모습이 지향하는 것, 감각적인 언어의 제시, 모습이 일정하지 않은 것의 제시, 도식적인 통합의 모습의 제시로 나눌 수 있다. 그것을 정리하면 다음과 같다.

❙ **표 1-3** ❙ 공동 목표의 분류

유 형	사 례
「풍경적 목표상」 생략기호:a	벨시지구(파리의 리보디 또는 샹데마르스, 팔쿠 · 데 · 마르지구(바르셀로나의 건축), 루반 · 라 · 누브(구 루반), 에이프레인지구(네델란드의 도시적 주구와 촌락적 주구), 벨코리누 미나미오사와(남구의 산악도시), 카메오카 고세단지계획(새로운 가구〈쿄마치야(京町家)〉), 시브가와 상가(세계와 일본의 거리), 마쿠하리 베이타운(유럽의 가구형), 시가현립대학(환경취락)
「감각적 목표상」 생략기호:b	사이타마 신도심(감정적(emotional)인 도시), 하이터치 리서치파크(하이터치), 쯔루가메타운(새것과 낡은 것이 함께 섞인 공간), KNSM섬(네델란드 스타일), 보르네오섬 · 스볼벵구섬(바다의 주구), 한난 스카이타운(목가적인 거리)
「불특정 목표상」 생략기호:c	넥서스 월드(설계자끼리의 토의의 장을 만드는 것), 나카쇼(中庄)단지(일정한 견해를 갖는 조정자가 설계자를 선정함으로써 여러 가지 이미지를 계속시킴), 주택환경전(건축을 보고 설계자의 이름을 알 수 있는 거리), 오라니에 · 낫소우 · 가젤네(각국의 설계자의 특성이 나옴), 자르갓세(도시건축의 스타일로 융합시키기 위한 주택군), 사쿠라가오카 단지(공원도시), 다쿠마 단지(오늘날의 도시성을 수반한 환경, 공원적인 단지), 카나자와 나미키 2가 중앙 존(일반시가지), 아사힐즈(도시의 거리와 같은 단지)
「도식적 목표상」 생략기호:d	렌쇼지 공원 1, 2, 3 번가(언덕을 둘러싼 하나의 선적계획), 신티 단지(직선적인 주구의 구성), 리에주대학(방사상의 그리드), 타자와다이 단지(집합의 형태가 피라미드모양의 스카이라인)

주) ( )는 집합체 구상의 내용을 나타내고 있다.

「풍경적 목표상(a)」은 실제로 존재하는 역사적인 건축 집합체의 모습을 구상에 직접 인용하거나, 그 성질을 추상화해서 인용하는 등, 실존하는 건축 집합체의 모습이 목표가 되고 있다. 「감각적 목표상(b)」은 집합체나 개별 건축이 가지는 성질을 감성적 · 감각적으로 표현하는 것을 목표로 하고 있다. 「불특정 목표상(c)」은 일반적인 시가지가 다양한 설계자의 설계 결과에 의해 완성되어 지고 있는 것을 집합체의 구상으로서 제시하고 있다. 설계자의 개성이 집합된 모습을 집합체의 구상으로 하고 있어, 다른 구상과 같이 건축 집합체의 디자인의 방향성을 결정짓지 않는 불특정한 모습을 목표로 하고 있다. 「도식적 목표상(d)」은, 전체가 도식화된 형태질서에 의해 개별 건축을 집합시키는 집합체의 구상이다.

1-4 설계조정의 틀

1-4-1 설계조직의 구성

협동설계조직의 구성을 설계사례에서 살펴보면, 참가한 설계자는 디자인 조정의 역할을 담당하는 조정자와 개별 대지에서 건축물의 디자인을 담당하는 설계자의 2가지 역할로 분담되어 있다.

조정자는 개인이 조직을 만들어 하나의 조정자(조정조직)가 되는 경우와, 개인이 디자인 조정자가 되는 경우로 나눌 수 있다. 조정자가 개인인 경우에는 마스터아키텍트(Master Architect)나 커미셔너(Commissioner) 등의 명칭으로 불리고 있다(표1-4). 조정자는 건축설계를 중심으로 하는 설계자가 그 역할을 짊어진다.

| 표 1-4 | 조정자의 명칭과 디자인 조정을 위한 명칭

조정자	명 칭
특정 개인이 조정자가 되는 경우의 명칭	코디네이터(coordinator), 프로듀서(producer.), 마스터아키텍트(Master Architect), 디렉터(Director), 커미셔너(Commissioner), 주구(住區)프로듀서, 슈퍼바이저(Supervisor), 헤드아키텍쳐(Head Architect), 타운아키텍쳐(town Architect)
복수의 개인이 집합되어 조정자가 되는 경우	기획 조정국, 사업계획 조정위원

협동설계에 참가하는 설계자 수를 보면, 4~5명으로 조직이 구성되어 있는 사례(소조직형)가 많이 보였다(11개 사례). 설계자수가 많은 경우에도 8명 정도(중조직형)였다(10개 사례). 이러한 규모는 조직으로서 일정한 통합을 얻을 수 있는 조직의 규모와 거의 일치했다. 9명 이상(대조직형)의 사례 중에는 20~30명에 이르는 큰 단위로 조직이 구성되어 있는 사례가 외국의 대규모적인 집합주택지 개발에서 볼 수 있었다(Ba5 등). 대규모형의 조직형태를 구성하는 경우는 하부에 소규모 조직을 계층적으로 조직하고 있는 사례도 있었는데(Aa5), 협의조직의 규모를 작게 함으로써 협동하기 쉬운 상황을 만들어내고 있었다. 이것은 전체 통합의 형성과정과 깊게 관계

되어 있다고 생각되어진다.

1-4-2 참가자 사이의 관계

사업자, 조정자, 설계자 사이에는 수주 · 발주방식에 의해 참가자 사이의 관계에 차이가 나타난다. 2종류의 협동설계 유형으로 나눌 수 있는데(그림 1-52), 첫 번째가 하나의 사업자가 도시정비를 실시하는 구역 전체를 소유하여, 조정자에게 조정업무를 위탁함과 동시에 복수의 설계자에게 설계업무를 발주하는 조직 형태를 취하는 경우(일괄 대지형)이며, 대부분 사례가 일괄 대지형이다(24개 사례). 한편 전체 대지는 복수 사업자의 소유로 각 대지마다 사업자가 존재하며, 설계자는 사업자로부터 디자인을 위탁받고, 사업자와 설계자로 구성되는 그룹이 조정을 의뢰하는 경우(분할 대지형)도 있었다(5개 사례). 조정자가 있는 일괄 대지형에서는 조정자가 설계자에게 대한 디자인 지도를 충분히 기대할 수 있으므로 「개체」의 균질화와 「집합」의 질서화를 이끌어낼 가능성이 있다. 한편 분할 대지형이나 조정자가 없는 일괄 대지형에서는 디자인의 지도력을 기대할 수 없으므로 「개체」의 개성화와 「집합」의 다양화를 이끌어낼 가능성이 있다.

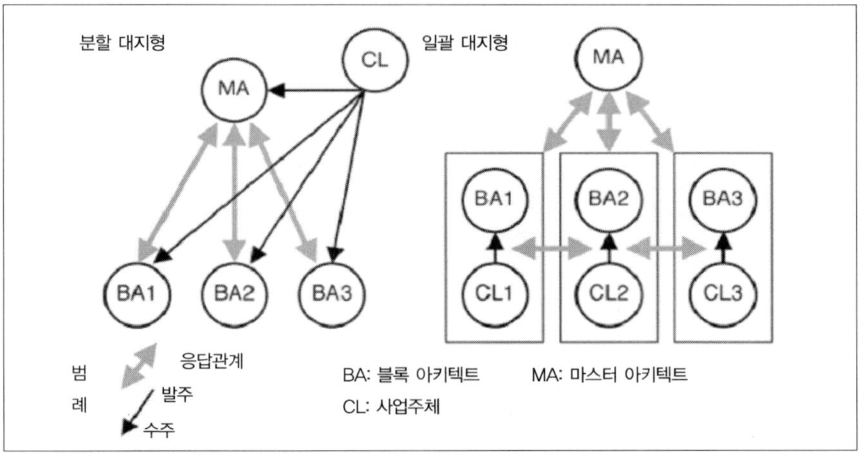

그림 1-52 MA방식의 수주 · 발주 관계와 조정업무

1-5 설계조정 프로세스(process)의 구성

협동설계 프로세스를 구성하는 중요 프로세스는, 협동설계에의 참가자(조정자와 설계자)의 결정, 설계지침의 도입, 설계의 전개와 결정이라는 3개의 중요한 요소로 구성되고 있음을 알 수 있다. 여기서는 각각의 단계에서 일어난 조정수법과 그 조정경향을 정리한다.

1-5-1 조정자와 설계자의 선정

조정자의 선정수법을 조사해보면, 일반적인 수법인 사업자가 직접 선정하는 사례가 많이 보였고(19개 사례), 일부 주민단체도 관여하는 사례가 있었다(2개 사례). 어떠한 경우에도 「집합」에 질서를 부여하는 것은 조정자가 있음으로써 가능해 지지만, 조정자의 선정에서는 조정자의 자질 등에 의해 「개체」에 주는 영향은 예측할 수 없으므로 조정 경향은 불확정적인 것이 된다. 한편, 설계공모전을 통해 조정자를 선정할 경우(1개 사례)에는 조정자의 개성 발휘가 요구되었다. 거기서는 조정자가 개별 건축에 대한 지침을 작성하였으므로 「개체」의 개성화와 「집합」의 질서화를 이끌 가능성이 있었다. 그 중에는 설계자 중에서 누군가가 조정의 역할을 담당하는 경우도 있었다(2개 사례). 설계자의 설계전개 단계에서는 디자인상의 제한이 없는 것이 전제이므로 「개체」는 개성화되고 「집합」은 질서화를 이끌 가능성이 있다. 조정자가 없는 경우(3개 사례)도 있었다. 이 경우에는 설계내용에 제한이 없어지므로 「개체」를 개성화해 「집합」을 다양화할 가능성이 있다.

설계자의 선정에는 사업자나 조정자, 주민이 관여하고 있었다. 사업자가 결정하는 경우(7개 사례)나 주민의 대표가 설계자의 선정에 관여했을 경우(2개 사례)에서는, 어떤 일정한 견해로 선정하게 되므로 「개체」는 균질화하고 「집합」은 질서화할 가능성이 있다. 그러나 조정자의 추천에 의해 사업자가 결정되는 경우(5개 사례)에서는 조정자의 의향이 강하게 나타나므로, 설계자를 선정할 수 있는 조정자의 개성이 관여하므로 「개체」는 개성화하고 「집합」은 질서화할 가능성이 있다. 한편, 사업자와 조정자가 협의해서 결정하는 경우도 있었다(7개 사례). 이 경우 사업자의 의향과 조정자의 의향에 의해 설계자가 선정되므로 「개체」「집합」 모두 다에 있어서 조정 경향은 불확정적이다.

이와 같이 적임자 선정에 주안점을 두고 있는 경우와는 달리, 설계 작품의 내용으로 설계자가 선정되었을 때에는 설계공모전을 실시하여 각각의 설계자 사이에 경쟁적인 관계를 만들어내는 등, 각각의 설계자가 개성을 발휘할 수 있는 환경이 되므로 「개체」의 개성화를 이끌어낼 가능성이 있다. 그러나 동시에 일정한 기준으로 선정되므로 인하여 「집합」은 질서화할 가능성도 있다.

설계자의 선정 근거를 보면, 작품의 내용을 근거로 하여 설계자가 선정된 경우(2개 사례)도 있어, 「개체」의 개성화와 「집합」의 질서화를 이끌 가능성이 있다. 또 건설이념과의 일치성을 근거로 선정되었을 경우(8개 사례)에는 일정한 질이 확보되므로 「개체」의 균질화와 「집합」의 질서화가 증폭될 가능성이 있다. 한편, 설계자의 지명도가 근거가 된 경우(5개 사례)나, 설계자의 기술력, 문화적 배경, 설계자 개인(조직)이 가지는 개성이나 디자인의 참신성, 디자인의 독자성이 요구된 경우도 있었다(12개 사례). 이 때는 「개체」의 개성화와 「집합」의 질서화가 도출될 가능성이 있다.

1-5-2 설계지침의 도입

건축 집합체의 설계내용을 조정하는 과정에서, 설계내용을 조정하기 위해 「집합」의 설계내용의 규정, 즉 설계지침이 마스터플랜(이하 MP)으로 도입되고, 「개체」의 설계내용을 정하는 디자인코드(이하 DC)가 도입되었다. MP은 전체 구상도, 가이드플랜(Guide Plan)으로서 「집합」에 대하여 디자인을 어떤 일정한 방향으로 이끄는 역할을 담당하고 있었다. DC는 디자인폴리시(Design Policy), 디자인스트럭처(Design Structure), 디자인코드(Design Code), 공통 코드(code), 키컨셉(Key Concept), 가이드라인(Guide Line), 키센텐스(Key Sentence), 디자인가이드라인(Design Guide Line), 경관지침,

경관조정 유도항목 등의 명칭으로 불리며,「개체」에 대해 어떤 일정한 방향으로 설계내용을 조정하는 역할을 한다. MP를 조정자 또는 사업자가 작성한 경우(16개 사례)에는「집합」의 질서화가 가능하지만「개체」는 MP의 내용에 좌우되므로 불확실하다. 설계자가 MP를 작성했을 경우(4개 사례)나, 조정자와 설계자가 작성했을 경우(5개 사례)에는 설계자의 관여에 의해「개체」의 개성화가 의도되어 졌지만「집합」은 질서화될 가능성이 있다. 조정자와 설계자 이외에서 작성했을 경우(2개 사례)에는 협동방식의 설계상황과는 관계가 없으므로「개체」「집합」모두 다 불확실한 것이 된다.

DC를 조정자 또는 사업자가 작성했을 경우(13개 사례)에서는「개체」에 대한 조정경향은 작성자의 설계내용에 대한 자세에 의해 좌우되므로 불확실하지만「집합」에는 질서를 부여할 가능성이 있다. 조정자와 설계자 혹은 설계자 상호가 작성하는 경우(7개 사례)도 있었다. 이 경우에는 설계자의 의지가 DC의 내용에 영향을 주므로「개체」는 개성화되고「집합」은 질서화할 가능성이 있다. MP나 DC를 제시하는 시기에 따라 조정경향에 차이가 나타날 가능성도 있다. 협동의 초기단계에 조정자가 MP를 제시했을 경우(22개 사례)에는「개체」에 대하여는 불확정적이지만「집합」은 질서화할 가능성이 있다. 조정자가 DC를 제시했을 경우(15개 사례)에는「집합」은 질서화해서「개체」가 균질화할 가능성이 있다. 설계자의 설계전개에 맞춰서 순차적으로 DC나 MP을 수정했을 경우(12개 사례)에서는 설계전개의 상황에 따라서 DC · MP에 의해 반드시「집합」의 질서화가 나타나지는 않았으며, 다양화를 허용하는 조정이 됨에 따라「개체」에 대하여서도 개성화를 이끌 가능성이 있었다. 사례에 따라서는 DC를 설계자가 작성하고 그것에 의거하여 설계를 전개하는 경우가 있었다(1개 사례). 이때는 설계자의 개성이 반영되어「개체」가 개성화함과 동시에「집합」은 질서화할 가능성이 있다.

1-5-3 설계내용결정의 구조

설계의 결정에서 나타난 조정수법을 조사하기 위해, 결정에 있어서의 참가자와 참가 상황을 조사했다. 조정자와 설계자의 사이에서 결정되었을 경우에는 결정의 기준은 상황에 의해 정해지지 않으므로 「개체」「집합」 모두 불확정적이었다.

한편, 조정자는 존재했지만 설계내용의 결정에는 관여하지 않고, 설계자 상호가 결정한 경우나, 조정자가 관여하지 않은 경우(4개 사례)에는, 조정수법이 효과적으로 작용하지 않으므로 「개체」는 개성화해서 「집합」은 다양화할 가능성이 있다.

설계내용의 결정 시기를 보면, 설계내용에 대한 결정이 협동의 전반에 있었을 경우(1건)에서는, 설계자 상호 각자가 개별 건축에 대한 개성의 방향을 정한 후 설계를 전개했다. 「개체」의 개성화에 근거한 「집합」의 다양화가 나타날 가능성이 있다.

그것과는 반대로 개별 건축에 대한 설계내용의 방향이 미리 결정되어 있었던 내용에 대하여 설계자가 그 방향에 따른 설계를 하였으므로 일단 「집합」의 질서화를 무너뜨려서 「개체」를 개성화해 가는 과정에서 「집합」으로 이끌려고 하는 수법도 있었다(2개 사례). 설계내용의 결정이 협동의 설계 전개와 함께 진행되는 수법도 있었다.

설계자가 같은 설계작업의 장소를 공유하여 동시에 설계를 진척시킨 워크숍이나, 설계자 상호가 설계내용을 서로 알기 위해서 정기적으로 회의를 열어 설계내용을 상호 검토하면서 설계를 전개하는 수법도 있었다(14개 사례). 이러한 수법에서는 다른 설계자의 설계내용을 점진적으로 파악할 수 있음과 동시에 건축 집합체의 전체적인 모습도 동시에 알 수 있어, 설계의 진척에 설계내용의 방향성이 좌우되므로 「개체」「집합」 모두 다 불확정적이다. 협동의 후반기에 설계내용의 결정이 되었을 경우에는 설계자의 독자적인 전개로 인하여 설계내용의 경향이 결정된 후에 건축물의 상세나 외부공간 설계내용을 판단하여 세부조정한 경우도 있었다(5개 사례). 이 때 설계지침의 결정에는 참가자 상호가 영향을 서로 미치지 않았으므로 「개체」의 개성화에 근거하는 「집합」의 질서화가 이끌어질 가능성이 있다. 설계내용의 결정에 수정을 위한 조정 등이 이루어지지 않은 수법(4개 사례)에서는 설계자가 독자적으로 설계를 전개한 개별 건축이 집합되어지므로 「개체」는 개성화해서 「집합」은 다양화할 가능성이 있다.

1-6 설계내용의 직접 조정

1-6-1 「개체」의 개성화와 「집합」의 다양화

「개체」의 개성화를 진행시켜 가면 「집합」은 스스로 다양화해질 가능성이 있다. 이러한 조정수법을 설계사례로부터 추출하면, 공공도로에 면하지 않는 중정이나 건축물의 특정한 부위 등 설계내용을 자유롭게 할 수 있는 부위의 설정에 근거해서 설계를 한 것(3개 사례)이나, 외부의 설계내용에 영향을 주지 않는 평면계획으로 설계를 한 것으로 「개체」 입면의 설계내용을 개성화시킬 가능성이 있는 수법이 채용되어 있었다(1개 사례).

건축 내부의 설계내용과 입면을 분리하는 더블월(Double Wall)의 사고방식을 받아 들여서 입면에 내부용도가 영향을 주지 않는 수법에 의해 외관의 설계내용을 개성화시킨 경우도 있었다(2개 사례).

또 전체 대지를 주된 것으로 해서 구성하는 용도 이외의 용도를 가진 건축물을 집합체의 하나로서 포함시켜, 그 설계내용의 개성화 가능성을 이끌어 내려고 했던 사례(11개 사례)나, 지형적으로 특색이 있는 개별 대지의 조건을 살린 설계전개의 사례(2개 사례) 등 「개체」를 개성화할 가능성이 있는 수법이 채용되고 있었다. 단독 사례이지만, 1개 동 건축물을 개별 건축의 설계자가 보다 자유롭게 설계 전개를 할 수 있는 연면적으로 설계를 한 것이나, 설계자가 독자적인 설계내용을 전개할 수 있도록 개별 대지의 경계를 명확히 정의하지 않고 의도적으로 대지 형상에 제약이 없는 상태를 만들어낸 경우에는 「개체」의 개성화가 생겨날 가능성이 있다.

1-6-2 「개체」의 관련화와 「집합」의 질서화

설계내용의 조정방법 중에는 개성화, 유사화에 관계없이 각각의 「개체」인 개별 건축 상호간의 관계를 만들어내는 방식을 통해, 「집합」을 질서화할 가능성을 가지는 수법이 있다. 광장, 숲 등 구역 내 외부공간의 골격이 되는 환경조형물을 이용해서 개별 건축이나 개별 대지를 상호의 관계로 질서화한 수법(19개 사례)도 있었다. 다리나 페디스트리언(pedestrian) 등의 동선수단을 이용해서 각각의 건축물을 관련짓는 질서를 만들어낼 가능성이 있는 사례(23개 사례)나, 구역 내에서 공통으로 이용하는 시설이나 중심시설 · 심벌(symbol)을 배치해서 「집합」을 질서화시킬 가능성이 있는 사례(14개 사례)도 있었다. 또 전체 대지에 그리드, 축선과 같이 눈에 보이지 않는 「집합」의 질서를 개별 건축의 부여조건으로 하는 조정으로 개별 건축 상호를 관련시킨 사례(5건)가 있었다.

전체 대지의 주변 도시공간의 구성에 맞춰서 건축물에 일정한 관계성을 부여하여 의도적으로 분산배치를 실시하고, 건축물의 볼륨의 차이를 통해 그림(圖)과 바탕(地)의 관계를 만들어내서 「개체」상호를 관계화시켜 「집합」의 질서화의 가능성을 수용한 사례도 있었다(7개 사례).

1-6-3 「개체」의 유사화와 「집합」의 질서화

「집합」을 구성하는 각각의 「개체」가 유사하면 스스로 질서를 형성할 수 있을 가능성이 있다. 개별 대지 내의 정원, 광장, 가로를 식재나 아트(art) 등 외부공간의 구성을 유사화시켜서 통합화한 사례(15개 사례)나, 지붕의 형태나 개별 건축의 부분에서 상호 유사한 설계내용의 요소를 사용해서 「집합」을 질서화할 가능성을 시험한 사례가 있었다(15개 사례). 지붕의 색채와 소재, 외벽색과 소재표현 등 외부마감을 유사화시킨 사례(14건)나 개구부 형상을 유사화시킨 사례도 있었다(8건). 그 중에는 개별 대지 지형조건의 유사성을 이용하여 개별 건축이 스스로 유사화하는 것을 사전에 기획하는 사례(1개 사례)나 볼륨이 정돈된 건축물을 늘어놓는 것이나 벽면선을 맞춘 사례(10건)가 있었다. 또한 건축구성의 기본형을 설정해서 개별 건축을 유사화한 사례(10개 사례)도 있었다.

1-6-4 「개체」의 개성화와 「집합」의 질서화

건축 집합체의 스카이라인을 절구모양으로 한 것이나 중앙을 향해서 건축물의 높이를 높게 설정한 사례가 있었다. 이 수법에는 일정한 질서 있는 변화를 「집합」에 부여하지만, 집합의 각 부분이 각각 다르므로 「개체」의 개성화와 「집합」의 질서화를 동시에 이끌어낼 가능성이 있다.

표 1-5 건축 집합체의 설계내용 조정수법

건축 집합체 디자인의 유도수법		A-type							B-type									C-type						D-type						
		자르갓세	시브가와상가	주택환경전	넥서스월드	마쿠하리	벨시지구	보르네오섬	고세단지	타자와다이단지	에이지구	오라니에	팔쿠지구	아사힐즈	다쿠마단지	렌쇼지공원	KNSM섬	나미키2가	사쿠라가오카단지	쯔루가메타운	신티단지	나카쇼단지	이마이단지	리에주대학	루반대학	미나미오사와15주구	하이터치	시가현립대학2	사이타마신도심	한난스카이타운
분류기호		Ac1	Aa2	Ac3	Ac4	Aa5	Aa6	Aa7	Ba1	Bd2	Ba3	Bc4	Ba5	Bc6	Bc7	Bd8	Bb9	Cc1	Cc2	Cb3	Cd4	Cc5	Cb6	Dd1	Da2	Da3	Db4	Da5	Db6	Db7
조직 규모	소조직형(조정자를 포함해 5명까지)	0	0	0	0	0	0	0	0	0	0	0	0	0	1	1	1	1	1	1	1	1	0	0	0	0	0	1	0	0
	중조직형(조정자를 포함해 6명 이상 8명 이하)	0	0	1	1	0	1	0	1	1	1	1	0	1	0	0	0	0	0	0	0	0	1	0	0	1	1	0	0	0
	대조직형(9명 이상)	1	1	0	0	1	0	1	0	0	0	0	1	0	0	0	0	0	0	0	0	0	0	1	1	0	0	0	1	1
수주 형식	일괄대지형(불 · 질)	1	0	1	1	0	1	0	1	1	1	1	1	0	1	1	1	1	1	1	1	1	1	1	1	1	0	1	0	1
	복수사업자(불 · 다)	0	1	0	0	1	0	1	0	10	0	0	0	1	0	0	0	0	0	0	0	0	0	0	0	0	1	0	1	0
조정자의 선정수법	사업자가 특명적으로 조정자를 결정(불 · 질)	0	1	1	1	1	0	1	1	0	0	1	1	1	0	0	1	1	1	0	1	1	1	1	1	1	0	1	1	1
	주민집단과 사업자가 특명적으로 결정(불 · 질)	0	0	0	0	0	0	0	0	0	1	1	0	0	0	0	0	0	0	0	0	0	0	0	0	0	0	0	0	0
	사업자가 설계공모전으로 조정자를 결정(개 · 질)	0	0	0	0	0	1	0	0	0	0	0	1	0	0	0	0	0	0	0	0	0	0	0	0	0	1	0	0	0
	설계자 중에서 조정자가 나타남(개 · 질)	0	0	0	0	0	0	0	0	1	0	0	0	0	0	1	0	0	0	0	0	0	0	0	0	0	0	0	0	0
	조정자가 없음(개 · 다)	1	0	0	0	0	0	0	0	0	0	0	0	0	1	0	0	0	0	1	0	0	0	0	0	0	0	0	0	0

건축 집합체 디자인의 유도수법		A-type							B-type									C-type						D-type						
		자르갓세	시브가와상가	주택환경전	넥서스월드	마쿠하리	벨시지구	보르네오섬	고세단지	타자와다이단지	에이지구	오라니에	팔쿠지구	아사힐즈	다쿠마단지	렌쇼지공원	KNSM섬	나미키2가	사쿠라가오카단지	쯔루가메타운	신티단지	나카쇼단지	이마이단지	리에주대학	루반대학	미나미오사와15주구	하이터치	시가현립대학2	사이타마신도심	한난스카이타운
설계자의 선정 수법	사업자가 결정(등 · 질)	0	1	1	0	0	0	0	0	1	0	0	0	0	0	1	0	1	0	1	0	0	0	0	0	0	1	0	1	1
	주민 등이 참가해서 결정(등 · 질)	0	0	0	0	0	0	0	0	0	1	1	0	0	0	0	0	0	0	0	0	0	0	0	0	0	0	0	0	0
	조정자의 추천에 의거 사업자가 결정(개 · 질)	1	0	0	1	0	0	0	1	0	0	0	0	0	1	0	0	0	0	0	1	1	0	1	0	0	0	0	0	0
	조정자와 사업자가 협의해서 결정(불 · 질)	0	0	1	0	0	0	0	0	0	0	1	1	1	0	0	1	0	0	0	0	0	0	0	0	1	0	0	0	0
	설계공모전을 실시하여 결정(개 · 질)	0	0	0	0	1	1	0	0	0	0	0	0	0	1	0	1	0	0	0	1	0	0	0	0	0	0	1	0	0
설계자의 선정 근거	설계작품의 내용으로 선정(개 · 질)	1	0	0	0	0	0	0	0	0	1	0	0	0	0	0	0	0	1	0	0	0	0	0	0	0	0	0	0	0
	사업자의 의도를 반영(등 · 불)	0	1	0	0	0	0	0	0	0	0	0	0	0	0	1	0	1	0	0	0	0	0	1	1	1	1	1	1	1
	설계자의 지명도(개+등 · 질)	0	0	1	1	0	0	0	1	0	0	0	1	0	1	0	0	0	0	0	1	0	0	0	0	0	0	0	0	0
	설계자의 설계기술력 · 경험 등(개+등 · 질)	0	0	0	1	1	1	0	0	1	0	1	0	1	0	0	0	0	1	1	0	1	1	0	0	0	0	0	0	0
MP의 작성	조정자가 작성(불 · 질)	0	1	1	1	1	1	1	1	0	1	1	1	0	0	0	1	0	0	0	1	0	1	1	1	1	1	1	0	0
	설계자가 작성(개 · 질)	1	0	0	0	0	0	0	0	1	0	0	0	0	1	1	0	0	0	1	0	1	0	0	0	0	0	0	0	0
	조정자와 설계자가 작성(개 · 질)	0	0	0	0	0	0	0	0	0	0	0	0	1	0	0	0	0	0	0	0	0	0	0	0	0	0	0	0	0
	조장자 또는 설계자 이외가 작성(불 · 불)	0	0	0	0	0	0	0	0	0	0	0	0	0	0	0	0	0	0	0	0	0	0	0	0	0	0	0	1	1
DC의 작성	조정자 또는 사업자가 작성(불 · 질)	1	1	1	0	1	1	1	1	0	1	0	1	0	0	1	0	0	0	0	0	1	1	1	1	0	0	0	0	0
	설계자가 작성(개 · 질)	0	0	0	0	0	0	0	0	1	0	0	0	0	1	0	0	1	0	0	1	0	0	0	0	0	0	0	0	0
	조정자와 설계자가 작성(개 · 질)	0	0	0	0	0	0	0	0	0	0	0	0	1	0	0	0	0	1	0	0	0	0	0	0	1	1	1	1	1

건축 집합체 디자인의 유도수법		A-type							B-type									C-type						D-type						
		자르갓세	시브가와상가	주택환경전	넥서스월드	마쿠하리	벨시지구	보르네오섬	고세단지	타자와다이단지	에이지구	오라니에	팔쿠지구	아사힐즈	다쿠마단지	렌쇼지공원	KNSM섬	나미키2가	사쿠라가오카단지	쯔루가메타운	신티단지	나카쇼단지	이마이단지	리에주대학	루반대학	미나미오사와15주구	하이터치	시가현립대학2	사이타마신도심	한난스카이타운
DC MP 도입	설계자가 MP를 제시 후에 개별건축을 설계(불 · 질)	1	1	1	0	1	1	1	1	1	1	1	1	0	0	1	1	0	1	0	1	0	1	1	1	1	1	1	0	0
	설계자가 DC를 제시 후에 개별건축을 설계(등 · 부)	1	1	1	0	1	1	1	1	0	1	0	1	1	0	0	0	0	1	0	0	1	1	0	1	1	1	0	1	0
	조정자와 설계자 사이에 순차적으로 결정됨(개 · 다)	0	0	0	0	1	1	0	1	0	0	1	0	0	0	0	0	1	1	0	0	0	1	0	0	1	1	1	1	1
	설계자 상호가 DC를 작성한 후에 개별건축을 설계(개 · 질)	0	0	0	0	0	0	0	0	0	0	0	0	0	0	0	0	0	0	0	0	0	0	0	0	0	0	0	0	0
디자인 결정	설계내용의 결정이 전체의 설계전개와 같이 진행(불 · 불)	0	1	1	1	1	1	0	1	0	0	1	0	0	1	0	0	1	0	0	0	1	1	0	1	1	0	1	0	0
	동자설계 후 상세나 외부의 설계내용으로 세부조정(개 · 질)	0	0	0	0	0	0	0	0	0	1	0	0	1	0	1	0	0	1	0	1	0	0	1	0	0	1	0	1	1
	다른 디자인경향을 사전에 결정한 후에 전개(개 · 다)	00	0	0	0	0	0	0	0	0	0	0	0	0	0	0	0	0	0	1	0	0	0	0	0	0	0	0	0	0
	질서화한 설계내용에 대해 설계를 진행(개 · 다)	0	1	0	0	0	0	0	0	0	0	0	0	0	0	0	0	0	0	0	0	0	0	0	0	0	0	0	0	0
	설계내용의 결정에 조정이 이루어지지 않음(개 · 다)	1	0	0	1	0	0	1	0	1	0	0	1	0	0	0	1	0	0	1	0	0	0	0	0	0	0	0	0	0
디자인 내용의 조정	내부용도가 다른 건축물을 집합체에 혼합한다(개 · 다)	1	1	1	0	1	1	0	0	1	1	0	0	0	0	0	0	0	0	0	1	0	0	1	1	1	1	1	1	1
	설계전개가 자유롭게 가능한 부위를 사전에 정한다(개 · 다)	0	0	0	0	0	0	0	0	0	0	1	1	1	0	0	0	0	0	0	0	0	0	0	0	1	0	0	0	0
	특징이 있는 개별대지의 지형조건을 반영한다(개 · 다)	0	0	0	0	0	0	0	0	1	0	0	0	0	0	1	0	0	0	0	1	0	0	1	0	1	0	0	0	0
	설계자가 개성을 발위하기 쉬운 건축연면적을 사용한다(개 · 다)	0	0	0	1	0	0	0	0	0	0	0	0	0	0	0	0	0	0	0	0	0	0	0	0	0	0	0	0	0
	개별대지의 설정을 애매하게 한 상태에서 설계한다(개 · 다)	0	0	0	1	0	0	0	0	0	0	0	0	0	0	0	0	0	0	0	0	0	0	0	0	0	0	0	0	0
	내부용도와 외부의장을 분리시킨다(개 · 다)	0	0	0	0	1	0	0	1	0	0	0	0	0	0	0	0	0		0	0	0	0	0	0	1	0	0	0	0

	건축 집합체 디자인의 유도수법	A-type							B-type									C-type						D-type						
		자르갓세	시브가와상가	주택환경전	넥서스월드	마쿠하리	벨시지구	보르네오섬	고세단지	타자와다이단지	에이지구	오라니에	팔쿠지구	아사힐즈	다쿠마단지	렌쇼지공원	KNSM섬	나미키2가	사쿠라가오카단지	쯔루가메타운	신티단지	나카쇼단지	이마이단지	리에주대학	루반대학	미나미오사와15주구	하이터치	시가현립대학2	사이타마신도심	한난스카이타운
디자인 내용의 조정	광장, 수목 등의 요소의 네트워크(관 · 질)	0	1	0	1	1	0	0	1	1	1	0	1	0	1	1	1	1	1	1	1	1	1	1	1	1	1	1	1	1
	눈에 보이지 않는 축선 · 그리드를 사용한다(관 · 질)	0	0	0	0	0	0	1	0	0	1	0	0	0	0	0	0	0	0	0	0	0	0	1	0	1	0	1	0	0
	도식적인 형태질서를 가진 배치구성을 한다(관 · 질)	1	1	0	0	1	1	1	1	0	1	1	0	0	0	0	0	0	0	0	0	0	0	0	0	0	0	0	0	0
	기능적인 중심이나 심벌을 설치한다(관 · 질)	1	0	0	1	0	1	1	0	1	1	1	1	1	0	0	1	0	0	0	1	0	0	0	1	1	1	1	0	1
	개별건축끼리를 동선으로 연결(관 · 질)	0	1	0	0	0	0	0	0	0	0	0	0	1	0	0	0	0	0	0	0	1	0	0	0	1	1	1	1	0
	유사한 외부공간의 구성요소를 사용한다(유 · 질)	0	1	0	0	1	1	1	1	0	0	0	0	0	1	0	1	1	1	0	1	1	1	1	1	1	1	1	1	1
	유사한 설계내부의 요소를 사용한다(유 · 질)	1	1	1	0	1	1	0	1	1	1	0	1	0	0	1	0	1	1	0	0	0	1	0	1	1	0	1	1	1
	유사성이 있는 외벽의 마감을 사용한다(유 · 질)	0	1	0	0	1	1	0	1	0	1	1	1	1	0	0	1	1	1	0	0	1	1	0	1	1	0	1	1	1
	건축물의 형(기본형태)를 사용한다(유 · 질)	0	1	0	0	1	1	1	1	0	1	1	1	0	0	0	0	0	0	0	0	0	0	0	0	1	0	1	0	0
	유사성이 있는 개구부의 설계내용을 사용한다(유 · 질)	0	1	1	0	1	1	0	1	0	1	0	1	0	0	0	0	1	0	0	0	0	0	0	0	1	0	0	0	0
	건축물의 볼륨이나 벽면선을 정돈한다(유 · 질)	1	1	1	1	1	1	0	1	0	0	1	0	1	0	0	0	1	1	1	0	0	1	0	0	1	0	1	0	0
	유사성이 있는 공법이나 모듈을 사용한다(유 · 질)	0	0	0	0	0	1	0	1	1	0	0	0	0	0	0	0	0	0	0	0	0	0	0	0	1	0	0	0	0
	유사한 대지조건으로 설계전개를 한다(유 · 질)	0	1	0	0	0	0	0	0	0	0	0	0	0	0	0	0	0	0	0	0	0	0	0	0	1	0	0	0	0
	전체의 스카이라인을 정한다(개 · 질)	1	0	0	0	1	0	0	0	1	0	0	0	1	0	0	0	0	0	0	0	1	0	0	0	0	0	0	1	0

주 1) (·)의 좌측은 개별의 설계내용에 대한 조정경향, 오른쪽은 집합체의 설계내용에 대한 조정경향을 나타냄.
(질) : 집합체의 질서화, (다) : 집합체의 다양화, (개) : 개별 설계내용의 개성화(유) : 개별 설계내용의 유사화,
(불) : 조정경향이 불확정하다.
2) 사례기호는 좌측에서부터 집합의 유형, 집합체의 구상 유형, 집합 타이프별 식별기호를 나타냄.
3) 숫자 「0/1」표시는 각각의 사례에서 채용된 설계내용의 조정수법을 나타내고 있다.

1-7 설계조정수법의 구성

1-7-1 협동설계사례의 분류

집합 유형과 집합체의 구상별로 사용되었던 설계내용의 조정수법을 조사하기 위해, 각각의 사례별 설계내용에 대한 조정수법의 구성에 대한 유사성 검토를 통해 분석하였다. 여기에서는 1-3에서 기술한 분석방법에 의해 작성한 사례와 조정수법을 대응시킨 표 1-5를 이용해서 수량화 3류 계산을 실시했다. 그 결과 카테고리 수량은 표 1-6과 같다.

표 1-6 표1-4에서 얻어진 수량화 3류 카테고리 수량

사례명칭	사례기호	1축	2축	3축	비고
	고유치	0.321749945	44090788	0.190115578	
자르갓세	Ac1	1.035177326	0.297243587	−0.137405045	
시브가와상가	Aa2	−0.803397641	−0.395420783	0.51160311	
주택환경전	Ac3	−0.05591132	0.640981576	0.207138409	
넥서스 월드	Ac4	1.211218628	3.134978226	−0.745412983	○
마쿠하리 베이타운	Aa5	−0.661468955	0.189941122	0.100520875	
벨시지구	Aa6	−0.597115762	0.553994353	0.313665742	
보르네오섬	Aa7	−0.688803387	0.466595608	0.52860463	
고세단지	Ba1	−0.270037026	0.876990507	0.860866499	
타자와다이단지	Bd3	1.444014095	−0.59938115	0.432642249	
에이브레인지구	Ba3	−0.813844818	0.849994798	0.666605607	
오라니에 · 가젤네	Bc4	−0.887104387	1.715967941	−0.673475163	
팔쿠 · 데 · 마르지구	Ba5	−0.323698305	0.909833505	0.093426996	
아사힐즈	Bc6	−0.997142876	−0.211487057	-3.709948828	
다쿠마단지	Bc7	2.962743876	0.234761601	0.725926315	○
렌쇼지공원 1,2,3번지	Bd8	1.494880655	−1.845848869	1.223040923	
KNSM섬	Bd9	0.241830244	0.427877122	−0.182975494	
나미키2가	Cc1	0.468498592	−0.643764161	0.548647655	
사쿠라가오카단지	Cc2	−0.124405847	−0.846702976	−0.786477663	
쯔루가메타운	Cb3	3.681463949	−0.118735621	-2.706552514	
신티단지	Cd4	1.052410638	−0.215458052	1.348202839	○
나카쇼단지	Cc5	0.835988436	−0.192449812	−0.498418694	◎
이마이단지	Cb6	−0.266821275	0.407983483	−0.042638681	
리에주대학	Dd1	0.084097715	−0.660880213	1.568414487	
루반대학	Da2	−0.32625132	−0.237282126	0.806318607	
미나미오사와 15주구	Da3	−0.732049971	0.040910764	0.200829342	△
하이터치	Db4	−0.72608319	−1.242478729	−0.599505963	
시가현립대학	Da5	−0.398581102	−0.387722611	0.129486758	△
사이타마 신도심	Db6	−0.636548155	−1.978988097	−0.952425889	△
한난 스카이타운	Db7	−0.363261458	−1.72083009	−0.255258609	△

주) 비고란의 ○, △표시는 같은 조정자(조직)가 관여하는 사례, ◎는 1의 영향을 받은 사례

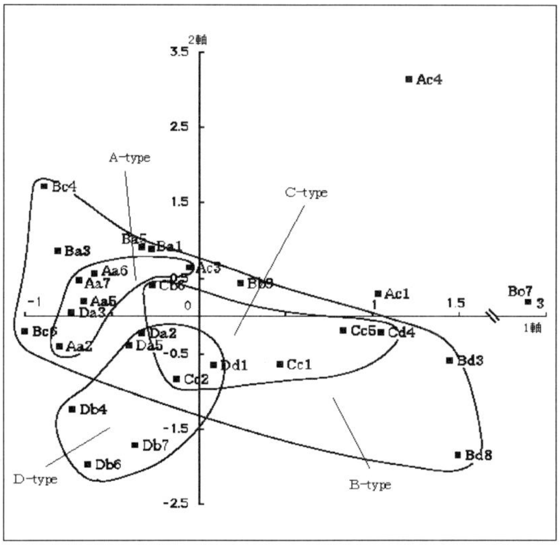

‖ **그림 1-53** ‖ 카테고리 수량 · 1축/2축의 2차원 그래프

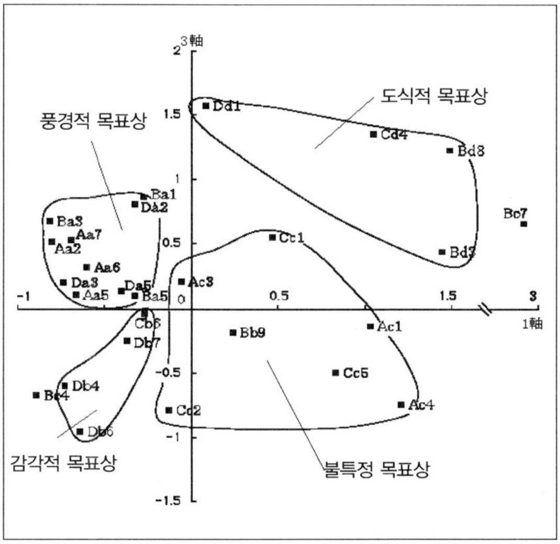

‖ **그림 1-54** ‖ 카테고리 수량 · 1축/3축의 2차원 그래프

수량화 3류의 계산 결과에서 얻을 수 있었던 1축/2축의 수량을 가지는 사례를 그래프로 하면 그림 1-53을 얻을 수 있다(1축/2축의 고유치는 0.5657).

마찬가지로 1축-3축의 계산 결과를 그래프로 하면 그림 1-54를 얻을 수 있다(1축/3축의 고유치는 0.5101).

그림 1-53에서 사례의 분포상황을 보면 X축(1축) 부(負)방향의 사례는 디자인 내용에 대해 어느 정도의 제한을 설정하는 것을 의도한 사례이며, 정(正)방향에는 제한을 행하지 않은 경향의 사례가 있다는 것을 알 수 있다. Y축(2축) 정(正)방향에는 건축물의 디자인을 중시하고, 부(負)방향에는 외부공간의 디자인을 중시하는 경향의 사례가 위치하고 있다.

그림 1-54에서 Y축(3축) 정(正)방향에는 전체의 집합성을 중시한 사례가 분포되어 있고, 부(負)방향에는 개별 사정을 중시한 것을 의도한 사례가 분포되어 있다. 이상의 결과에서 1축은 개별 설계내용의 규정성, 2축은 설계내용 조정 대상의 건축물에서 외부공간의 차이로, 3축은 전체와 부분의 중시성의 차이를 나타내는 축으로 생각된다. 따라서 원점과 가까운 위치에 분포하는 사례는 외부환경과 건축디자인의 양립, 전체와 부분 관계의 양립, 중용의 조정이 실시된 사례라고 할 수 있다. 구체적으로 보면 그림 1-54

에서는 1970년대 전체의 통제를 중시한 사례(고세단지-Db1, 리에주대학-Ba1, 타자와다이단지-Ba2, 루반대학-Da2)에서 나타나고, 그것들은 정(正) 방향에 위치하고 있다. 또한 미나미오사와 15주구(Da3), 마쿠하리 베이타운(Aa5)은 조정수법이 유사한 것으로 나타났다. 이것들은 서양도시의 설계 방법을 참고로 한 경위가 있어, 파리의 구 시가지에서 실시한 설계사례인 벨시지구(Aa6)와 상당히 가까운 위치 관계에 있다.

한편 넥서스 월드(Ac4)는 서양(특히 IBA)의 방법에 대해 회의적인 입장에서, 종래와는 다른 수법이 의도적으로 시도되었다. 또 넥서스 월드(Ac4), 다쿠마단지(Bc7), 신티단지(Cd4)는 동일한 조정자가 관여하고 있어, 전체에 대해 유사경향이 있음을 알 수 있다.

MA방식이 채용된 미나미오사와 15주구(Da3), 시가현립대학(Da5), 사이타마 신도심(Db6), 한난 스카이타운(Db7)의 사례도 보면, 사례를 실시할 때마다 유도성을 약화시켜, 설계의 대상으로 삼는 내용은 외부공간을 주된 것으로 하도록 의도적으로 변화시켰다. 이들 서로 다른 성향의 조정자가 관여한 각각의 영역은 명확히 나뉘어져 있는 것으로 보아 조정자의 차이도 조정수법의 구성과 관련되고 있음을 알 수 있다.

1-7-2 집합 유형과 설계방법

1축/2축의 그래프를 그리고 집합 유형으로 영역을 나타내면 그림1-53이 된다. A · D · C-type의 사례는 일부 영역이 겹쳐지지만 대략적으로는 영역이 분리된다. B-type은 A · D · C-type과 겹쳐진다. A-type은 건축물 상호가 밀집해서 집합하고, D-type에서는 건축물 사이가 완충공간을 가지면서 집합하는 차이가 조정수법의 구성에 있어서의 차이이다.

한편 C-type은 대지 상호가 외부공간을 통해서 서로 접하고 있으므로 A · D-type의 중간적인 type이다. A · D-type의 양자의 성질을 가지지만 A · D-type의 사례의 중간에 위치하는 영역에 분포하고 있다. 이들은 유도방법에 있어서 차이가 있다고 생각된다. 외부공간을 다루는 방법이 조정수법의 구성과 관련성이 있다고 생각된다.

B-type의 영역은 광범위하게 분포하고 있으므로, 사례별로 임의의 방법이 사용되고 있다. A · D-type은 유도력이 강하게 나타나고, B · C-type에서는 약하게 나타난다. 건축물 상호가 밀집하는 경우나, 반대로 밀집도가 떨어지는 경우에는 강한 유도력이 요청되었다고 할 수 있다.

1-7-3 건축 집합체의 구상과 설계방법

집합체의 구상별로 1축/3축의 카테고리 수량을 그래프에 나타내 보면, 사례의 분포도는 그래프의 영역을 명확히 분할하고 있다(그림 1-54). 이것은 1축/2축의 분석에서도 같다. 여기서 설정한 4개 집합체의 구상은 협동설계방법에서 사용되는 구상의 분류로서 적절했음을 알 수 있다. 집합체의 구상은 집합 유형의 분류보다도 명확히 영역을 형성하므로, 집합 유형보다도 집합체의 구상이 조정방법과 깊은 관계가 있음을 알 수 있다. 협동설계에서는 집합체의 구상에 걸맞은 조정수법의 구성을 취하게 되어, 협동설계방법과 집합체의 구상은 일체화가 되고 있다. 「풍경적인 목표상」과 「감각적 목표상」의 사례 분포는 밀집하므로, 이러한 유형의 사례는 상호 유사성의 높은 조정방법이 이용되어 있다. 한편 「불특정한 목표상」과 「도식적인 목표상」에서는 사례가 분산되어져 분포되고 있으므로, 각 사례별로 임의적인 조정수법이 채용되고 있다. 즉 조정수법의 구성에 다양성이 있고, 여러 가지 방법을 취할 수 있을 가능성이 있다.

상호 조정수법의 구성에 유사성이 높은 사례를 복수 이상 조합한 것을 그림 1-53, 그림 1-54의 분포 상황으로부터 조사하고, 각 집합체의 목표상의 전형적인 것을 기준으로 하여 추출하면 Aa, Da, Db, Cc, Bd의 사례를 추출할 수 있다. 각각의 사례에서 채용된 조정수법을 보면, 대체로 4개 집합체의 구상에 대하여 이하의 4가지 설계방법이 대응하고 있다(표 1-5).

「풍경적 목표상」의 전형에서는 Aa, Da에 공통된 비교적 큰 조직을 구성하며 조정자가 사업자에 의해 선정되어지고, 설계내용의 지도력을 배경으로 하여 협동설계를 전개한다. 협동설계의 초기단계에서 조정자는 DC, MP를 제시해서 질서화를 조정하지만, 설계 결정은 조정자와 설계자의 사이에서 이루어진다. 설계내용에 대하여도 상당히 많은 점에서 「개체」를 관계화, 유사화해서 「집합」의 질서화를 조정하고 있다. DC, MP에서 설계내용의 설정과 그것에 대한 조정이 통합의 요점이다.

「감각적 목표상」의 전형(Db)에서는, 중조직 이상의 비교적 큰 조직을 형성해 MP의 작성이나 설계자의 선정 등을 하며, 협동의 앞 단계에서는 조정자는 관여하지 않지만, 설계전개 단계에서는 관여한다. 설계 결정에서는 설계자의 설계가 우선되어, 그 내용을 전제로 하는 설계내용의 조정을 실시하고 있다. 건물 외부에 관련된 설계내용을 중심으로 하여 「개체」의 관련화나 용도의 혼합을 통해 「집합」의 다양성을 조정하고 있다. 조정자가 협동설계의 앞 단계에서 지도력을 발휘할 수 없었으므로 사후에 건축외부에서 설계조정을 실시하여 통합을 지향하고 있다. 설계전개의 단계에서 외부공간을 조정하는 것이 통합의 요점이다.

「불특정 목표상」의 전형(Cc)을 보면, 소조직형으로 조직의 통합이 형성되기 쉬운 상황이다. 설계자는 설계 전체에 관여하고, 설계내용의 결정 또한 설계자끼리의 협의를 통해 진행된다. 설계내용에 대하여는 약간의 설계내용으로 「개체」를 유사화한다. 설계자의 선정에서 설계자의 개성을 중요시하는 등 「개체」에 대한 개성화를 조정한 후에는 설계자 상호의 협의에 맡길 수 있다. 「집합」은 조정되지 않고 불확정하며 설계자 상호간의 협의가 통합의 요점이 된다.

「도식적 목표상」의 전형(Bd)을 보면 소조직형으므로, 조정자는 설계자 속에서 역할을 담당하게 된다. 설계내용에 영향을 미치는 제한 등도 거의 없으나, 지형 조건이 중요하므로, MP만을 통합의 근거로 하고 있다. 제한이 적은 설계전개가 되는 개별 건축을 어떤 일정한 질서에 따라서 전체 대지에 삽입시키는 방법으로 통합한다. MP에서의 설정에 의한 통합이 요점이 된다.

1-7-4 건축 집합체의 디자인

설계된 건축 집합체의 설계 결과에서 나타난 조정수법을 살펴보면 「풍경적 목표상」의 사례는 비교적 강한 개별성이 나타나는 「개체」가 집합하는(이하 「풍경적 목표상- I 」) 사례(Aa2, Aa5, Aa6)와 온화한 개별성이 나타나고 있는 「개체」가 집합하고 있는(이하 「풍경적 목표상-II」) 사례(Da2, Da3, Da5)로 분류된다. A-type과 D-type의 차이이다. 전자는 중정을 가지는 가구형(街區型)의 도시형 건축 집합체이며, 후자는 전원도시적인 건축 집합체의 설계사례이다. 디자인 내용을 유사화, 관련화하고 있다는 점에서는 전자, 후자도 같지만 설계내용의 표현양상은 다르게 나타나고 있다. 「풍경적 목표상- I 」은 디자인 내용의 구조적인 점을 유사화, 관련화하고 있지만, 「풍경적 목표상-II」의 설계내용이 직접적으로 나타나므로 온화한 개별성의 집합이 된다. 「풍경적 목표상- I 」은 개별 건축 상호가 가구(街區)의 형상에 맞춰 집합하므로 개별 건축이 도식적으로 단순하게 통합된다. 「풍경적 목표상-II」에서 개별 건축은 서로 「사이 공간」을 가져 복잡하게 집합한다. 물체형태의 원리에서 볼 때 「풍경적 목표상- I 」에서 「개체」가 복잡한 것은 가구(街區)로서 「집합」의 단순함에 의해 보충되고, 반대로 「풍경적 목표상-II」에서는 「개체」가 유사해져 각각이 단순해지고 있다는 것은 「집합」의 복잡함이 보충하고 있다. 이렇게 해서 건축 집합체의 전체성을 유지하고 있다. 이러한 「개체」와 「집합」과의 관계는 전체계획에 관여하는 조정자와 설계자 사이에서 생겨나는 협의의 구조가 있음으로써 가능해 진다.

「불특정 목표상」은 각기 개별성을 가지는 「개체」로 「집합」이 형성되고 있다. 건축 집합체의 모습으로서 명확한 목표가 의도적으로 설정되지 않고 있는 것이 나타나 있다. 또한, 조정자가 디자인 결정에 관여하지 않는 것(조정자의 부재)은 개성적인 설계자의 선정이 디자인 결과에 영향을 끼치고 있다. 설계자 상호는 협의를 통하여 상호의 관련성은 확보되지만 「집합」은 부정형이며 다양하다.

「감각적 목표상」에서는 개별성을 가지는 「개체」가 집합하지만, 외부 디자인에 주의를 기울이고 있다. 외부공간에 있어서만 조정자의 지도력이 영향력을 미치고 있어, 조정자와 설계자 사이에서 외부공간에 대한 협의가 디자인에 나타나고 있다. 나아가 사업자가 전체 대지에 복수로 존재하는 것도, 디자인의 다양함으로 나타나게 된다.

「도식적 목표상」에서는 「개체」의 개별성은 그다지 문제시 되지 않으며, 「집합」으로서의 상호 관계가 중요시 된다. 개별 건축의 디자인에 대한 협의 등이 이루어지지 않으므로, 「개체」는 방임되어져 있다. 「개체」는 완만한 개별성을 가지는 방향, 명확한 개별성을 가지는 방향 양쪽 다 대응한다. 이상에 의거하여 건축 집합체의 디자인 모델을 「개체」와 「집합」으로부터 나타낼 수 있다(표 1-7).

| 표 1-7 | 건축 집합체의 디자인 모델

개체 / 집합	관련화 · 균질화 · 유사화		개성화 · 관련화	
질서화	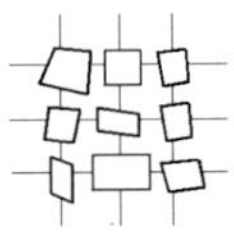	「개체」는 각각 완만하게 다르지만, 「집합」은 상호 관계에 질서가 있다. 「도식적 목표상」		「개체」는 각각 차이를 가지며, 「집합」은 명확한 질서가 있다. 「풍경적 목표상–II」
다양화	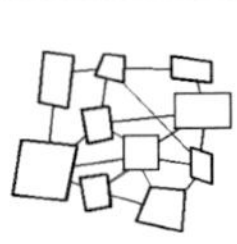	「개체」는 각각 완만하게 다르지만 「집합」은 관련은 있으나 임의적이다. 「풍경적 목표상–I」		「개체」는 각각 임의적이며, 「집합」은 「개체」 상호의 관계에 질서가 있다. 「불특정 목표상」

1-8 설계조정의 구조

복수의 설계자가 협력해서 건축 집합체를 설계할 경우에 집합 유형과 집합체의 구상의 틀 속에서 적합한 설계방법이 채용되고 있다. 전체성이 있는 건축 집합체를 설계하기 위해서는, 외부공간을 다루는 방법과 집합체의 구상과 일체가 된 조정수법을 수용하는 구조를 만들어 운용하는 것을 생각해 볼 수 있다. 건축 집합체를 구성하는 「개체」에 대해서는 균질화 · 관련화 · 개성화 · 유사화하고, 「집합」에 대해서는 다양화 · 질서화를 각각 불확정성과 함께 설정하는 것을 통해 전체성을 가지는 건축 집합체를 창출할 수 있을 가능성이 있다(그림 1-54).

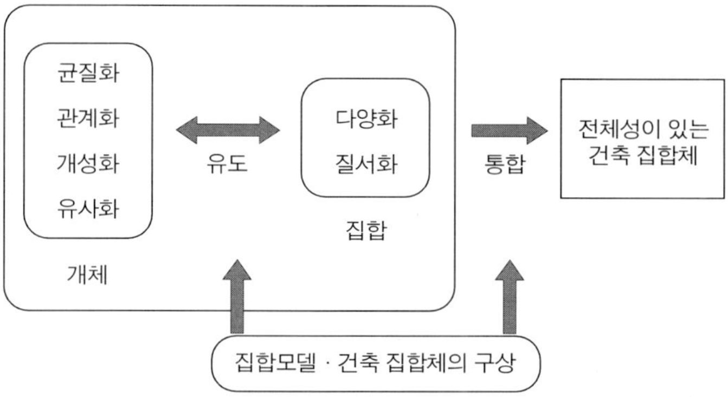

그림 1-55 「개체」와 「집합」의 통합 도식

1-9 고찰대상의 설계사례 형태

이상에서는 29개 사례의 설계조정 틀을 분석했는데, 이 과정에서 4개의 설계사례(미나미오사와 15주구, 시가현립대학, 사이타마 신도심, 한난 스카이타운)를 선정한 특징이 명확히 나타나고 있다.

1-9-1 조정 틀의 형태

4개 사례의 공통된 점으로는, 첫 번째가 모든 건축물의 주위에 외부공간이 있고, 나아가 개별 대지의 외측에 외부공간을 갖는 D-type의 집합방법을 취하고 있는 것이다. 개별 대지 상호간에 외부공간이 있으므로 건축물의 디자인뿐만 아니라 그 사이의 외부공간의 디자인도 협동설계의 대상이 될 가능성이 있다. 이러한 내용을 담은 4개의 설계사례를 대상으로 삼는 것은 도시설계에 있어서 포괄적인 설계방법의 고찰을 행할 수 있다는 것을 뜻하고 있다.

다음으로 공통 목표를 보면 미나미오사와 15주구와 시가현립대학에서는 「풍경적 목표상」이 채용되고 있으며, 사이타마 신도심과 한난 스카이타운에서는 「감각적 목표상」이 채용된 것이 특색으로 나타난다. 「풍경적 목표상」을 채용하고 있는 협동설계사례는, 그림 1-54에서 보았을 때 다른 목표상의 그룹보다 밀집해 있어, 설계조정에 따른 틀의 구성은 각각 유사성이 높은 것을 알 수 있다. 그 중에서도 시가현립대학은 그림 1-53이나 그림 1-54에서 원점에 매우 가까운 위치에 분포하고 있어, 협동설계사례 중 기본적인 형태의 하나라고도 할 수 있다. 또한 미나미오사와 15주구도 그루핑(grouping)을 대표하는 사례의 하나라고도 할 수 있고, 동시에 풍경적인 목표상의 대표사례가 된다는 점에서 선택되었다. 한난 스카이타운과 사이타마 신도심은 명확하게 다른 사례와 차이를 보이고 있어, 각각의 사례는 목표상을 대표할 수 있다고 생각된다. 게다가 이러한 목표상에 따른 사례의 특색은, 설계자(BA)의 대지 배분상황과도 일치하고 있다. 미나미오사와 15주구와 시가현립대학은 「일괄 대지형」이며, 사이타마 신도심과 한난 스카이타운은 「분할 대지형」이다. 대지분할의 방법에 의해 공통 목표상이 풍경적인 것과 감각적인 것에 각각 대응하고 있어, 조정자가 공통 목표를 설정했을 가능성을 지적할 수 있다.

1-9-2 참가형태

조직 규모를 보면, 미나미오사와 15주구와 시가현립대학은 중형 · 소형의 조직으로, 공통된 인식을 형성하기 쉬운 사례라고 할 수 있다. 다른 많은 사례에서도 비슷한 조직 규모를 볼 수 있다. 한편, 사이타마 신도심과 한난 스카이타운은 대규모 조직형으로 다른 사례와의 비교에 의해 이들 사례의 특색이 나타나고 있고, 게다가 「분할 대지형」의 사례이므로, 이러한 사례는 일반 시가지의 설계조정 상황에 상당히 가까운 모습을 갖는 형태의 사례라고 할 수 있다. 이러한 사례에 「감각적 목표상」이 채용된 것은 다수의 설계자(BA)에 조정자(MA)가 대응하는 경우에, 애매한 목표상을 설정함으로써 조정을 용이해 질 수 있다고 생각된다. 이것과는 반대로「일괄 대지형」에서는 디자인의 지도력을 유지하면서, 참가자 수를 한정해서 공통인식이 형성되어 협동하기 쉬운 상황을 설정하고 있는 것이 시가현립대학이나 미나미오사와 15주구의 사례라고 할 수 있다. 이 사례에서는 실태적인 구상을 수반하는 풍경형의 목표상을 조정자(MA)가 결정하더라도 공통된 인식을 형성할 수 있는 가능성은 높다고 할 수 있다.

4개 사례는 모두 조정자(MA)가 사업자에 의해 선정되고 있어, 이것은 다른 많은 사례와 같이 자주 볼 수 있는 형태이다. 개별 대지 설계자(BA)의 선정 방법을 보면, 4개의 사례에 각기 방법상의 다소의 차이는 있지만 모두 어떠한 형태로든 조정자가 관여하고 있다. 그리고 사업자의 의향을 중시하는 것이 선정 이유인 것에는 변함이 없으며, 다른 많은 사례와의 비교하더라도 커다란 차이가 없다. 이러한 내용에서 4개 사례는 설계자의 선정에 대해서 표준적인 형태라고 할 수 있다.

1-9-3 디자인 결정방법의 형태

설계지침의 운용 측면을 보면, 4개 사례 모두가 조정자(MA)와 개별 대지의 설계자(BA)가 DC의 작성에 관여하고 있다는 점에 특징이 있다. 타 사례에서는 이러한 방법이 그다지 채용되지 않고 있는데, 조정자(MA)가 정하면 설계자(BA)가 그것을 따르는 형태를 취하고 있다. MP의 작성에 대해서는, 사이타마 신도심과 한난 스카이타운은 조정자가 관여하지 않은 특징이 있다. 다른 많은 사례에서는 조정자가 MP의 작성에 관여하고 있다. 이 점에 대해서 시가현립대학과 미나미오사와 15주구는 많은 타 사례와 공통점이 있다. 미나미오사와 15주구와 시가현립대학에서는 MA가 DC와 MP를 미리 작성한 후에 설계자 상호(MA와 BA)가 협의를 실시하고, 협의 속에서 DC와 MP를 동시에 작성하면서 설계 결정을 실시하는 프로세스를 진행시켰다. 즉, BA 설계 전개의 전제로서 설계지침을 제시하는 것은, MA가 사전에 BA의 설계전개를 유도하는 것이며, 그 후 MA와 BA는 토의를 함으로써 설계조정을 진행시켰다. 유도와 조정이 프로세스에서 이루어진 것이다. 이것을 「유도 조정형」이라고 부를 수 있겠다. 이 경우 MA에게는 조정의 역할과 더불어 디자인의 지도력이 요구되어지므로, 설계 프로세스가 보다 포괄적이라고 할 수 있다.

한편, 사이타마 신도심과 한난 스카이타운의 사례를 보면, 조정자는 MP의 작성에는 관여하지 않고, 개별 대지의 설계자(BA)가 어느 정도 설계를 진척시킨 단계에서 설계조정에 관여하고 있다. 개별 대지의 설계자(BA)가 일단 일정한 단계까지 설계를 전개한 후에 조정자(MA)가 관여하는 형태로, MA는 설계조정에만 관여하게 된다. 이것을 「조정형」이라고 부를 수 있겠다. 이 경우에는 MA의 조정력이 중요하게 된다.

그 다음으로 설계지침의 형태를 살펴보고자 한다. 조정자(MA)가 MP와 동시에 DC를 작성해서 BA가 설계에 착수하기 전에 BA에게 제시한다. 그리고 BA의 설계전개와 평행해서 DC, MP가 BA와 MA의 사이에서 순차적으로 수정되고, 합의된 내용만이 확정된 DC, MP로서 다시 작성 · 수정되는 형태가 된다. 이것은 유도와 조정에 대응하게 된다(그림 1-56). 또 다른 한편으로, MP와 DC는 별개로 작성되어, BA가 어느 정도 설계내용을 정한 후에 MA가 DC를 작성해서 BA의 설계내용을 조정해 가고, 동시에 DC가 순차적으로 수정되어, MA와 BA의 사이에서 합의된 내용만이 확정된 DC가 된다. 이것은 「조정형」에 대응하게 된다.

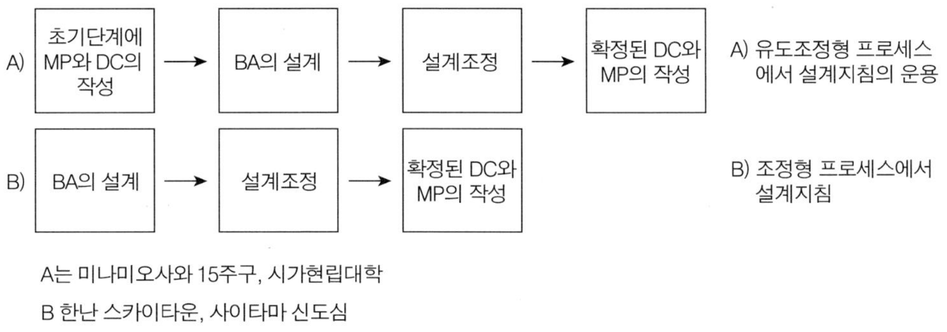

그림 1-56 설계지침(DC와 MP)의 작성과정에 따른 유형

「조정 유도형」수법은 다른 사례에도 많이 보이는 수법으로, 개별 대지의 설계자는 조정자가 작성한 MP나 DC의 내용에 근거해서 설계를 실시한다. 그러나 4개 사례에는 DC의 작성에 BA가 관여하고 있는 공통점이 있어, 이것이 다른 사례와 큰 차이가 되고 있다(표 1-5).

「조정형」인 사이타마 신도심과 한난 스카이타운에서는, MP가 MA에 의해 작성되지 않고 있다는 특색이 있다.

여기에서는 4개 사례에 대해 설계지침의 운용에 대한 설계자의 대응 상황을 상세하게 살펴보았다. 그 결과, 미나미오사와 15주구와 사이타마 신도심에서는 주로 BA 상호의 협의에 MA가 관여하고 있었다. 이것을「〈BA-BA〉-MA형」이라고 부를 수 있다. 한편, 시가현립대학과 한난 스카이타운에서는, MA와 BA가 주로 대응하고 있었다.「MA-BA형」이라고 부를 수 있다.

1-9-4 MA방식의 분류

29개의 협동설계사례의 설계조정의 틀을 고찰해 가는 과정에서 4개 설계사례의 특색을 파악할 수 있었다.

집합 유형은 4개 사례 모두 D-type으로 이므로, 4개 사례는 외부공간도 포함시켜 포괄적으로 설계방법을 고찰할 수 있었다는 것을 알 수 있다. 공통 목표는 설계조정 구조의 구성과 관련성이 있으므로, 4개 사례의 모습을 명확히 파악할 수 있다. 다만 이러한 4개 사례에서는「도식적 목표상」이나「불특정 목표상」의 설계조정을 고찰할 수 없다는 단점이 있다. 그러나 본론으로 고찰하는 4개 사례를 실시한 MA는 이것들의 목표상을 가지는 협동설계사례의 과거에 해당한다고 볼 수 있으므로, 4개 사례는 이러한 사례를 발전시킨 것으로 생각할 수 있다. 여하튼「풍경형 목표상」은 각각 조직 규모, 대지 배분이라고 하는 상당히 기본적인 틀과 깊은 관계가 있으며, 이러한 기본조건에서 4개 사례의 특징을 파악하면 다음과 같이 정리할 수 있다(표 1-8).

| 표 1-8 | MA방식의 분류

	조직 규모	대조직형		중 · 소형조직형	
	수주 · 발주 형태	분할 대지형		일괄 대지형	
	공통목표상	감각적 목표상		풍경적 목표상	
	협의의 편성	〈BA-BA〉-MA	MA-BA	〈BA-BA〉-MA	MA-BA
디자인 조정의 틀	유도+조정형			미나미오사와 15주구	시가현립대학
	조정형	사이타마 신도심	한난 스카이타운		

본 장에서는 조정, 연계, 전개를 고찰함으로써 환경설계 프로세스의 구체적 사례의 구조적 파악을 시도하였다. 조정은 조정의 틀을 고찰함과 동시에 MA의 행위를 분명히 할 필요가 있었으며, 조정형의 사례에서도 MA와 BA의 단순한 조합으로 협의가 이루어졌던 한난 스카이타운의 사례를 고찰하였다.

연계에 관해서는 MA와 BA의 연계와 BA 상호 연계가 생각되고, 나아가 대지 배분의 상황에 따라서 연계의 모습에 변화가 생겼다고 생각된다. 그러한 측면에서 BA 상호의 연계에 MA가 관여해서 유도와 조정이 이루어진 미나미오사와 15주구의 경우와 사이타마 신도심의 경우를 고찰하였다. 나아가 이들 사례는 분할 대지형과 일괄 대지형의 차이점을 갖고 있는 등 각기 구조적인 차이를 가지고 있다.

이렇게 각 사례의 특색을 살린 고찰을 통해 MA설계수법을 분석한다.

마스터아키텍트(MA)방식에 있어서의 설계조정은 설계조정을 하는 실시자의 행위, 즉 MA의 행위가 중요한 위치를 차지한다. 본 장에서는 설계내용을 조정하는 현장에 있어서, MA가 설계자인 블록아키텍트(BA)의 설계전개에 있어서 그 내용에 관한 MA의 조정활동을 조정행위라고 부르고 그 내용을 분석하였다. 그리고 MA의 설계프로세스에 있어서의 역할과, 조정행위에 의해 일체적인 건축 집합체를 설계하는 방법을 밝힌다.

제 2 장

설계 조정행위

2-1 개요

2-1-1 분석 대상

마스터아키텍트(이하 MA)의 조정행위를 조사하기 위해, 한난 스카이타운을 대상으로 환경설계프로세스에서 나타난 MA의 조정행위를 분석했다.

한난 스카이타운(그림 2-1)을 선택한 이유로는 MA방식의 형태에 다음과 같은 특색이 있기 때문이다. 한난 스카이타운은 블록아키텍트(이하 BA)에 의한 기본설계가 선행되어진 과정에서 MA가 설계조정을 한 「조정형」의 형태이다. 또한 BA가 설계를 하는 전제로서 설계지침이 제시되지 않았었다. 즉 BA가 어느 정도 기본설계를 진척시킨 단계에서, MA는 설계지침을 작성해서 설계조정의 시작과 동시에 설계지침을 제시했다. 이것은 각각의 BA는 MA로부터 설계의 전단계에는 조정을 받지 않고 설계를 전개한 것을 뜻하고 있다. BA의 설계전개에 대응하는 MA의 조정행위를 분석하기에는 적합한 사례로 볼 수 있다.

그림 2-1 한난 스카이타운의 위치

2-1-2 대상사례의 개요

한난 스카이타운(표 2-1, 그림 2-2)은 해상공항(칸사이 국제공항)의 건설을 위한 토사채굴 철거지인 한난시의 구릉지 171ha에 오사카(大阪)부가 신규주택도시개발사업으로 건설 한 뉴타운이다. 자치체가 정식으로 MA방식을 도입한 최초의 사례이기도 하다.

사업도입에서는 이른바 「수직행정」이 가지는 여러 가지 폐해를 극복하는 것을 목표로, MA에게는 법적인 규제나 고정화된 설계지침에 구애받지 않고 설계 현장에서 가장 적절한 판단과 지시를 할 수 있는 권한과 분화된 시스템의 수평적 연결을 통해 조정하는 권한이 주어졌다. 한편, MA의 재임 기간에 관해서는 사업 도입시에 설정되지 않았다.

MA는 설계지침으로서 「목가적인 거리」의 구상(그림 2-4, 표 2-2)을 설정했다. 설계조정은 디자인 조정회의(이하 조정회의)에서 이루어졌다. 조정회의의 참가자는 MA, BA, 사업주체, 관할관청이었다. 조정회의에는 MA와 각자 같은 단계의 설계공정으로 설계를 진행시키는 복수의 BA가 참가하는 전체 조정회의와, MA와 BA가 개별 1:1로 회의를 하는 개별 조정회의가 있었다. 조정회의는 회의장 등의 실내에서 실시하는 경우와, 건설현장이나 현장사무소에서 실시하는 경우도 있었다(그림 2-5). 조사대상으로 삼은 설계조정 기간은, MA방식의 도입시기인 1994년 9월 22일부터 제1기 시설의 기본설계가 종료한 1995년 8월 10일까지의 약 1년간에 이루어진 조정회의를 대상으로 하고 있다. 이 기간 내에 조정회의로서 전체 조정회의는 6회, 개별 조정회의는 전부 24회 열렸다.

전경

가로구성

| 그림 2-2 | 한난 스카이타운

| 표 2-1 | 한난 스카이타운의 상세 내용

사례 명칭	한난 스카이타운(구릉지) 개발사업	규모	대지면적 약 171ha 계획인구 9,000명
장소	大阪府阪南市桃ノ木台	용도	뉴타운
사업 주체	大阪府企業局宅地整備部宅地整備課		
사업의 목적과 개요	칸사이(關西) 국제공항 및 링크타운에 필요한 매립용 토사의 일부를 공급함과 동시에 토사채취 철거지를 효율적으로 활용하여 녹음이 풍부하고 여유와 윤택함이 있는 주택지의 형성이나, 지역의 진흥에 도움이 되는 산업 · 문화 · 레크리에이션시설 등을 유치 정비하고, 「주거」「근무」「휴식」이 가능한 복합적인 마을을 조성한다.		
정비 기간	1986년도~1997년도 1992년 2월 토사채취 완료 1993년 8월 택지조성 착수		
관련 계획	칸사이 국제공항 관련지역 정비계획(오사카부 : 1986년 2월) 한난시 서부구릉지개발 기본구상(한난시 : 1987년 8월)		
주요 도시기반	광역간선도로(제2 한와(阪和)국도), 구획도로(3개), 근린공원 · 가구(街區)공원, 주변녹지, 녹음도로 등		
주요 시설	택지(55ha, 집합 : 약 900호, 독립 : 약 1,600호) 공익적 시설(교육 · 구매 · 기타) 업무시설 등(산업 · 문화 · 레크리에이션시설 등)		
설계조정 기간	1995년 9월~1996년 8월(제 1기)		
MA	우찌이(内井昭藏)+우찌이(内井昭藏)건축설계사무소		
BA	대규모 건축설계사무소 1사(중학교, 초등학교, 유치원) 중규모 건축설계사무소 1사(휴양시설) 소규모 건축설계사무소 2사(공중 화장실, 주민센터) 공업화 주택회사 3사(주택가 B1, B2, B3가구) 오사카부 주택공급공사(분양가구) 오사카부 택지정비과(도로, 교량, 전망 녹지, 배수지, 가구(街區)공원) 조직 랜드스케이프 사무소(사인계획) 소규모 설계사무소 1사(종합조경계획)		

주) BA의 ( )는 각 BA가 담당한 시설 등의 명칭

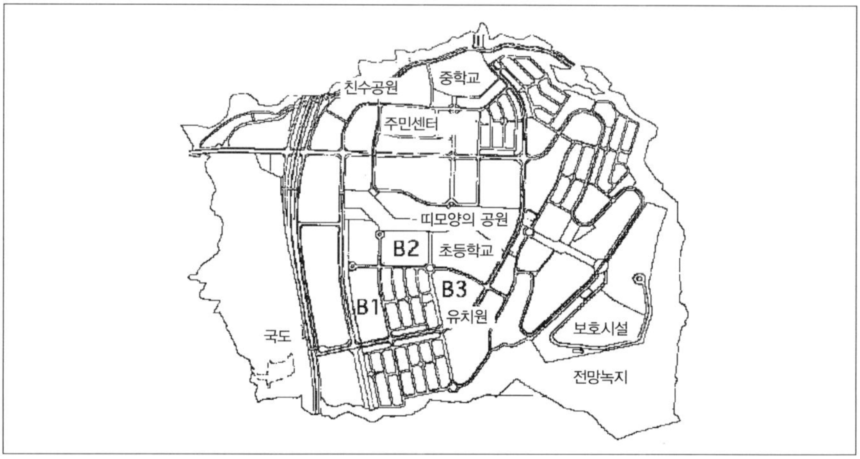

전체계획도

| 그림 2-3 | 한난 스카이타운의 부지사진 1995년

| 그림 2-4 | MA가 작성한 그린 한난 스카이타운 전체의 구상도, 1995년 7월

표 2-2 설계조정의 방향을 제시하는 디자인코드

		마을의 이미지	자연	주택	커뮤니티
계기연속스케일감	컨셉	목가적인 마을.	가까운 자연(순환과 재생 시스템 · 동식물이 생식 가능한 장소).	다양한 형태.	자주성을 살린 공간구성.
	원경 도시 공용 조망	복잡한 스카이라인 주위의 산에 둘러싸인 안심감이 있는 마을.	인공적이지 않은 조경으로 한다. 가로수와 공원의 녹음을 연속시킨다.	경사지붕으로 한다. 따뜻함이 있는 색채로 한다.	심벌을 강조한다.
	중경 가구 움직임	깊이감이 있는 주택으로 한다. 균질공간은 피한다.	광택이 있는 재료는 피한다.	공공도로 또는 공유공간에 대하여 정면성을 강조한다.	거실 등 활동이 있는 공간은 공유공간으로 향하게 한다.
	근경 전용 화제	자연소재를 많이 이용하며, 많은 색의 이미지.	투수성(보수성) · 함수성이 있는 재료 외벽에 요철을 만든다. 건물의 녹화를 도모한다.	알코브를 만든다. 자연을 수용하는 옹벽으로 한다.	가로공간과 주택의 연속성을 꾀한다.

전체 조정회의에서 BA의 제안

전체 조정회의에서 BA의 제안

전체 조정회의의 풍경

개별 조정회의

그림 2-5 조정회의

2-1-3 분석방법

조정회의에서 나타난 MA의 조정행위를 밝히기 위해, MA의 발언내용을 기록한 조정회의 회의록(표 2-9)을 참조로, MA가 설계내용의 조정을 위하여 발언한 「조정언어」를 추출하고, 그 내용을 수량으로 파악하여 언어간의 관계를 정리하는 방법을 택했다. 이것을 위해 다음과 같은 작업을 실시했다.

MA는 조정에 즈음하여 조정의 대상이 되는 설계부분을 대상으로 하여 조정을 시작한다. 예를 들면, 「지붕 소재」 「부지의 구성」과 같이 하나의 개념으로서 다룰 수 있는 설계의 부위를 본서에서는 「설계요소」로 정의하였다. 이 「설계요소」의 구체적인 모습을 나타내고 있는 글귀를 추출하고, 글귀를 1개 단위로서 수량화시켜 시계열적으로 정리하였다. 이 글귀를 「조정내용」이라 정의하였다. 「조정내용」이 1개 단위인가 아닌가의 판단은 MA의 인식에 좌우될 가능성이 있지만, MA와 BA나 사업주체와의 응답 속에서 하나의 개념으로서 전달하고 있다는 것이 응답내용으로부터 확인할 수 있는 경우에 선택하였다. 이상의 방법에 의해 「조정언어」를 추출했다. 그 결과, 전부 1024문장(약 35,000글자)의 발언내용을 추출할 수 있었다. 이 「조정언어」를 대상으로 다음 순서에 의거 분석을 실시했다.

① 조정회의에서 조정행위의 틀을 명확히 하는 MA의 입장과 조정이 대상으로 삼은 「설계요소」, 조정항목을 정리했다.

② 조정행위의 내용을 명확히 하기 위해, 조정행위와 조정항목과의 관련, 조정행위의 내용을 명확히 하였다.

③ 조정행위의 실시상황을 명확히 하기 위해 「설계요소」의 설계전개에서의 추이, 조정항목의 설계전개에서의 추이, 조정행위의 설계전개에서의 추이, 조정행위 상호의 연쇄를 분석하였다.

이상의 고찰로부터 MA가 설계조정에서 하는 행위의 내용과 그 역할을 명확히 하였다.

2-2 마스터아키텍트(MA)의 입장

MA의 발언내용으로부터 MA의 입장을 조사해보면, MA는 설계를 실시하는 입장에서의 발언과, 이용자 등의 입장에서의 발언이 있었다(표 2-3, 표 2-4).

설계를 실시하는 입장에서는 원경, 중경, 근경에서 설계결과를 예측한 발언이 있었다. 즉 MA는 시설의 전체 모습을 원경으로부터 근경에 이르기까지 다양한 경관적인 관점에서 설계결과를 예측하는 역할을 하고 있었다. 도면에 있는 설계의 표현을 대상으로 한 발언에서는 설계도나 투시도, 모형을 통해서 설계내용의 「질」의 향상에 영향을 주는 발언이 보였다. 그리고 이용자 등의 입장에서의 발언행위와 설계내용의 시대적인 배경이나 의의와 같이 평론가적인 입장에서의 발언도 있었다. 나아가 신체장애자의 입장, 생물의 시점 등 다양한 입장을 담은 발언이 있었다(그림 2-6, 7). 이렇게 MA는 설계내용을 예측한 다양한 입장에서 설계내용의 검토를 실시하고 있었다.

그림 2-6 대지를 확인하는 MA와 BA

그림 2-7 소재를 확인하는 MA와 BA

표 2-3 설계를 실시하는 입장에서 한 발언의 사례

	입장	MA 발언의 요지
설계 결과를 예측	원경에서	초등학교, 중학교, 휴양시설의 스카이라인 관계가 중요 (940930 · 휴양시설)
	중경에서	가구(街區)공원에서 주차 방향이 뒤를 향하지 않도록 (941025 · 초등학교)
	근경에서	건축물의 줄눈에 대해(950803 · 서비스센터)
설계표현		지붕에 홈통이 없으면 건축물이 쉽게 더러워진다. (940922 · 공중 화장실)

주) ( )는 발언이 일어난 일시와 시설명칭

| 표 2-4 | 이용자 등의 입장에서 발언한 내용의 사례

입장	MA 발언의 요지
관할 관청	잔디의 설치로 인한 긴급차량의 통행 성능(950310 · B1가구)
평론가	지금까지는 건축물이 좋으면 좋게 평가되었지만 앞으로는 전체와의 관계를 생각하는 시대(950803 · 휴양시설)
주민	쓰레기 집하장 출입구의 위치와 램프의 적설성(950310 · B1가구)
장애자	약시자는 줄눈이 많으면 걷기 어려우므로 바닥면의 마감을 고려(950310 · 도로)
생물	반딧불이의 생식환경으로서 알칼리성분은 유해(941031 · 친수공원)

주) ( )는 발언이 일어난 일시와 시설명칭

2-3 설계조정의 대상

2-3-1 「설계요소」

「조정언어」로부터 MA가 조정대상으로 삼은 「설계요소」를 추출하고, 스케일에 따라 시설을 건축물, 가구(街區), 도시기반으로 나누었다(표 2-5).

건축물에는 중학교, 초등학교, 유치원, 휴양시설, 주민센터, 배수지, 공중화장실이 있었다(그림 2-8).

가구(街區)에는 단독주택군으로 구성된 B1가구, B2가구, B3가구, 분양가구가 있었다(그림 2-9).

또한, 도시기반으로는 띠모양의 공원, 가구(街區)공원, 전망녹지, 도로, 교량, 친수공원의 시설(그림 2-10-b)과 종합조경계획이 조정대상이 되었다(그림 2-10).

MA의 조정대상은, 보도의 난간이나 모뉴먼트(monument)와 같이 스케일이 작은 것에서부터 차도, 광장 등 스케일이 큰 것에 이르기까지 광범위하다. 즉 MA는 건축 집합체의 외부공간을 구성하는 모든 「설계요소」를 대상으로 조정하는 역할을 하고 있었다(표 2-5).

유치원

중학교

초등학교

주민센터

초등학교

공중화장실

휴양시설

| 그림 2-8 | 조정대상 건축물

▎그림 2-9 ▎ 조정대상 가구(街區)

간선도로의 옹벽　　쓰레기 집하장　　주차장의 옹벽

▎그림 2-10-a ▎ 조정대상 도시기반

보행자도로　　보도교와 조명등

▎그림 2-10-b ▎ 조정대상 도시기반

| 표 2-5 | 각 대상별 설계요소

대상 \ 요소		설계요소
건축물	건물	전체(외관), 지붕, 홈통, 벽, 창문 등의 개구부, 펜스, 조명, 내부기능, 계단, 색채
	외측	광장, 정원, 보도, 옹벽, 법면, 부지경계, 식재, 문, 조명, 펜스, 벤치
가구	건물	벽면, 개구부, α룸(α-room, 여가를 위한 방), 솔라패널(solar panel), 현관
	외측	차도, 보도, 광장, 게이트, 옹벽, 법면, 식재, 부지경계, 가로등 구조물, 쓰레기 집하장, 모뉴먼트
도시기반		차도, 보도, 광장, 옹벽, 법면, 호안, 하천, 다리, 식재, 가로등 구조물, 조명, 식재, 벤치, 모뉴먼트(사인), 색채

2-3-2 조정항목

조정대상의 내용을 분석하는 지표로서 「조정내용」을 「이념」 「기능 · 성능」 「공간」 「형태」 「소재」 「그 외」의 6개 조정항목으로 분류하였다(표 2-6). 하나의 사례로서 휴양시설 「조정내용」의 추출방법을 표 2-7-a, 표 2-7-b에 제시하였다. 그리고 전체 「조정내용」을 조정항목의 횟수로서 집계했다(표 2-8).

| 표 2-6 | 조정항목의 개요

조정항목	항목에서 대상으로 하는 내용	「조정내용」의 사례
이념	이미지(구상)나 컨셉 등 추상적인 내용의 언어	심벌성, 산 등과의 조화
기능 · 성능	「설계요소」의 용도, 기능, 성능을 나타내는 언어	관리, 내구성, 안전성
공간	인간의 제감각과 관련을 가지는 의장표현을 나타내는 내용	식재, 조명
형태	모형 · 투시도 · 도면의 의장표현을 나타내는 내용	선형, 패턴, 기울기
소재	소재 · 색 · 부품 등의 의장표현을 나타내는 내용	노면마감, 마감, 색
그 외	상기 이외의 내용	다른 주체와의 협력, 예산

| 표 2-7-a | 휴양시설에 관해 발언내용의 분석 사례

MA 발언내용 원문	발언내용에서 알 수 있는 것
네트의 색에서 가장 눈에 띄지 않는 것은 다갈색일 것이다 그린(green)은 오히려 자연적이 아니어서 눈에 띈다 외벽은 백색이지만 백색이라도 그 종류는 많이 있다 이 백색으로는 조금 지나치게 눈에 부각되어 보인다 전체 속에서 매몰시켜 가는 것이 앞으로의 정책이다	「설계요소」는 네트이다 다갈색 「요소」의 사용을 추구하고 있다 매몰시킨다는 「이념」이 있다

| 표 2-7-b | 휴양시설의 「설계요소」 분석 사례

조정항목 \ 설계요소	네트 · 펜스	지붕	벽면의 구성	라이트 업
이념(9)	온화하게 유기적으로 매몰되게	단순하게	풍부한 목가적이지 않은 단조로운 따뜻함이 있는	상업성
기능 · 성능(2)	시설 자체의 문제			실내에서의 조망
공간(2)	주변의 식재			
형태(7)	높이의 변화 기둥의 높낮이	인공적인 형태 경사지붕	형태의 단조로움 디자인의 정리 분절화	조명방법의 적절성
소재(3)	다갈색 소재의 사용		반짝이는 마감재 백색은 이지적	조명방법의 적절성
그 외	건축주와의 회의			

주) ( )의 숫자는 조정항목 건수

| 표 2-8 | 대상별 조정항목 수

대상 \ 회의		회의횟수	조정항목						합계
			이념	기능 · 성능	공간	형태	소재	그 외	
건축물	중학교	5	8	4	2	10	2	4	30
	초등학교	5	13	1	5	12	8	9	48
	유치원	3	7	0	1	5	1	3	17
	휴양시설	6	14	4	4	26	7	1	56
	주민센터	6	5	4	2	14	7	5	37
	공중화장실	4	10	4	0	6	8	2	30
	서비스센터	3	10	0	1	5	11	1	28
	배수지	3	4	0	1	5	3	0	13
소계		35	71	17	16	83	47	25	259
가구	B1가구	5	5	5	1	7	1	5	24
	B2가구	5	6	4	4	6	8	2	30
	B3가구	5	11	9	13	15	12	5	65
	분양가구	4	4	2	8	14	6	7	41
소계		19	26	20	26	42	27	19	160
도시기반	도로	7	11	3	5	23	19	3	71
	띠 공원	3	7	1	1	6	5	3	26
	가구공원	2	8	1	2	5	8	5	31
	전망녹지	3	1	0	2	11	1	2	20
	친수시설	3	8	0	5	7	7	4	34
	조경계획	2	14	4	5	6	0	2	33
소계		20	49	9	20	58	40	19	215
합 계		74	146	46	62	183	114	63	614

주) MA는 BA와의 대화를 통해 조정대상을 결정했다. 따라서 조정내용과는 관계없는 MA의 발언이 포함되어 있다. 그 중에서 조정항목별로 614건의 조정내용을 추출하였다.

표 2-9 회의록 사례

□ 한난 스카이타운 □디자인 조정

(일시) 1994년 9월 30일(금) 14:00~17:00
(장소) 오사카시 적십자회관 2층 회의실
(출석자) MA워킹그룹
오사카부 기업국
복지연금지도과
(株)総和技術研究所

□ 연금센터의 설명

· 건축의 대지조건 설명
· 심벌성이 필요. 골프 클럽하우스와 같이 큰지붕으로 하고 싶지 않다. 처마 뒤는 높은 마루가 되기 때문에 밑에서의 조망을 중시. 처마 뒤 벽에 조명을(밤에도 보인다)
· 지붕은 분절화
· 외벽 타일은 흰색, 외벽은 흰색의 뿜칠도장
· 전체 이미지는 눈에 띄는 형태

□ 디자인 조정

○ 지붕의 디자인

→분산화와 분절화는 다르다. 기러기 행렬과 같은 이미지가 되는 것은 아닌가.
→∩∩∩∩는 인공적. 큰 지붕의 표현으로 충분히 심벌이 된다.
←큰 곡선은 높이에 관계되고, 콘크리트량이 늘어나, 예산 문제를 초래한다.
←옥외 스페이스는 충분. 고가수조가 심벌성을 가진다. 마이어의 건물을 참고로 하고 있다. 바다가 보이는 리조트시설. 바다와 산에 맞는 건물.
→원경으로부터의 조망을 의식한 건축이며, 초등학교, 중학교, 연금센터의 큰 3개 건물의 스카이라인 관계가 중용. 「심벌성의 사고방식」을 생각했으면 한다.
←직선의 지붕과 곡선 지붕의 개념은 어떤 것인가?
→초등학교 체육관의 지붕과 같이 생각해 주십시오. 거대한 것은 「△」로 하는 것 보다 「∩」로 하는 것이 위압감이 없어진다. 배경의 산의 형태는?
←오른쪽이 올라가므로. 이미지로 3개의 덩어리가 흐름의 있는 듯이 급수탑을 중심으로 모으는 것 같은 이미지를 가지고 있다. 지붕은 별장(cottage)의 이미지로 분절화.

○ 처마의 디자인

→처마 밑의 불빛은 실내에서 야경이 보이는 것을 방해하지는 않는가? 라이트 업은 상업적이므로, 산이 가까운 이 장소에서는 삼가하고 싶다.
←작고 밝은 빛이므로 문제없다.
→처마의 돌출은 어떻게 되는가?(MA)
←많이 나오게 하고 있다. 수평성은 충분. 홀에서 국제공항이 보이므로, 홀의 유리 위로 처마를 설치하는 것은 무리.

○ 전체 이미지

→위가 무겁다. 자연물에서 위가 무거운 것은 없다.
←공간구성상 무리.
→이제부터 협의를 진행시킬 때에는 건축주측도 포함시켜서 이야기를 하고 싶다.
←내일부터 실시설계를 시작하므로 시간이 없다.

○ 설비 관계

→설비실을 이동할 수 없는가?
←진동이 객실에 전해지지 않도록 배려하고 있다.

○ 지붕의 형상

→지붕을 크게 해 하나로 합쳐지게 할 수는 없는가(기업국).
←콘크리트의 양이 늘어난다. 협의의 결과에 의거하여 방침을 세우고 싶다. 지붕을 2:3으로 분절화한다.
→△△△의 문의 장식이 지나치게 강한 것은 아닐지(MA).
←△△△은 벽면과 같은 색으로 하고 있으므로 눈에 부각되지 않을 것이다.

○ 유리

· 유리는 파란색 계통, 시선차단을 겸해서 반사 유리를 사용한다.
→반짝이는 것은 피하고 싶다. 식재 등으로 시선을 차단 할 수는 없겠는가? 발코니, 처마를 설치하는 등.
←욕조에 잠기면서 국제공항을 보게 하는 것이 의도.

→처마를 돌출시키면 건물의 의장에 안정감이 생겨난다.

→차양은 어느 정도 돌출시킬 수 있는가?(기업국)

←60cm정도

→밑에서 들여다보는 등의 문제는 없는 것인가?

←문제없다. 기둥을 통해서 차양 위에 처마를 설치한다.

○ 전체 디자인

→디자인 요소의 정리가 필요. 매스로 한다면 건축선은 없는 쪽이 좋을지도.

←분절화한 벽은 남기고 싶다.

○ 외부의 디자인

· 옹벽은 석재풍으로 한다. 테니스코트의 야간조명은 초기에는 2면으로 한다. 언젠가 4면으로 확대.

○ 골프 연습장

→유기적인 형상으로 할 수는 없는가?

←비거리 계산에서 형태는 거의 결정된다.

→네트를 지탱하는 기둥의 높이를 조금씩 바꿔 전체를 완만한 형태로 할 수는 있는지?

←기둥의 길이 조절이므로 할 수 있는 한 수용.

→평면적인 검토는 할 수 있는가?

←충분히 실시되었다.

→사인계획의 진행 상황은?

←특별히 결정되어 있지는 않다.

→기둥, 네트의 색은?(MA)

←벽의 부분은 규제품의 범위(파랑, 그레이, 초록)라면 바꿀 수 있다. 기둥은 짙은 다갈색으로 할 수 있다. 지붕은 다갈색밖에 없다. MA에게 선택하게 한다---견본의 제시

→첫 번째 기둥의 높이를 많이 낮출 수 있는가?

←비거리 관계상, 공을 치는 사람에게 압박감을 줄 수 있으므로 불가능.

→잔디는 인공잔디인가?

←공을 자동수집 할 필요가 있으므로 인공잔디---견본의 제시

→조명의 방향은 어떻게 되는가?

←위를 향하게(경사면을 따라) 한다.

→스키장과 같이 난색계의 조명을 사용했으면 한다. 나트륨등 등. 비행기에서 보았을 때에 난색계의 조명의 마을이 될 수 있도록.

←가능한 한 검토하겠다.

←건축부분의 마감, 지붕은 물결형 스레트. 벽은 값싸고 가벼운 경량철골에 조화되는 것.

→골프장 주변에 식재가 필요하다.

←마을이 완성될 때에 맞춰서 식재계획을 진척시킨다. 자치체 등으로부터 식재의 기부를 요구하고 있는데 어떻게 되는 것인가? 장기적으로는 조성해 주었으면 한다. 법면의 식재는 기업국이 담당한다.

○ 본관의 처마

→변경 후의 투시도에는 3개밖에 처마가 없는 것은 왜인가?

←충분하게 검토하지 않았지만, 요철이 있어서 변화가 풍부

□ 조정의 정리

· 지붕의 형태는 2:3으로 분할한다. 높이는 적당.
· 욕실은 1층과 2층을 나누는 부분에 처마를 돌출시킨다.
· 공기조절기 설치장소의 △△△은 눈에 뜨이지 않도록.
· 골프장 네트의 형태는 완만한 곡선을 갖게.
· 골프장 벽의 마감에 대해서는 MA와 조정한다.
· 조명은 난색계로 한다.
· 디자인 요소가 지나치게 많으므로 정리한다.

표 2-10 조정행위 일람

조정행위 \ 조정내용		행위의 내용	기술방법
평가	긍정평가	설계에 문제점이 없다는 것을 제시하는 것과 설계의 좋은 점도 보여준다.	「~은 좋다, 문제없다」
	부정평가	설계에 문제점이 있는 것을 제시한다.	「~은 문제가 있다」
설계목표의 제시	설계표현의 「질」을 제시	설계표현의 「질」을 설계내용이 가지는 성질로 제시한다.	「설계표현은 ~한 것」
	설계결과의 「질」을 제시	설계결과가 가지는 성질을 제시한다.	「설계결과는 ~한 것」
설계내용의 제시	언어로 설계내용을 제시	의장의 특색이나 의장 요소를 제시한다.	「~으로 한다」
	도면으로 설계내용을 제시	설계내용을 설계도나 스케치 등의 도면으로 제시한다.	「~으로 한다」
	「설계요소」의 제시	「설계요소」를 제시한다.	「~를 사용해 주세요」
	설계의 선택	BA가 제시한 몇 종류의 설계표현으로부터 설계내용을 선택한다.	「~를 선택한다」
설계실시방법의 제시	설계의 선택 범위의 제시	설계의 선택 범위를 MA가 주고 BA가 그 범위 내에서 설계를 하도록, 설계의 실시 범위를 설정한다.	「~의 범위에서 설계해 주세요」
	금지하는 설계의 실시방법 제시	BA가 제시하는 설계 이외의 설계내용 제시를 MA가 요구한다.	「~은 피하도록 설계해 주세요」
	유사한 설계의 실시 방법 제시	다른 BA나 타 사례에서 설계주체의 설계행위와 유사한 설계의 실시를 요구한다.	「~과 같이 해 주세요」
	설계표현을 위한 수법의 제시	어떤 「표현」을 위한 설계수법을 제시한다.	「~하도록 해 주세요」
	설계의 자기점검 제시	MA가 설계의 재검토를 요구해 BA에게 설계내용을 다시 생각하게 한다.	「~을 다시 잘 생각해 주세요」
	설계의 대안 제시를 요구한다	BA가 설계의 대안을 제시하도록 MA가 요구한다.	「~을 새롭게 생각해 주세요」
	설계의 긍정적인 전개를 제시	긍정적인 평가를 전제로 BA가 제시하는 설계의 좋은 면을 보다 강조시켜 더더욱 전개시키는 것을 MA가 요구한다.	「(~은 좋으므로) 진행시켜 주십시요」
	설계의 변경 · 수정의 제시	BA에게 설계의 변경 · 수정을 요구한다.	「~을 변경(수정)해 주세요」

조정행위 \ 조정내용		행위의 내용	기술방법
설계 참고 정보의 제시	타 사례에서 실시한 설계 정보의 제시	기존의 건축 · 집합체 설계에 관해서 MA가 가지고 있는 정보를 제시한다.	「~에서는 ××한 건축 · 집합체가 있다」
	동 사례에서 실시한 다른 BA의 설계 정보의 제시	다른 BA의 설계결과에 대해서 MA가 파악하고 있는 정보를 제시한다.	「~의 BA의 ×× 설계가 있다」
	타 사례에서 실시한 설계내용 변경의 제시	MA가 지금까지 실시했던 MA방식의 사례에서 설계내용의 변경 정보를 제시한다.	「~에서는 ××의 조정을 했다」
	동 사례에서 실시한 설계내용의 변경의 제시	동 사례에서 설계내용이 변경된 내용을 제시한다.	「~의 BA는 ××한 조정을 했다」
	건축 기술정보의 제시	소재나 제품의 성능, 특성, 시공법 등에 대해 MA의 설계경험에서 얻은 정보를 제시한다.	「~한 수법 · 기술이 있다」
BA의 의향을 확인한다	설계의 정보를 묻는다	BA가 제시하는 설계도나 모형, 투시도 등 만으로는 설명하는 것이 충분하지 않은 정보를 MA가 캐어묻는다.	「~은 어떻게 되어 있습니까」
	설계 경험을 묻는다	BA의 설계경험을 물어 조정회의에서 정보로 삼는다.	「지금까지에 관련된 사례는 있습니까」
	가능성을 듣는다	MA가 의도하는 조정을 받아들일 수 있는가 아닌가를 BA에게 묻는다.	「~은 가능합니까」
	사고방식을 듣는다	설계조정에 대하여 어떻게 생각하고 있는가를 BA에게 묻는다.	「~을 어떻게 생각합니까」

분석 결과, 조정항목으로 총 614건을 추출할 수 있었다(표 2-8). 조정항목 건수로서 가장 많이 보이는 것은 「형태」(183건)이며, 다음으로 「이념」(146건), 「소재」(114건)으로 되어 있다. 이러한 것에서 조정행위는 주로 설계내용의 「형태」 「이념」 「소재」 순으로 이루어진 것을 알 수 있다. 이러한 경향은 건축, 가구(街區), 도시기반과 비교해도 조정항목 건수는 같은 경향을 나타내고 있다.

2-3-3 조정항목 사이의 관계

다음으로 「조정언어」 속에서 1개의 「설계요소」에 복수의 「조정내용」이 보이는 것을 추출하고, 조정항목 상호의 연쇄를 집계했다(표 2-11). 그 결과, 「이념」과 「형태」(39건) 사이의 연쇄가 가장 많이 보이고, 다음으로 「이념」과 「소재」(20건), 「이념」과 「공간」(19건), 「형태」와 「소재」(18건) 간의 연쇄가 보인다. 이러한 내용에서 MA는 주로 「이념」을 중심으로 하면서 그 이외의 조정항목과 연쇄시켜 조정하고 있다는 것을 알 수 있다. 일반적인 조례나 법률에 의한 조정에서는 「소재」 「형태」 「기능 · 성능」이 개별 조정항목이 되지만, MA방식에서는 MA가 「소재」 「형태」 「공간」 각각에 「이념」을 연쇄시켜서 설계를 종합적으로 조정하고 있다고 할 수 있다. 이렇게 MA는 「이념」을 축으로 여러 가지 설계항목을 연쇄시키는 조정을 실시하고 있으며, 부분적인 조정이 아닌 설계에 관련된 의미를 연쇄시켜서 조정하고 있다.

표 2-11 조정항목의 연쇄 건수

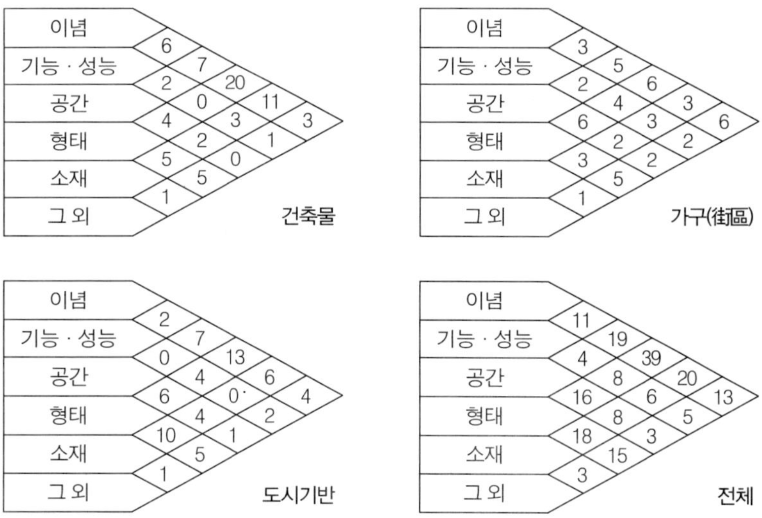

주) 숫자는 항목별 관련 건수

지붕소재의 조정회의

‖ **그림 2-11** ‖ 개별 조정회의

조정항목의 연쇄를 건축물, 가구(街區), 도시기반으로 나누어 비교해 보면, 어떤 설계대상에서도 「이념」과 「형태」의 연쇄가 많이 보인다. 특히 건축물에 「이념」과 「형태」의 연쇄가 많아 MA의 조정행위에 있어서 건축물에 대해 「이념」을 중시하는 경향이 있음을 알 수 있다(표 2-11-건축물). 도시기반에서는 「소재」와 「형태」의 연쇄가 많다(표 2-11-도시기반). 그리고 가구에서는 「소재」와 「형태」의 연쇄는 적다(표 2-11-가구). 가구(街區)에서는 외부환경과 건축물을 같은 BA가 설계를 하므로, 건축과 외부환경, 건축물 사이를 「소재」를 통해 조정할 필요성은 낮다. 그러나 다른 BA가 각기 설계를 담당하는 건축물과 도시기반의 경우에는, 상호 설계내용의 조정이 필요하므로 「소재」가 조정의 중심이 되었다고 생각된다. MA는 건축물에 「이념」을 중시하고, 도시기반에서는 「소재」를 중시한 조정을 하고 있음을 알 수 있다.

2-4 조정행위의 실시내용

「조정내용」에 대한 MA의 조정행위를 정리하면, MA의 조정행위는 「부정 평가」 「긍정 평가」 「설계목표의 제시」 「설계내용의 제시」 「설계 실시방법의 제시」 「설계 참고정보의 제시」 「의향의 확인」의 7개 항목으로 나눌 수 있다(표 2-12 참조).

2-4-1 조정행위와 조정항목

조정행위와 조정항목과의 관계를 조사하여 표로 정리한 것이 표 2-12이다. 조정행위 전체 속에서 가장 빈번하게 나타나는 조정행위와, 조정항목의 조합으로부터 조정행위를 보면, 「이념」을 「설계목표」로서 제시하는 조정행위가 가장 많이 나타나고(64건), 다음으로 「형태」를 「설계내용」으로 제시하는 행위가 보인다(53건). 「소재」를 「설계내용」으로 제시하는 행위(37건) 외에, 「형태」를 「부정 평가」하는 것(35건)이나 「형태」를 「설계의 실시방법」으로 제시하는 행위(35건), 「이념」을 「설계의 실시방법」으로 제시하는 행위가 있었다(27건). 또한 「그 외」의 항목을 「설계의 실시방법」으로서 제시하는 행위(27건)나 「소재」를 「의향 확인」하는 행위(24건), 「형태」를 「설계의 참고정보」로서 제시하는 행위(22건)의 조합이 많이 보였다(표 2-10 참조). 이러한 내용을 통해, MA의 조정행위를 대략 다음과 같이 정의할 수 있다. MA는 「형태」에 대하여 평가를 하고, 「이념」을 이용해서 설계목표를 제시하며, 「형태」를 사용해서 설계내용을 제시하고, 「형태」나 「이념」을 이용해서 설계의 실시방법을 내보이고, 「형태」나 「기능」에 대해서 검토하기 위해서 참고가 되는 정보를 BA에 주고 있다. 동시에 BA의 「소재」에 대한 의향을 확인하는 것이 주요 조정행위의 내용임을 알 수 있다.

조정행위를 비교해 본 결과 「설계 실시방법의 제시」가 가장 많이 나타났고(140건), 다음으로 「설계내용의 제시」(105건), 「부정 평가」(87건), 「의향 확인」(87건)의 순으로 중요한 조정행위가 있었다.

조정행위 각각에 나타난 특색을 보면 「부정 평가」와 「긍정 평가」는 주로 「형태」나 「이념」이 중심이 되고 있다. 즉, MA는 BA가 제시한 설계에서 주로 「형태」와 「이념」을 대상으로 평가를 실시하고 있다. 「설계목표의 제시」에 있어서는 MA가 주로 「이념」을 통해 시설의 설계목표를 제시한다. 설계에 대해 이미지나 추상적인 언어로 설계의 「목표」를 제시함으로써 BA가 환경설계 프로세스에서 항상 설계의 목표를 의식하면서 설계를 전개할 수 있다는 것이다.

「설계내용의 제시」는 조정행위 건수가 편향되는 것으로부터 주로 「형태」와 「소재」를 제시하는 행위라는 것을 알 수 있다. MA는 MA의 설계에 대하여 「형태」나 「소재」라고 하는 구체적인 「것」을 제시함으로써, 복수의 설계에 대해 일정한 설계내용의 경향을 만들어 주어 통합성을 만들어내고 있었다고 할 수 있다.

「설계 실시방법의 제시」에서는 건수의 분포에 그다지 큰 경향은 보이지 않았지만 「형태」와 「이념」을 대상으로 삼는 조정행위가 비교적으로 많았다. MA는 주로 「이념」에 근거한 「형태」의 실시방법을 제시하고 있었다(그림 2-16). 즉 BA에 영향을 주는 것을 염두하여 두고 설계에 영향을 주고 있다.

「설계 참고정보의 제시」에서는 「형태」 이외에 큰 경향은 보이지 않는다. MA는 설계의 참고가 되는 광범위한 항목의 정보를 BA에 제시했다. 「의향의 확인」은 「형태」 「소재」 「그 외」의 조정항목을 BA에게 묻는 행위였다. 이 조정행위도 별다른 커다란 경향은 보이지 않고 광범위한 항목을 대상으로 하여 BA로부터 설계의 정보를 얻고 있다.

그림 2-12 초등학교 모형

그림 2-13 중학교 모형

그림 2-14 유치원 모형

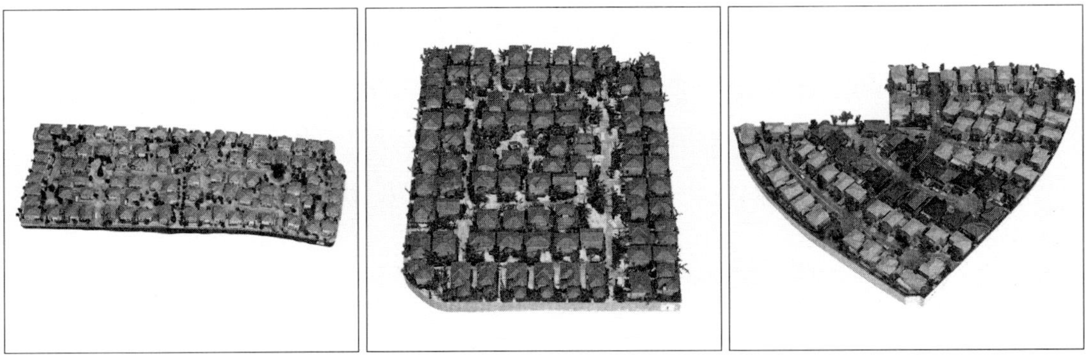

B1블록 B2블록 B3블록

| 그림 2-15 | 각 가구(街區)의 모형

| 표 2-12 | 조정행위의 건수

조정행위 / 조정항목	부정 평가	긍정 평가	설계목표 제시	설계내용 제시	실시방법 제시	참고정보 제시	의향 확인	합계
이념	19	10	64	2	35	9	7	146
기능 · 성능	9	2	3	0	10	14	8	46
공간	12	4	4	13	14	9	6	62
형태	35	13	6	53	35	22	19	183
소재	12	4	3	37	19	15	24	114
그 외	0	1	0	0	27	12	23	63
합계	87	34	80	105	140	81	87	614

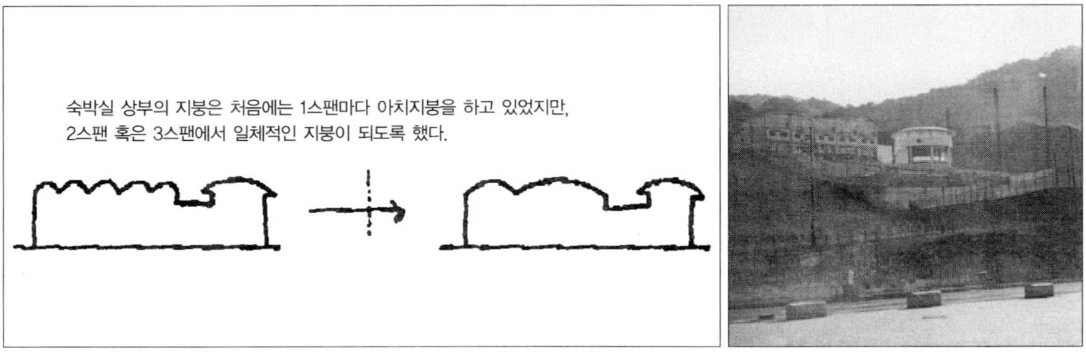

BA가 제시한 설계의 수정내용 설계결과

| 그림 2-16 | 휴양시설의 조정

2-4-2 조정내용

조정행위 속에서 주요한 행위 내용에 대한 키워드를 추출해서 조정행위별로 정리했다(표 2-13).

키워드의 내용을 각각 조사하면 「부정 평가」에는 「눈에 돌출된」「인공적」「위압적」「균질적」 등과 같이 설계의 「질」에 대하여 부정적인 것이 많았는데, 설계내용에 대한 가치관이 그 배경인 것을 알 수 있다. 「부정 평가」의 대상이 되는 것은, DC에게 제시된 「목가적인 가로」의 「목표」에는 적합하지 않은 내용이었다. 이와 같이 설계의 가치관이 언어가 되고, 언어에 의해 설계의 판단을 MA가 실시하고 있다는 것을 알 수 있다. 「설계목표의 제시」 내용의 키워드로부터는 「자연」「연속성」「다양성」「부드러움」 등과 같이 일정한 설계의 「질」을 나타내는 가치를 MA가 제시하고 있다. 또한 표현이 미묘하게 다른 이러한 언어 사용 상황에서 MA가 「설계요소」별로 언어를 구별하고 쓰고 있다는 것을 알 수 있다. 이러한 과정 속에서 일률적으로 표현된 언어에는 사용되지 않는 섬세한 설계의 조정이 가능하였다(표 2-13).

표 2-13 조정행위의 내용(키워드)

부정 평가	눈에 돌출되는 설비기기, 인근 뉴타운에서 돌출되어 보인다, 장난감 같다, 위압적인 옹벽, 인공적인 보도, 각진 선형, 거리에서 돌출되어 보인다, 세로 줄눈, 지나치게 정렬된 식재, 건물의 형태와 대지의 부조화, 지나치게 날카로운 형태, 변화가 없는 돌담, 건물에 맞지 않는 차고, 상자형의 건물, 인공적인 지붕, 단조로운 입면, 번잡한 길, 모뉴멘털한 형태, 서양풍의 노면마감, 설계자의 기호가 지나치게 드러남, 형태가 화려, 명확한 패턴.
설계목표	인기가 있는, 자연히 가까운, 위압감이 없는, 꿈이 있는, 작고 좁게, 보다 부자처럼, 단순하게, 자연이 남아 있는, 연속성이 있는, 눈에 띄지 않는, 안정된, 자연에 가까운 장소일수록 자연적으로, 일체적으로, 변화가 있는, 다양성이 있는, 활기가 있는, 등 돌리지 않는, 지면에서 나오는, 따뜻함이 있는, 안정성, 유기적인, 온화한, 풍부한, 하늘과 융화되는, 고상한, 산맥에 맞는, 주변에 친숙한, 차이가 있는, 거주자의 지위를 나타내 줄 수 있는, 부드럽고, 다양한.
설계 실시방법	내부의 표정을 스며 나오게 하는, 오리지널을 사용한다, 조명을 생각한다, 장식성을 폐지한다, 진짜 소재를 쓴다, 형태를 다양하게 한다 · 변화를 준다, 얼룩이 많은 소재를 쓴다, 음영이 생겨나게 한다, 사람이 가까이 갈 수 있도록 한다, 컨셉을 명확히 한다, 현지의 소재를 사용한다, 식재가 늘어뜨려 지도록, 경계를 강조하지 않는다, 조정 시기를 협의한다, 반짝이지 않는 소재를 고른다, 분절화한다, 같은 소재를 쓴다, 조금씩 높이를 바꾼다, 단순함을 생각한다, 원경을 의식한다, 지면과 접하는 방법을 생각한다, 인접 대지와의 협의를 한다, 경계를 애매하게.

「설계 실시방법의 제시」 내용의 키워드에서는 MA가 설정한 설계의 가치관(「목가적인 거리」)을 구체화하는 수법을 MA가 제시하고 있음을 알 수 있다. 즉, MA는 설계의 가치관에 맞는 설계의 전개방법을 제시함으로써 BA의 설계에 영향을 끼친다. 또 「설계 실시방법의 제시」의 내용에는, 설계의 실시방법으로서 인접하는 다른 설계자와 조정하는 것을 제시하고 있다. 이러한 행위를 통해 MA는 다른 BA와 서로 연결시켜, BA 상호간의 설계에 영향을 주고 있다.

이 행위를 시설별로 추출하면, 부지의 접점부분인 옹벽, 노면마감, 식재 등 도시기반의 「설계요소」에 대해 상호 조정의 연쇄를 실시하는 역할을 MA가 담당하고 있다는 것을 알 수 있다(그림 2-18). MA는 복수의 서로 다른 시설간의 「설계요소」를 통해서 조정함으로써 다른 BA간의 연쇄관계를 형성하고 있다. 특히, 도로를 중심으로, 노면마감을 이용해서 여러 가지 시설의 설계내용을 연쇄시키고 있다(그림 2-17, 19). 이와 같이 MA는 주어진 권한을 활용하고 있었다.

도면에서의 조정

현장에서의 조정

완성된 노면마감

그림 2-17 도로의 조정

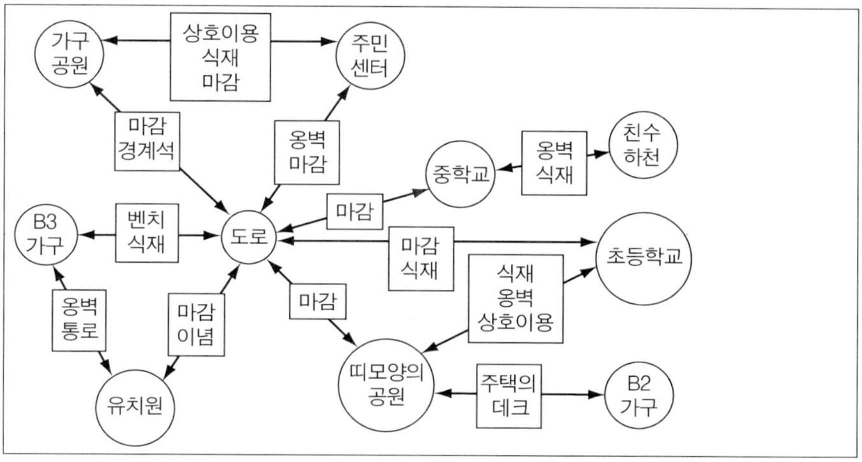

| 그림 2-18 | 설계내용의 연쇄

초등학교와 도로의 경계　초등학교 교문과 도로와 가로　중학교와 도로

| 그림 2-19 | 도로의 설계내용

2-5 조정내용의 변화

2-5-1 「설계요소」의 추이

「설계요소」의 건수와 조정회의 횟수와의 관계를 조사하기 위해서, 5회 이상 조정회의가 실시된 7개 시설을 대상으로 「설계요소」의 건수 추이를 조사했다. 그 결과, 조정회의의 횟수를 거듭함에 따라 조정대상 「설계요소」의 건수가 감소하고 있음을 알 수 있다(그림 2-20, 표 2-14). 즉, MA는 조

정 초기에서는 많은 「설계요소」를 조정대상으로 삼고 있었지만 점차로 설계조정을 실시하여 「설계요소」를 서서히 좁혀서 조정내용을 해결했다고 볼 수 있다.

표 2-14 「설계요소」 수의 추이

횟수 \ 대상	B1	B2	B3	초등학교	중학교	주민센터	도로	합계	평균
1	14	9	8	1	1	3	8	44	6.1
2	1	4	9	9	9	3	4	39	6.1
3	1	2	4	7	1	4	6	25	4.1
4	1	1	1	2	2	4	6	17	2.1
5	1	1	2	2	1	1	1	9	1.1

주) 숫자는 「설계요소」의 횟수

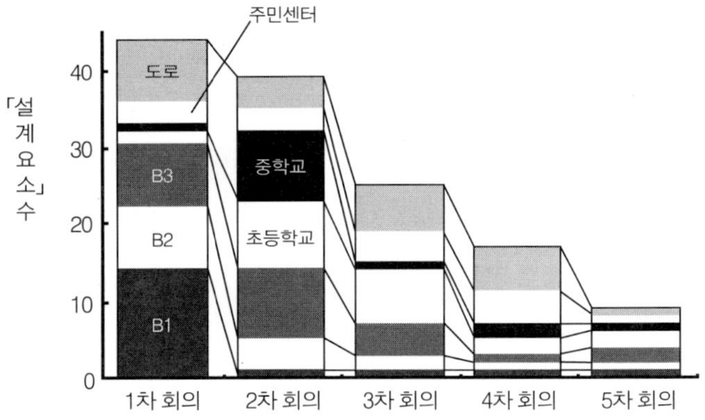

그림 2-20 「설계요소」 수의 추이

2-5-2 조정항목의 추이

조정회의 횟수와 조정항목 건수의 추이를, 같은 횟수의 조정회의가 실시된 시설을 모아, 매 회별로 조정행위를 구성하는 비율의 평균을 조사해 그래프로 나타낸 것이 그림 2-21이다. 이 그림 2-21을 보면 회의의 횟수가 많은 시설일수록 「이념」에 관련된 조정항목이 차지하는 비율이 감소하고,

「형태」에 영향을 미치는 항목에 대한 비율이 증가하는 것을 알 수 있었다. 또 「소재」의 비율도 증가하고 있었다. 이러한 점에서 조정 횟수가 적은 시설에 대해서는 「이념」을 조정하고, 조정회의가 많은 시설에서 조정항목은 「형태」나 「소재」 등과 같이 구체성이 있는 것으로 조정하는 경향이 있는 것을 볼 수 있다.

즉 MA는 설계 초기단계에서는 「이념」을 조정하고, 점차적으로 「형태」를 조정하는 역할을 하는 것으로 그 역할이 변화했음을 알 수 있다. 설계공정에 대한 조정항목에 대해 유연하게 대응하고 있다.

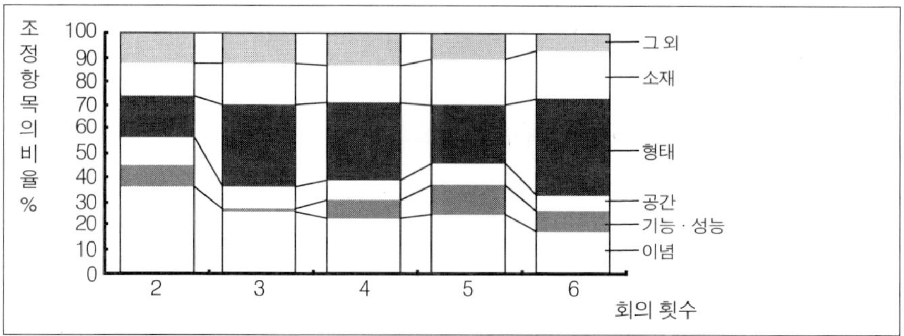

| 그림 2-21 | 「조정항목」의 추이

2-5-3 조정행위의 추이

회의의 횟수와 조정행위의 관계를 조사하기 위해, 같은 횟수의 조정회의가 열린 시설을 모아 각 조정행위의 비율을 평균한 것을 그래프화 했다(그림 2-22). 그 결과 「의향의 확인」 「부정 평가」 「긍정 평가」의 비율은 회의의 횟수에 따르지 않고 대략 일정하게 나타난 것을 알았다. 이러한 조정행위는 MA가 설계공정의 변화에 따르지 않는 조정행위라고 할 수 있다.

「설계목표의 제시」는 회의 횟수에 따라 변화가 많이 나타나서, 설계공정에 대응한 조정행위인 것을 알 수 있다. 「참고정보의 제시」 비율은 회의 횟수에 비례해서 많아지는 경향이 있다. 「설계 실시방법의 제시」와 「설계내용의 제시」는 조정회의의 횟수가 많아지면서 비율이 작아지는 경향이 있다는 것을 알 수 있다. 조정회의의 횟수가 적을 경우에는 MA가 설계내용을 직접 제시하기 때문에 구체적인 있는 설계조정이 가능하다. 조정회의 횟수가 많은 경우에는 MA가 BA에게 설계를 몇 번이나 검토시키고 있음을 알 수 있다.

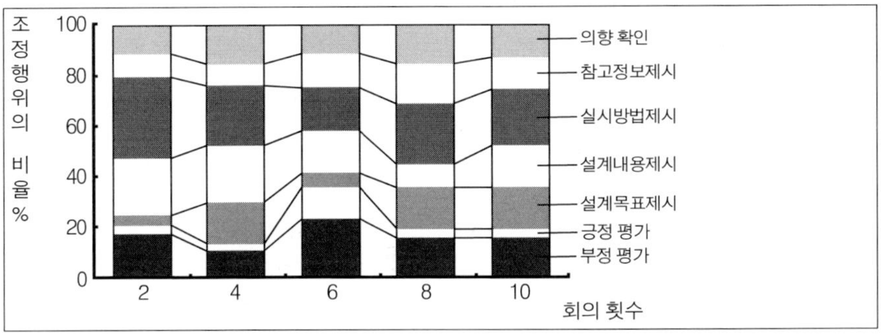

| 그림 2-22 | 조정회의 횟수와 조정행위의 내용 추이

2-5-4 조정행위의 연쇄 건수

조정행위 상호의 연쇄 건수를 조사한 바, 전체적으로는 「설계 실시방법의 제시」와 「설계 참고정보의 제시」(42건), 「설계목표의 제시」와 「설계 실시방법의 제시」(41건), 「부정 평가」와 「설계 실시방법의 제시」(39건)와 같은 조정행위의 연쇄가 가장 많이 발생하고 있는 것을 알 수 있다(표 2-15).

MA는 「평가」 「설계목표」 「설계의 참고정보」를 이용해서 설계전개를 실시하기 위한 지침을 제시해 BA의 설계 사고방식에 영향을 끼치고 있다고 할 수 있다. 다음으로 「설계내용의 제시」와 「설계 실시방법의 제시」(35건)에 대한 연쇄가 있다. MA가 구체적인 「설계내용의 제시」를 하고, MA가 의도하는 「설계내용」을 실현시키기 위해 「설계 실시방법을 제시」하는 역할을 하고 있다는 것을 알 수 있다. MA는 구체적으로 설계를 실시하는 방법을 「평가」 「목표」 「참고정보」 「설계내용」과 연쇄시켜 제시함으로써 설계조정의 실효성을 실질적으로 높이고 있다고 할 수 있다(그림 2-23). 다음으로 「설계 실시방법의 제시」와 「의향의 확인」(31건)과의 연쇄가 있다. MA

는 설계에 관한 정보를 캐어 물음과 동시에 BA에 대해 설계 과정에 영향을 준다. 여기서 MA와 BA에 대한 대화형 환경설계 프로세스가 성립하고 있음을 알 수 있다. MA는 전반적인 경향으로서, 독자적으로 「조정내용」을 결정하지 않고 BA와의 대화를 통해서 설계를 결정한다. 그 다음으로는 「부정 평가」와 「설계내용의 제시」(31건)에 대한 연쇄가 많이 보인다. 부정 평가와 함께 설계내용을 제시하여 BA가 제시한 설계의 변경을 요구하고 있는 것에서부터, BA에게 부정 이유에 입각하여 설계 변경을 요구하는 역할을 MA가 짊어지고 있음을 알 수 있다.

「설계목표의 제시」와 「설계내용의 제시」에 대한 연쇄(30건)도 있었다. 이 연쇄는 환경설계 프로세스에서 BA의 설계실시에 앞서 미리 BA에게 일정한 방향성을 주고 있다. 「부정 평가」와 같이 설계의 실시행위 후에 설계의 변경을 요구하는 것이 아니고, 사전에 설계를 조정하는 조정행위라고 할 수 있겠다.

MA는 BA가 한 설계실시의 사전 · 사후를 불문하고 영향을 끼치고 있었다. 이렇게 MA는 설계의 가치관을 따라 구체적인 설계내용을 제시하고, BA에게는 어떤 일정한 설계의 가치에 따른 설계전개를 요구하고 있다(그림 2-24). 나아가 건축물, 가구(街區), 도시기반의 분류별 조정행위 간의 연쇄 비교에서, 건축물은 「부정 평가」와 「설계 실시방법의 제시」의 연쇄가 많았고(표 2-15-건축물), 가구(街區)에서는 「설계 실시방법의 제시」와 「참고정보의 제시」에 대한 연쇄가 많았다(표 2-15-가구(街區)). 도시기반은 「설계 실시방법의 제시」와 「설계내용의 제시」에 대한 연쇄가 많은 것을 알 수 있다(표 2-15-도시기반).

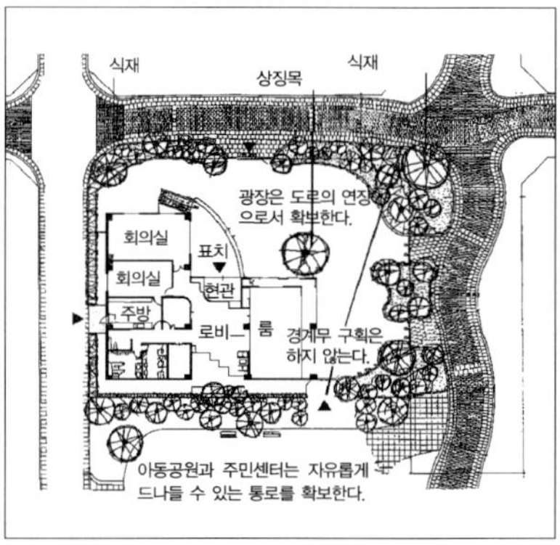

주민센터의 평면

MA는 주민센터와 인접하는 공원과의 연속성을 「설계목표」로서 제시했다.

| 그림 2-23 | 주민센터(상)/출처 : 우찌이(内井昭藏)건축설계사무소 자료, (하)

네트 · 펜스의 조정 현장 / 초등학교 네트 · 펜스 / 보호시설의 네트 · 펜스

MA는 네트 · 펜스의 형태를 부드러운 형상으로 하도록 지시했다.

| 그림 2-24 | 네트 · 펜스

| 표 2-15 | 조정행위의 연쇄 건수

건축물

	부정 평가	긍정 평가	설계목표제시	설계내용제시	실시방법제시	참고정보제시
긍정 평가	2					
설계목표제시	11	3				
설계내용제시	14	2	14			
실시방법제시	22	6	22	8		
참고정보제시	10	5	13	9	18	
의향 확인	3	8	8	7	12	6

가구(街區)

	부정 평가	긍정 평가	설계목표제시	설계내용제시	실시방법제시	참고정보제시
긍정 평가	4					
설계목표제시	5	2				
설계내용제시	9	5	6			
실시방법제시	7	5	9	9		
참고정보제시	7	5	4	6	15	
의향 확인	3	4	5	8	10	4

도시기반

	부정 평가	긍정 평가	설계목표제시	설계내용제시	실시방법제시	참고정보제시
긍정 평가	2					
설계목표제시	6	2				
설계내용제시	8	0	10			
실시방법제시	10	3	10	18		
참고정보제시	4	0	4	4	9	
의향 확인	4	1	6	10	11	2

전체

	부정 평가	긍정 평가	설계목표제시	설계내용제시	실시방법제시	참고정보제시
긍정 평가	8					
설계목표제시	22	7				
설계내용제시	31	7	30			
실시방법제시	39	14	41	35		
참고정보제시	21	10	12	19	42	
의향 확인	10	13	18	22	31	12

주) 숫자는 항목별 관련 건수

하나의 「설계요소」에 대해 복수의 조정행위를 실시한 경우를 대상으로 조정행위 상호의 연쇄 건수를 집계한 것이 표 2-15이다. 분류별 조정대상의 조정행위를 보면, 건축물을 대상으로 삼는 경우에는 설계의 이념을 뒷받침할 수 있었던 가치관을 제시해서 BA의 설계실시에 영향을 주는 경향이 보인다. 가구(街區)를 대상으로 삼는 경우에는 설계에 참고가 되는 정보를 제시해서 BA의 설계 사고에 영향을 주는 경향이 보인다. 도시기반을 대상으로 삼는 경우에는 구체적인 설계내용을 BA에게 제시하고, 설계내용의 결정을 실시하고 있다는 것을 알 수 있었다. MA의 조정행위의 연쇄에 있어서 건축물, 가구(街區), 도시기반에 대한 각 조정대상의 차이에 따른 각기의 특색이 보인다.

2-6 마스터아키텍트의 역할

2-6-1 조정행위

이상의 분석으로 MA는 다양한 입장과 다양한 시점에서 외부환경을 구성하는 여러 가지 설계의 조정을 실시하고 있음을 알 수 있었다. 특히 설계의 「이념」을 축으로 하여 BA와 응답을 실시하고, MA에게 설계의 「이념」과 「형태」, 「이념」과 「소재」 각각을 연쇄시켜 조정을 실시하는 역할이 있다는 것을 알았다(그림 2-25). 또한 MA의 조정행위에는 「설계의 평가」 「설계목표의 제시」 「설계내용의 제시」 「설계 실시방법의 제시」 「설계 참고가 되는 정보의 제시」, BA의 「설계에 대한 의향의 확인」이 있다는 것을 알 수 있다.

나아가 MA는 일정한 설계의 「질」을 제시하는 역할을 하고 있다는 것도 알았다. MA는 환경설계 프로세스에서 「설계요소」, 조정항목, 조정행위의 내용을 추이시키면서 조정 내용을 순차적으로 해결해 가고 있다는 것도 알 수 있다.

전체 조정회의에서 지붕기와의 조정

유치원의 지붕

그림 2-25 지붕기와의 조정

2-6-2 설계의 유도

더욱이 MA는 BA의 설계 사고에 대하여 영향을 주고 있다. 이렇게 함으로써 간접적으로 설계를 유도하는 경우와 설계내용을 직접 제시해서 직접 설계를 유도하는 경우가 있다는 것도 알았다. MA는 설계의 평가, 목표, 참고정보를 제시하고, 동시에 설계내용을 실현하는 수법을 제시함으로써 BA의 설계의 사고에 영향을 주고 있으며, 설계 결정에 간접적으로 영향을 끼치고 있는 것이다. 즉 MA에는 BA에 대하여 MA가 영향을 주어서 간접적으로 설계를 실시하는 「아키텍트 코디네이터(Architect Coordinator)」의 역할이 있다고 할 수 있다.

한편, MA는 구체적인 설계내용과 그것에 이르는 설계의 실시방법을 BA에게 제시하여 설계 결과에 직접적인 영향을 끼치게 하는 등, 건축물을 직접적으로 유도하는 것을 목적으로 하여 영향을 끼치는 「아키텍처 코디네이터(Architecture Coordinator)」의 역할이 부여되고 있다고 할 수 있다(그림 2-26, 표 2-16).

| 표 2-15 | 환경설계 프로세스에서 MA의 역할

역할 \ 인지내용	조정행위의 분석에서 알 수 있었던 것	조정행위의 실시에 따른 분석에서 알 수 있었던 것
아키텍트 코디네이터	▽「이념」을「설계목표」로 제시 ▽「형태」를「설계의 실시방법」으로 제시 ▽「이념」을「설계의 실시방법」으로 제시 ▽「그 외」를「설계의 실시방법」으로 제시 ▽「이념」으로서「설계목표」를 제시 ▽ 다양한「설계의 참고정보」를 BA에 제시 ▽「형태」「소재」「그 외」에서 BA의 의향을 청취 ▽ 설계의 가치관에 따른「설계의 실시방법」의 제시	▽ 설계의 실시를 위한 지침의 제시 ▽ 대화형의 설계 프로세스가 성립 ▽ 설계의 실시에 사전적인 설계의 조정 ▽ 건축물에 대한 가치관의 제시 ▽ 가구(街區)에서 설계에 참고가 되는 정보의 제시
아키텍처 코디네이터	▽「형태」의「설계내용의 제시」 ▽「소재」의「설계내용의 제시」 ▽「형태」의「부정 평가」 ▽「소재」의「의향 확인」 ▽「형태」의「설계 참고정보의 제시」 ▽「설계내용」의 제시	▽「설계내용」을 실현하기 위해 실시방법을 제시하는 것에 의한 설계결정 ▽「평가」「목표」「참고정보」「설계내용」과「설계 실시방법의 제시」의 연쇄에 의한 조정의 실효성 향상 ▽「부정 평가」를 수반하는「설계내용」의 제시 ▽ 도시기반에서「설계내용」의 제시에 의한 설계 결정
양쪽의 역할	▽「형태」와「이념」의 긍정 평가 ▽「형태」와「이념」의 부정 평가	▽「형태」와「이념」으로「설계의 실시방법」을 제시 ▽ 다른 BA간의「설계요소」의 연쇄를 형성

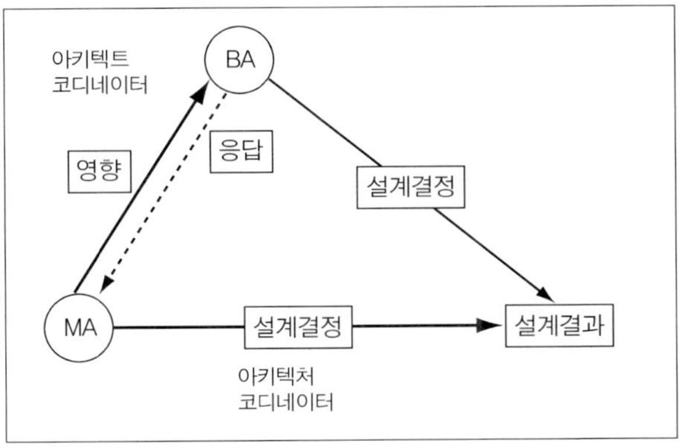

| 그림 2-26 | 환경설계 프로세스에서 MA의 역할

「아키텍트 코디네이터」의 역할이 발휘될 때에는, BA의 설계나 설계 사고에 영향을 끼치므로, 설계 결정에 관해서는 MA와 BA의 관계는 수평적인 관계가 된다. 한편, 「아키텍처 코디네이터」의 역할이 발휘되어서 설계를 결정할 경우, MA와 BA 사이에 설계 결정에 관해서 상하 관계가 발생한다. 따라서 「아키텍트 코디네이터」의 역할이 증가하면 그만큼 BA의 설계 결정이 자유스러워져, BA가 설계 결과에 대해 개성을 발휘하기 쉬워진다. 다른 한편, 「아키텍처 코디네이터」의 역할이 강화된다면 BA의 설계 결정이 제한되어, BA의 설계 결과에 대한 개성을 발휘하기가 어렵게 된다. 환경설계 내용의 조정에 따른 다양과 질서 창출의 균형에 이러한 2가지 MA의 역할 차이가 영향을 끼친다고 할 수 있다.

2-7 조정행위의 효과

마스터아키텍트(MA)가 아키텍처 코디네이터와 아키텍트 코디네이터의 2가지 역할을 할 때, MA는 「이념」을 축으로 조정을 실시한다. 또 MA는 블록아키텍트(BA)와 「이념」을 중심으로 응답을 실시하므로, BA 상호가 일정한 「이념」에 근거하여, 같은 목적의식을 가지도록 유도하는 역할을 하고 있다는 것을 알았다. 이렇게 함으로써 참가하는 설계자 상호의 협력관계를 형성한다.

더욱, MA는 BA 상호의 「수직적」인 조직을 「이념」을 축으로 해서 수평적으로 연쇄시키는 역할도 하고 있음을 확인할 수 있었다. MA가 BA에게 설계의 변경을 「이념」을 이용해서 추구함으로써, BA는 설계를 보다 적극적으로 실시하게 되어, 설계의 전개에 자극을 주고 있다고 생각할 수 있다. 환경설계 프로세스의 응답에서 MA는 「이념」을 축으로 설계자와 건축물의 양면에서 설계에 협력한다. 이러한 움직임에 의해 외부환경의 협동설계를 추진하는 것이 밝혀졌다.

제 2 부

설계연계 프로세스의 고찰

유도와 조정이 동시에 실시된 마스터아키텍트방식(MA방식)은 일괄 부지형의 형태에 적용되어진다. 일괄 부지형의 경우 단수의 사업자가 복수의 블록아키텍트(BA)에게 일괄된 설계발주를 하게 된다. 그리고 복수의 설계자는 하나의 설계자집단의 형태로서 설계를 전개한다. 이러한 조건에서 설계연계의 형성과정 분석을 통해서 일체적으로 건축 집합체를 설계하기 위해서 필요한 설계연계의 형성을 밝힌다.

제 3 장

유도조정형의 경우

3-1 개요

3-1-1 방법

환경형성을 목표로 하는 복수 설계자의 연계형성을 파악하기 위해 각각의 BA가 설계한 「설계내용」을 대상으로 하여 분석하였다. 구체적으로는 설계자 각자가 다른 사람과의 관계 속에서 진행시킨 다마뉴타운 15주구 사례를 대상으로 설계전개의 프로세스를 조사했다.

설계내용을 분석하기 위해, 각 BA가 설계기록을 보존하기 위해 자체 작성 · 기술한 기록집 「다마뉴타운 제15주구(벨코리누 미나미오사와) 설계기록」을 분석했다. 이 기록집은 A4판 392페이지의 책자로서, 현재의 경관, 환경형성의 과제, 각각의 BA 자신이 기술한 설계내용, 설계조정 프로세스, 사업내용, 각 블록의 설계도면, 학식경험자 등과 같은 제3자의 평가가 담겨있다. 기록집은 설계를 담당한 건축가나 설계조직의 대표자가 기본설계를 완료한 시점(1988년 2월)에 기록집의 작성을 제안하여 만들어졌다. 실시설계 종료 후의 공사기간 동안에 각 BA가 집필하여, 1990년 10월에 제본되었다.

여기에서는 MA측이 기술한 부분과 BA측이 기술한 부분을 분석자료로 하였다. MA측의 기록에는 매 설계 조정회의마다 설계조정의 프로세스가 기록되어 있고, BA측의 기록에는 각 BA가 작성한 문장이 서로 다른 입장에서 기록되어져 있다. 한편, 집필에 즈음해서 사업자나 MA는 BA의 집필내용 등에 관한 조언, 지도는 내용이 없었으며, 각자의 책임으로 작성했다. 이렇게 해서 작성된 문장이므로 설계자의 설계 과정에서 일어난 대처내용을 설계에 대한 사고의 시점에서 분석할 수 있다. 여기서 복수 설계자에서의 설계전개 프로세스는 MA측의 기록으로부터 추출하고 BA가 환경형성을 위해 대처한 「설계내용」은 BA의 기술로부터 이하의 순서에 입각하여 조사하여, 설계내용의 연계형성 프로세스를 명확히 밝히고자 한다.

① 「설계내용」을 설계내용의 부분과 설계항목으로 정리하여, BA가 실시 한 설계의 대상을 조사

② 「설계내용」이 가지는 의미, 「설계내용」의 배경이 된 다른 사람의 영향을 조사하고, 나아가 복수 설계자가 환경형성에 대해 대처한 내용을 조사

③ 복수 설계자가 환경형성을 실현하기 위해 실시한 설계 전개단계에서, BA 상호간의 영향관계를 조사

④ 복수 설계자의 목적을 달성하기 위한 BA의 역할을 분석

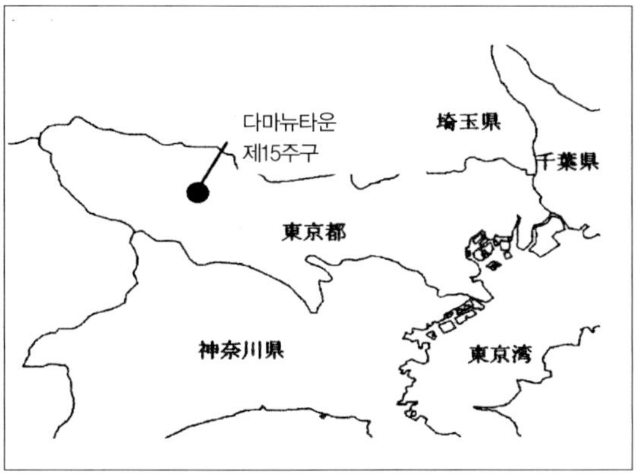

| 그림 3-1 | 다마뉴타운 미나미오사와 15주구의 위치

3-1-2 분석 대상

MA방식을 도입하여 도시계획학회상을 수상한 다마뉴타운 제15주구의 설계사례를 분석 대상으로 삼았다.

세계 제2차대전 이후 일본의 집합주택지는 일조 4시간이라고 하는 유일한 근거에 입각해서 남측 평행배치의 전체계획이 이루어졌었다. 그리고 무개성적인 주거동 디자인이 적용되어 균질한 집합주택지를 형성해 왔다. 한편으로는 포위형, 페디스트리언(pedestrian), 그루핑(grouping), 순응형 등 풍부한 디자인이 담긴 집합주택지를 추구하는 일련의 설계과제 전개 속에서, 미나미오사와 15주구에서는 경관에

| 그림 3-2 | 미나미와사와 15주구 전체 사진/출처 : 다마뉴타운 제15주구 설계기록

있어서 전체성이라고 하는 새로운 가치를 가진 집합주택지의 환경형성이 시도되었다(그림 3-2). 1989년 주택도시정비공단은 「구릉지 전체의 경관」 「전체의 조망을 살린 구성」 「자연이 가지는 조건을 살린 거리가꾸기」 「새로운 구릉도시의 사람」 「간선 녹음도로의 활성화」 「여유 있는 주택가꾸기에 의한 정주화」를 계획과제로 삼았다.

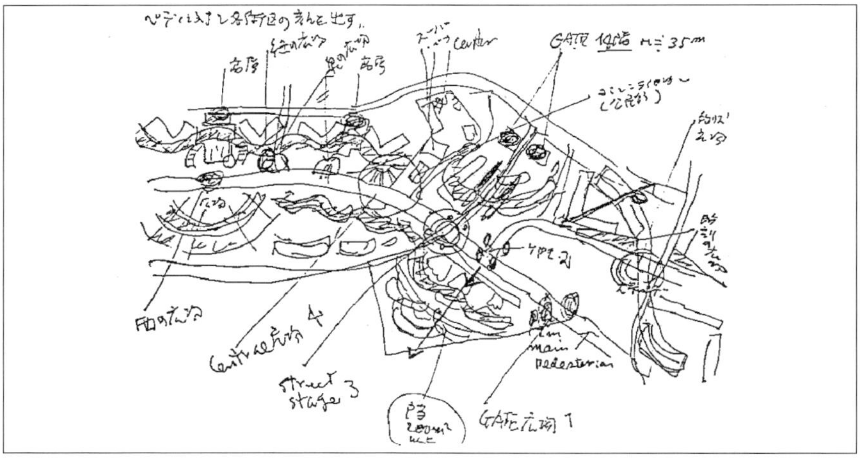

▌그림 3-3▌ MA가 작성한 미나미오사와 15주구 전체계획의 스케치

전체 대지는 7개의 가구(街區)(이하 블록 혹은 BL)로 나눌 수 있어, 각 BL마다 7명의 다른 BA(2BA, 3BA, 6BA, 5 · 8BA, 9BA, 10 · 11BA, 고층BA)가 각 BL의 설계를 담당했다(그림 3-4, 5)(표 3-1).

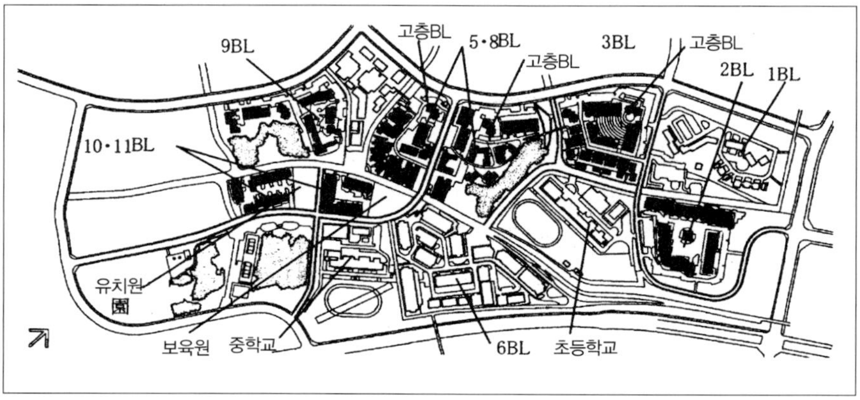

주) ■는 본장에서 분석대상으로 한 설계자가 설계한 BL과 건축물

▌그림 3-4▌ 미나미와사와 15주구 전체계획도(실시안)

2BL

3BL

5 · 8BL

10 · 11BL

9BL

| 그림 3-5 | 각 블록의 항공사진/출처 : 다마뉴타운 제15주구 설계기록

| 표 3-1 | 미나미오사와 15주구의 제원

사례 명칭	다미뉴타운 제15주구(통칭 : 벨코리누 미나미오사와)				
소재지	東京都八王子市南大沢５丁目				
사업 주체	주택도시정비공단		용도집합	주택지	
도시계획법	제2종 주거전용지역 · 준방화지역 · 제2종 고도지역 건폐율 50%, 용적율 150%				
설계기간	1987년 8월~1988년 2월		컨셉	「남구의 산악도시」	
조정자	우찌이(内井昭藏)＋우찌이(内井昭藏)건축설계사무소				
블록(BL) 명칭 : 설계자의 특징	2BL:작가적 설계사무소 3BL:작가적 설계사무소 5 · 8BL:작가적 조직 설계사무소 6BL:작가적 설계사무소 9BL:도시계획 · 설계 컨설턴트사무소 10 · 11BL:작가적 설계사무소 고층동:작가적 설계사무소				
개발면적	66ha	연면적	172,722㎡	가구 수	1562호
설계자 선출	사업주체가 조정자와 협의해서 참가하는 설계자를 결정				

주 1) 본 제원은 최종적인 수치임.
2) 개발면적은 MA가 작성한 마스터플랜의 범위에 대한 면적이며, 복수 설계자가 담당한 블록의 면적 합계는 120,674㎡이다.

한편 설계의 내용은 모든 BA와 MA, 사업자가 참가하는 6회의 디자인 조정회의에서 결정되었다. 전체계획은 MA의 초안(그림 3-3)에 근거해서, MA와 각각의 BA가 설계내용에 관한 협의를 실시하는 과정에서, 순차 합의된 내용이 기본설계의 완료 시점에서 MP과 DC로 정리되었다(그림 3-4, 그림 3-11)(표 3-2).

| 표 3-2 | 미나미오사와 15주구의 디자인코드(실시안)

항목		주된 내용	
A. 볼륨 –건축물을 세우는 공간	· 벽면 후퇴거리 · 최고 높이 · 선상 천공율 · 평균 도로경사	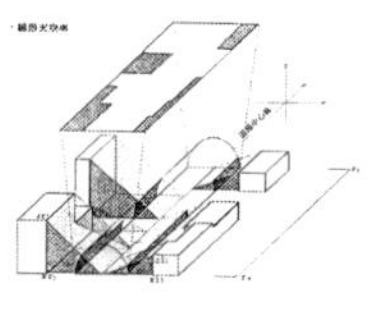	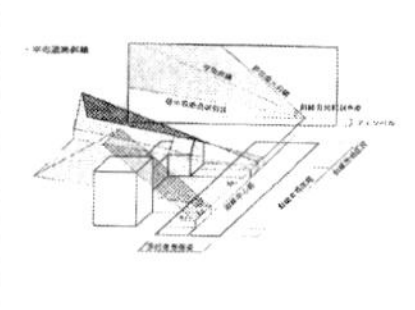
B. 마감 –외벽 · 지붕	· 색채계획 · 재질 · 형태	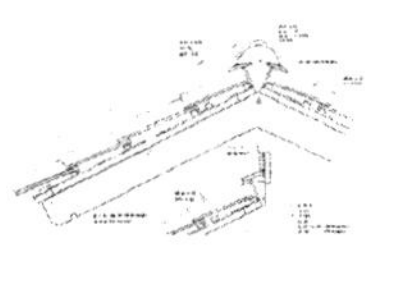	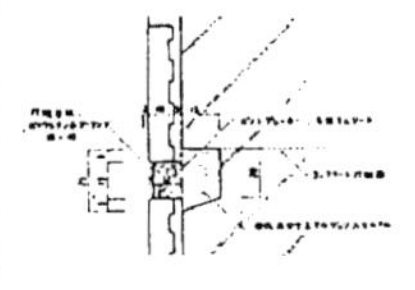
C. 개구부 –개구의 구성	· 더블 월 · 개구율 · 개구의 배치 · 형태 · 새시 분할		
D. 깊이감 –외벽의 밀도감	· 평면에 의한 깊이 · 단면에 의한 깊이 · 그 밖의 요인에 의한 깊이	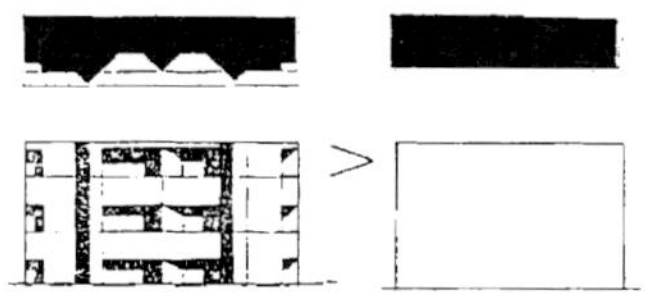	
E. 색채계획 –외벽 · 지붕	· 색채계획의 공통 원칙 · 색채계획의 구체적 방법	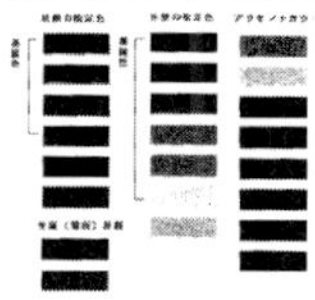 색표	
F. 그 외의 구성요소	· 건축물 · 외부	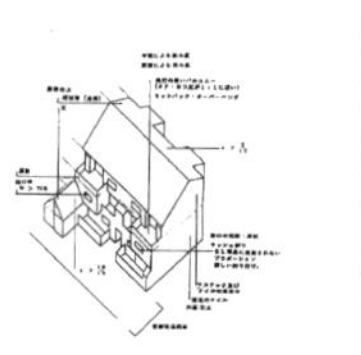	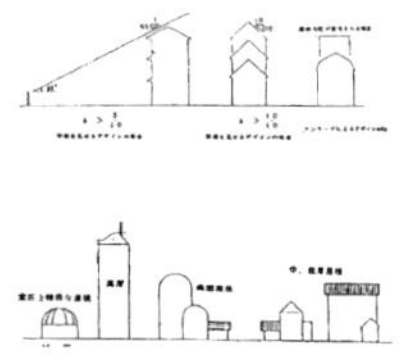 특징 있는 지붕

3-1-3 설계내용의 분석방법

「설계내용」은 우선 BA가 기술한 문장으로부터 설계 대상인 「설계요소」를 추출하면, 표 3-3에 나타내는 「설계요소」로 정리할 수 있다.

다음으로 「설계요소」의 부위(이하 「설계부위」)와 「설계항목」을 조사했다. 「설계항목」으로서는 기존 MA방식의 분석에 사용되고 있는 「이념」 「기능 · 성능」 「공간」 「형태」 「소재 · 상세」 「그 외」의 6개 항목을 이용했다. 마지막으로 각 「설계요소」의 의미나 목적(이하 「설계요소」의 의미)과 「설계요소」를 만들어낸 배경에 있는 다른 사람의 영향(이하 「설계배경」)을 각각 추출했다. 이상의 작업으로부터 「설계요소」에 관련된 「설계항목」, 「설계부위」, 「설계의도」, 「설계배경」 내용의 조합으로 1개의 「설계내용」을 구성하고 수량으로 산출하였다. 「설계내용」 구성의 분석 사례를 표 3-4에 제시한다.

| 표 3-3 | 설계요소의 일람

BA명칭	「설계요소」
2BA	α룸, 지붕구배, 스카이라인, 외벽소재, 지붕소재, 주차장, 발코니, 배치 구성, 주거동의 터널, 광장, 주거동 형식, 주거 형식, 벽면 상부의 식재, 보행자로, 집회 시설, 유리면, 벽면구성
3BA	건축형태, 개구부, 외벽의 재료, 입면 디자인의 패턴, 주거 형식, 지붕소재, 평면형태, 계단, α룸, 광장의 공간성, 벽면선, 벽면비율, 집회소의 위치, 공용 공간, 주거동 형식, 높이, 식재, 현관문, 지붕 테라스, 접근 계단, 다리, 배치 구성, 광장, 전체 구성, 가로, 주차장, 주거동의 계단, 광장, 구조체, 복도, 주택의 유닛, 주거동 프레임
5 · 8BA	지붕소재와 색채, 광장, 벽면의 패턴, 전체 구성, 중정의 출입구, 지붕형태, 비 홈통, 중정, α룸, 출입(access), 발코니, 외벽소재와 색채, 외벽면의 구성, 벽면의 도장, 다리, 배치 구성, 광장의 구성, 높이, 주거동 형식, 식재, 평면형태, 테라스 난간, 전체 구성, 친수 페디스트리언, 주거동의 위치, 썬 룸(sunroom), 법면, 주거동 내 계단, 집회소, 광장, 주택으로부터의 조망, 소공간, 가로선형, 건축형태
9BA	전체 구성, 필로티, 동의 배치 구성, 아이스톱, 높이, 광장의 구성, 다리, α룸, 주거동 형식, 법면녹화, 색채, 지붕소재 색채, 외벽소재와 색채, 안쪽 홈통, 풀(pool), 집회소, 벽면선, 작은 가로, 주택의 등급(grade), 광장의 평면형태, 주차장, 지붕 테라스
10 · 11BA	광장, 집회소, 배치 구성, 지붕형태, 가로선형, 무대(stage), 층수, 평면형태, 주거동 형식, α룸, α룸 테라스, 접근(approach), 지붕소재, 지붕의 색채, 외벽소재와 색채, 전체 구성, 주차장의 벤치, 주차장의 식재
고층BA	배치 구성, 인접하는 대학과의 관계, 조망 계획, 시퀀스, 광장 출입구, 필로티, 집회소, 높이, 쌈지공원, 파사드, 장식, 발코니, 지붕의 색채

주) 「설계요소」는 복수로 사용되는 경우가 있으므로 「설계내용」의 건수와는 일치하지 않는다.

| 표 3-4 | BA가 작성한 문장에서 추출한 「설계내용」의 분석 사례

	BA가 기술한 문장의 사례	「설계내용」의 구성
분석 사례 1	설계회의 석상에서 6BL의 K씨로부터 하나의 블록에 복수의 공용공간을 설치하는 것에 관한 제안이 있었다. 그의 제안은 설득력이 넘쳐 공감하였다.(3–BA)	「설계요소」: 공용공간(집회소) 「설계항목」: 기능 「설계부위」: 외부 「설계의도」: 공용공간(광장)의 창출 「설계배경」: 다른 BA의 영향
분석 사례 2	페디스트리언에 접하는 주거동을 건축선 뒤로 후퇴 시키는 등의 방법으로 페디스트리언에 접하는 부분의 층고를 억제한다.(5 · 8BA)	「설계요소」: 주거동 「설계항목」: 형태 「설계부위」: 건축물 「설계의도」: 가로형성 「설계배경」: BA 자신의 제안

주) 문장 사례의 ( )는 그 내용을 기술한 BA의 명칭

3–2 「설계내용」의 구성

3–2–1 「설계요소」의 추출

추출한 「설계요소」의 수를 각 BA별로 합계하면 182개를 추출하였다(표 3-5). 본장에서는 이러한 내용을 분석한다.

| 표 3-5 | 「설계내용」을 설계항목별로 분류

요소 / 대상	「설계부위」			「설계항목」						
	건축디자인 부분	외부디자인 부분	소계	이념	형태	공간	소세 · 상세	기능 · 성능	그 외	소계
2BA	17	5	22	1	7	7	3	4	0	22
3BA	24	14	38	3	14	9	2	9	1	38
5 · 8BA	30	13	43	4	15	12	2	9	1	43
9BA	21	11	32	4	8	7	7	5	1	32
10 · 11BA	19	5	24	1	10	3	2	8	0	24
고층BA	15	8	23	1	12	6	1	3	0	23
합계	126	56	182	14	66	44	17	38	3	182

「설계요소」로서 추출된 것에는 「복도」 「주거동 내의 계단」 등, 건축물 내부의 설계내용과 관련된 요소가 기술되어 있다. 내부공간을 포함해 환경형

성을 목표로 한 설계가 전개되는 것을 알 수 있다. 외부공간을 구성하는 「설계요소」에는 「α룸」「광장」「식재」「외벽」「지붕」「주거동의 배치구성」「집회소」와 같이 복수의 BA간에 공통되게 나타나는 「설계요소」가 있다.

한편 「스카이라인」(2BA) 「현관문」(3BA) 「친수 페디스트리언」(5 · 8BA) 「무대(stage)」 (10 · 11BA) 「시퀀스」(고층BA)와 같이 각 BA별로 개별성이 있는 「설계요소」도 있었다.

각 BA는 BA 상호간의 공통되는 「설계요소」를 가지고 BA별로 독자적인 설계전개를 한 것을 알 수 있다. BA의 「설계요소」의 유사성에 의해 복수 설계자로서의 질서를 형성함과 동시에 각 BA의 개별성에 대응한 설계전개가 이루어졌다고 할 수 있다.

3-2-2 「설계요소」의 내용

각 BA가 설계의 대상으로 한 「설계요소」를 파악하기 위하여 「설계요소」를 건축물의 설계내용과 외부디자인의 설계내용으로 나누고, 환경을 형성하기 위해 설계의 대상이 된 부분을 조사해 보면, 건축물의 「설계내용」이 모든 BA에서 동일하게 기술된 건수가 외부디자인을 나타내는 건수보다도 상회하고 있다는 것을 알 수 있다(표 3-5 좌측). 복수의 설계자는 건축물에 속하는 설계내용을 중심으로 하여 설계를 전개 했으므로, 건축경관의 형성을 주안점으로 한 설계를 전개한 것을 알 수 있다. BA는 건축의 설계내용만을 담당하는 것이 초기의 역할이었지만, MA방식의 환경설계 프로세스에서는 BA는 외부디자인의 설계에 까지도 일정한 대응을 했다고 할 수 있다(그림3-7 참조).

「설계내용」을 「설계항목」으로 조사하면 「형태」를 기술하는 경향이 강하며, 다음으로 「공간」을 기술하는 것, 그리고 「기능 · 성능」을 기술하는 경향이 보인다. 즉 복수의 설계자는 「형태」를 중심으로 경관을 형성하고 있다고 할 수 있다(그림 3-5 오른쪽).

각 BA가 기술하는 「설계내용」을 「설계항목」으로 비교하면 2BA, 3BA, 5 · 8BA, 9BA가 기술한 「설계내용」에 대한 「설계항목」의 건수 구성은 비슷

하지만 10 · 11BA와 고층BA가 기술한 내용에서는 「소재」를 기술하는 건수가 적고 「형태」를 기술하는 건수가 다른 BA가 기술한 건수에 비해 많다는 특징이 있다. 고층BA는 탑상의 건축물을 설계하고(그림 3-6), 10 · 11BA는 3~4층 건축물의 구성을 설계한 점이 복수 설계자 속에서 이들 2개의 BA와 다른 점이다. 또 2BL에는 MA방식에 참가하기 이전의 설계 공정으로 설계된 주거동이 있다. 3BL, 5 · 8BL, 9BL에는 각 BL 내에 고층동이 있었다(그림 3-4 참조). 즉 2BL, 3BL, 5 · 8BL, 9BL에서는 설계조건이 다른 건축의 조합으로 BL을 구성할 필요가 있었다. 이것은 2BL, 3BL, 5 · 8BL, 9BL에 공통된 부분이다. 하나의 BL을 1명의 설계자가 설계할 때는, 다른 사람의 존재를 그다지 고려하지 않아도 형태를 설계할 수 있다. 한편, 다른 사람과의 관계 속에서 하나의 블록(BL)을 설계하는 경우에는 「형태」를 설계하기가 곤란하므로 「공간」을 중시하는 경향의 설계를 함으로써 각각의 BA가 대응했다고 할 수 있다.

그림 3-6 고층동 모형/출처 : 다마뉴타운 제15주구 설계기록

그림 3-7 각 블록의 중정

3-2-3 「설계요소」의 의미

각 BA가 설계요소의 의미(「설계의도」)에 관해서 기술한 내용을 추출했다. 그 결과, 「설계요소」에는 가로공간의 환경을 향상시키기 위해 필요한

「가로형성」의 의도와, 광장이나 중정 등 외부공간의 환경을 향상시키기 위해서 필요한 「광장형성」의 의도가 포함되어 있었다. 그리고 건축물군이 일체적인 설계내용이 되는 것을 목적이라고 한 「통합형성」의 의도도 있었다. 각 BA가 개별적인 주택이 집합하기 위해 필요한 설계상의 수단이 하나하나의 「설계요소」라는 것을 나타내는 「주거의 집합화」를 설계의도로서 기술하고 있었다. 한편 「그 외」로서 주거의 기획, 지형, 설계공정에 대한 대응도 설계의 의도로서 기술되고 있었다.

「설계내용」의 합계 건수로부터 복수 설계자의 입장에서 「설계요소」의 의미를 살펴보면 「가로형성」의 건수가 압도적으로 많은 것에서(86건), 「가로형성」이 복수의 설계자에게 있어 중요한 고려 대상의 하나였음을 알 수 있다. 이것은 고층동 BA 이외의 BA에게도 공통되고 있다. 고층동 BA에게는 MA방식의 시작 시점에서 「경관 아키텍트(architect)」로서, 인접하는 대학의 캠퍼스 경관과 원경관과의 관련성을 만드는 것을 목적으로 미나미오사와 15주구의 설계에 참가한 경험이 있다(그림 3-8). 또한 고층동 BA는 기본적으로 대지(BL)가 있는것이 아니라, 다른 BA가 설계한 대지에, 이른바 삽입시키는 형식으로 수용되었다. 이렇게 특수한 조건의 설계라고 하는 배경에 있었다. 다른 BA와 비교하면 고층동 BA는 「가로형성」이나 「광장형성」에 대해서는 대부분 언급하지 않고 「그 외」의 것을 기술하는 건수가 많았다. 그것은 복수의 설계자 중에서도 고층동 BA에게 설계의 초기단계부터 특별한 역할이 주어진 것이 「설계요소」에서 「설계의도」에 차이가 나타난 이유로 볼 수 있다. 「가로형성」을 기술한 비율이 높은 BA는 10 · 11BA, 3BA, 5 · 8BA이다. 특히 10 · 11BA는 「광장형성」과 「가로형성」을 기술하는 건수가 다른 BA가 기술한 건수에 비해 상대적으로 높다(그림 3-9). 이들 BL은 미나미오사와 15주구의 중심부를 관통하는 위치의 보행자전용 도로에 직접에 접하고 있다. 2BL은 법면을 사이에 두고 보행자전용 도로에 접하고, 9BL은 일부 대지밖에 가로에 접하고 있지 않다. 주거동과 가로가 접하는 조건의 차이가 「설계내용」의 차이에서 나타나고 있다(표 3-6 왼쪽).

조성 전 산세의 위치

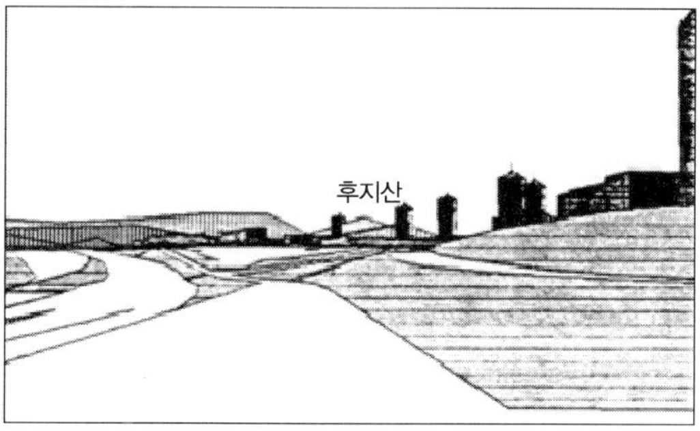

역전센터에서 15주구에 들어서면서 후지산을 조망

| 그림 3-8 | 고층동의 BA에 의한 경관계획

10BL의 중정

| 그림 3-9 | 10BL 앞의 보행자전용 도로

표 3-6 「설계요소」의 의미와 설계전개 배경의 기술 건수

요소 / 대상	「설계부위」						「설계항목」				
	가로 형성	광장 형성	통합화	주거의 집합화	그 외	소계	BA자신의 제안	다른 설계자의 영향	MA의 영향	그외	소계
2BA	11	4	3	4	7	29	12	3	5	2	22
3BA	21	9	6	3	8	47	12	10	13	3	38
5 · 8BA	22	9	8	5	10	54	22	9	8	4	43
9BA	11	7	10	3	7	38	13	9	10	0	32
10 · 11BA	16	11	2	3	0	32	15	4	4	1	24
고층BA	5	4	0	2	16	27	12	8	1	2	23
합계	86	44	29	20	48	227	86	43	41	12	182

주) 1건의 「설계내용」에 복수의 의미가 기술되는 경우가 있으므로, 설계내용 의미의 합계 건수는 182건에 국한되지는 않는다.

3-2-4 다른 사람으로부터의 영향

「설계내용」에서 다른 사람으로부터의 영향(「설계배경」)을 조사한 바, BA 자신 스스로가 설계를 전개한 것을 나타내는 건수가 가장 많았다(86건). 다른 영향으로는 MA의 영향을 받아서 설계를 전개한 것(41건), 다른 BA의 영향에 의해 설계를 전개한 것(43건), 그 외의 다른 것이 「설계배경」인 경우가 있었다(표 3-6 오른쪽).

개체별로 살펴보면 3BA가 차지하는 비율은 스스로의 설계전개보다도 다른 BA나 MA로부터의 영향이 포함된 「설계내용」이 많다는 특징이 있다(표 3-6)(그림 3-10). 전체적으로는 BA 자신의 판단에 의한 설계전개와 다른 사람(MA나 다른 BA)으로부터의 영향에 의한 설계전개 건수의 합계는 거의 같다. 각 BA에게 있어 다른 사람으로부터의 영향에 의한 설계의 전개도 스스로의 판단에 의한 전개와 같이 미나미오사와 15주구에서는 중요했던 것을 알 수 있다. 즉 MA를 포함한 다른 BA로부터의 영향이 설계내용에 많이 나타나고 있는 것을 확인할 수 있었다. 이와 같이 다른 사람의 설계내용이 BA 자신의 설계에 반영되는 것이 MA방식에 의한 환경설계 프로세스 특색의 하나라고 할 수 있다.

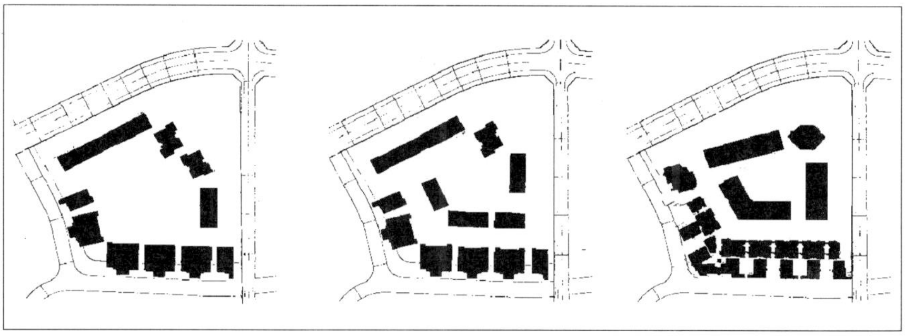

MA에 의한 배치 계획안　　BA에 의한 배치 계획안　　BA에 의한 실시 계획안

그림 3-10 3BL 설계내용의 변화

3-3 다른 사람의 영향에 따른 설계전개

3-3-1 영향 요인

이상과 같이 환경설계 프로세스에서는 다른 사람의 영향을 무시할 수 없다. 「가로형성」「광장형성」「통합형성」은 복수 설계자가 환경형성을 위해 참가했던 과제이므로, 이들 목표를 실현하기 위한 복수 설계자의 의도를 실현하는 과정에서 설계자 상호의 영향 관계를 디자인 조정회의에서의 발언내용과 BA의 대처 내용을 추출해서 표로 만들었다. 그 결과 MA, BA, 사업자가 각기 다른 사람에 영향을 준 요인이 되었던 내용으로서는 「제안정보」「설계정보」「의뢰」「설계내용」이 있다는 것을 알 수 있다.

「제안정보」란 BA가 설계전개한 내용이 다른 사람의 설계전개에 영향을 준 경우의 정보이다. 「설계정보」란 MA 또는 BA가 설계 이전에 이미 가지고 있었던 설계에 관한 식견이, 다른 사람에 전해지는 것으로 설계전개가 일어나는 내용과 관련된 정보이다. 「의뢰」란 직접 혹은 간접적으로 MA 또는 BA가 다른 사람에 대하여 설계의 수정이나 변경 등을 요구한 것이 계기가 되어 설계가 전개되는 것이다. 「설계내용」이란 자기의 의도와는 별도로 다른 사람의 설계전개에 대해 어쩔 수 없이 설계내용의 변경이나 수정이 행하여졌을 때에 사용된 정보이다. 이상과 같은 정보내용이 다른 사람에게 영향을 주고 있다.

이러한 영향의 요인에 대해 각각의 BA는 공통인식을 만들어내는 것(공통인식의 형성)이나 다른 사람의 설계내용을 받아 들여서 스스로 전개하는 것(수납전개), 참가자 전체가 대략적인 목표로 삼는 방향에 자기의 「설계내용」을 맞춰 가면서 설계전개를 하는 것(협조전개)이나, 상호의 설계내용이 동시에 실현되도록 설계를 전개하는(공존전개) 방법들이 생겨났다. 이러한 과정에서 BA 상호간의 영향 관계가 만들어졌다(그림 3-11)(표 3-7).

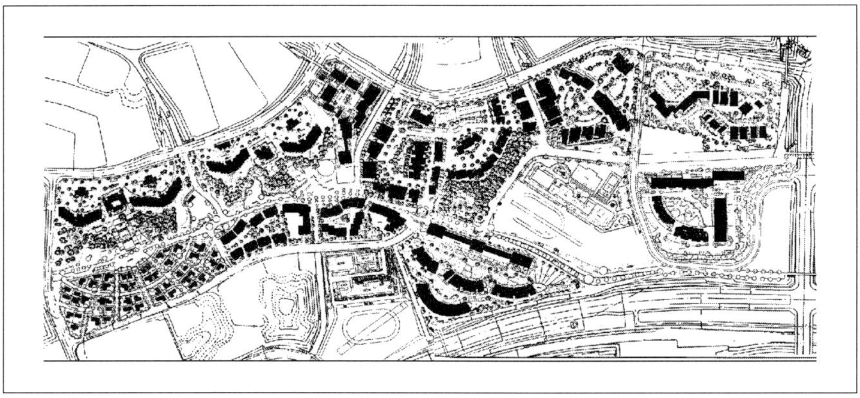

제1차안

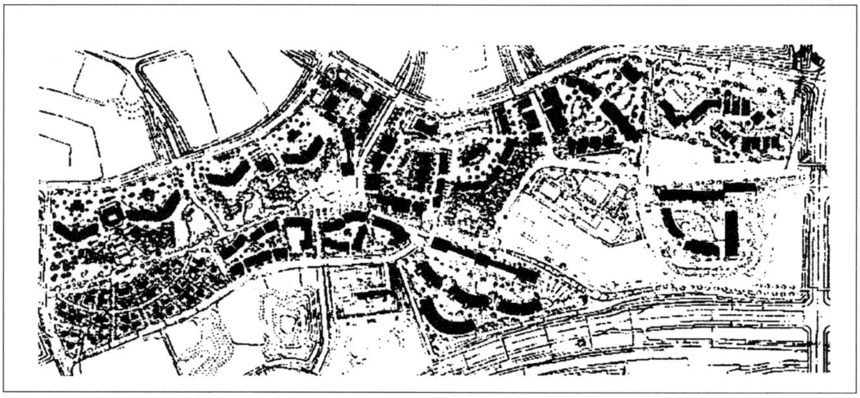

제2차안

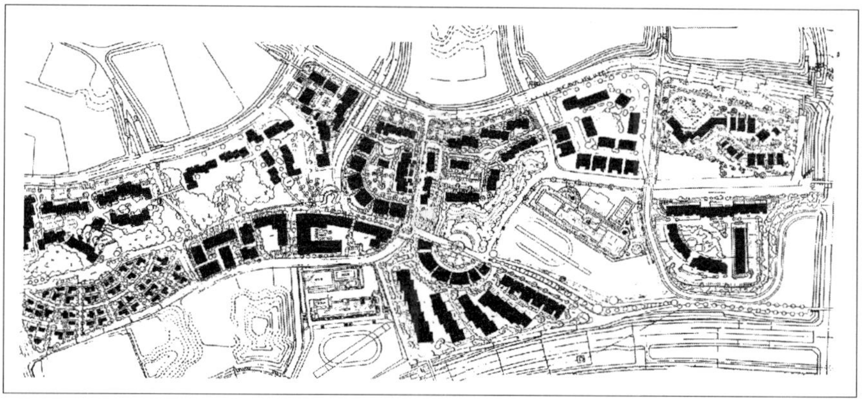

제3차안

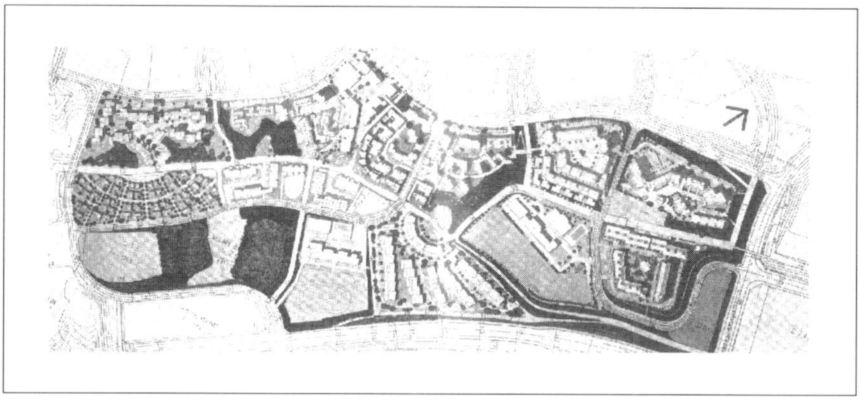

제4차안

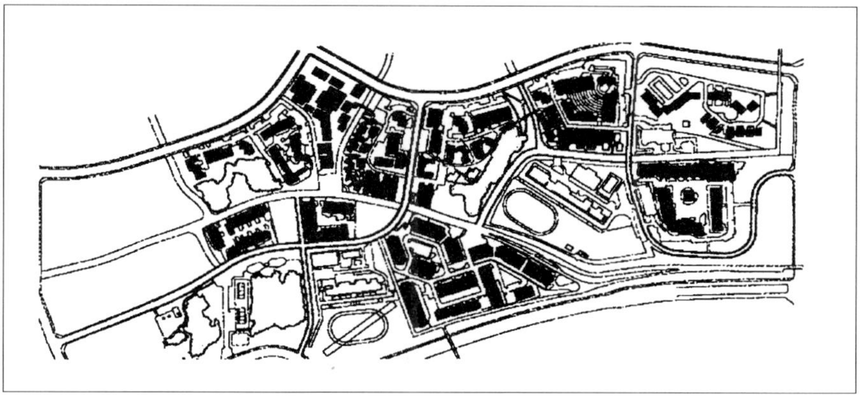

제5차안(실시안)

| 그림 3-11 | 전체 계획 설계프로세스의 변화/출처 : 다마뉴타운 제15주구 설계기록

페디스트리언

10BL의 건축선 후퇴

| 그림 3-12 | 가로의 형성

| 그림 3-13 | 공원 · 녹지 등

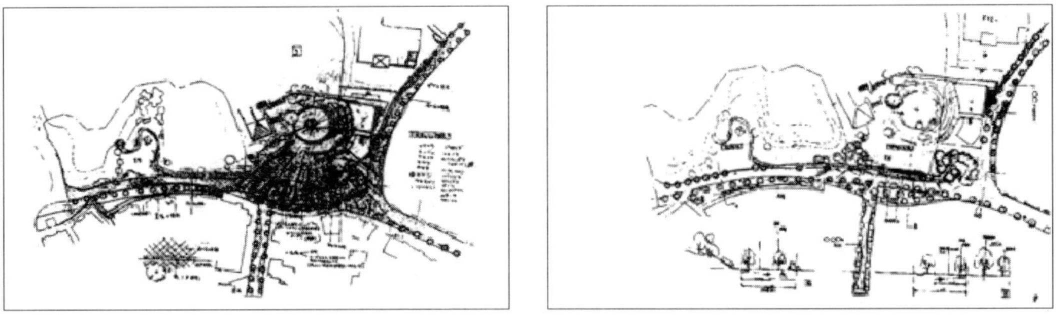

| 그림 3-14 | MA의 페디스트리언 스케치

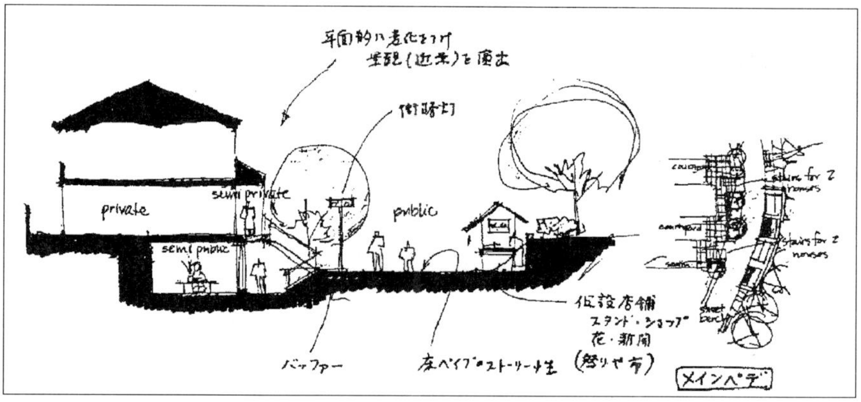

‖ **그림 3-15** ‖ MA가 작성한 페디스트리언의 구상도

3-3-2 공통인식

복수 설계자들이 공통된 인식을 가지고 환경을 형성하기 위해 공통의 의제를 토론하는 것이나 견학회, 강연회가 BA나 MA의 발언에 의해 실시되었다. 공통인식의 대상은 참가자가 가지고 있는 설계경험, 설계정보나 설계작품이었다.

MA, 3BA, 5・8BA는 주거동의 「기능・성능」에 관한 설계정보를 제공받음으로써 공통된 인식을 형성할 수 있었다. 「가로형성」「광장형성」을 지향하는 방향으로 설계가 전개되었다. MA와 10・11BA는 설계 작품을 통해서 「소재・상세」의 정보를 제공함으로써 공통인식이 형성되었다. 그리고 각 BA는 공통된 「소재・상세」를 협조하여 전개했다.

한편, MA는 미나미오사와 15주구 전체를 일관하는 보행자전용 도로(페디스트리언)를 제안했다(그림 3-13, 14, 15). 그리고 복수 설계자끼리 보행자전용 도로에 관한 토론을 실시하여, 공통인식의 형성을 추구하였다. 이것은 각각의 BA가 「가로형성」을 목표로 하기 위한 설계전개를 지원하는 것으로 연결되었다(그림 3-12). 10BL에서는 건물의 층수에 대해 MA와 사업자는 10BA가 제안하는 층수를 낮게 하는 설계내용에 공통인식을 형성했다. 이것은 보행자전용 도로에 면해서는 3층으로 보이게 하고, 4층 부분은 후퇴한 뱃집지붕 속에 넣는 「형태」의 설계전개가 실시됨으로써 「가로형성」에 연결되었다.

| 표 3-7 | 「설계내용」에 끼친 영향의 과정

조정 회의	참가자에 대한 영향원인	참가자									
		사업주체	MA	10·11 BA	9BA	5·8 BA	3BA	2BA	6BA	고층동	초·중·유·그 외
제1차 기본구상안의 검토	▽ 「자연 속의 도시」을 실현하기 위해, 유럽의 산악도시를 모델로 하여 탑이나 광장 등으로 구성된 변화성 있는 자연 발생적인 거리의 형성.		제안▶								
	▽ 인접대지와의 상호영향, 가구(街區)·보행자전용도로의 특화, 장면성·연출성의 중시.		제안▶								
	▽ 둘러싸는 수법을 활용한 주거동 형식		제안▶								
제1회 회의 (제2차 기본 구상안 검토)	▽ 공단주택의 견학	제공▶	◀공인▶	◀공인▶	◀공인▶	◀제공▶	◀공인▶	◀공인▶	◀공인▶	◀공인	
	▽ 공통 관념을 이끌어 낼 수 있는 단어를 찾아내는 것이 선결과제(6BA)		수납◀						◀제안		
	▽ 「차단」과 「연결」이 주거동의 표정의 활성화에 중요하다(6BA)		수납◀						◀제공		
	▽ 공간을 이미지 할 수 있는 키워드가 필요하다(10·11BA)		수납◀	◀제안							
	▽ 보행자전용도로와 주택단지를 연결시키는 등 분단된 BA 사이의 연결법을 검토(3BA)		수납◀				◀제안				
	▽ 미니 인프라의 제안(9BA)		수납◀		◀제안						
	▽ 17주구, 이나기(稻城)지구의 설명(사업설명)	제공▶	◀공인▶	◀제공▶	◀공인▶	◀공인▶	◀공인▶	◀공인▶	◀공인▶	◀공인▶	
제2회 회의 (제3 기본 구상안 검토)	▽ 보행자전용도로의 정의 부여에 관한 토론	공인▶	◀공인▶	◀공인▶	◀공인▶	◀공인▶	◀공인▶	◀공인▶	◀공인▶	◀공인	
	▽ 가구(街區) 내 커뮤니티 시설을 어른이 보았을 때 매력이 있는 시설로(카미야(神谷))								◀제안▶		
	▽ 사회를 은퇴(ritaia)한 사람이 사회에 공헌하기 위한 시설(9BA)				◀제안▶						
	▽ 주거동은 곡면에 구애되지 않고 안행(雁行)과 같은 표현도 가능하다(5·8BA)		수납◀			◀제안					
제3회 회의 (제4 기본 구상안 검토)	▽ 전체 계획은 명확한 테마성을 갖게 하는 편이 좋다(6BA)		수납◀						◀제안		
	▽ 철저하고 명확한 취지(主旨)가 있는 편이 좋다(9BA)		수납◀		◀제안						
	▽ 보행자전용도로의 의미에 대한 토론을 통해 공통 이미지만들기(MA)	공인▶	◀공인▶	◀공인▶	◀공인▶	◀공인▶	◀공인▶	◀공인▶	공인▶	◀공인	
	▽ 지붕의 구배와 재료, 색의 변화를 갖게 하는 편이 좋다(사업주)	제안▶									
제4회 회의	▽ 다른 BL의 설계내용을 지자체가 받아들일 수 있도록 요청했다(MA)		의뢰▶								▶협조

조정 회의	참가자에 대한 영향원인	참가자									
		사업 주체	MA	10·11 BA	9BA	5·8 BA	3BA	2BA	6BA	고층동	초·중·유·그 외
제5회 회의	▽ 고층동의 디자인과 어울리지 않는다(2BA)							공존▶		◀내용	
	▽ 고층동과 통일되지 않는 조화. 중층동과 떨어뜨리는 것이 좋다(5·8BA)					공존◀		협조▶		◀내용	
실시설계 단계에서의 회의	▽ 집회시설은 각 BA마다 개성을 가진 것을 복수로 설치한다(MA)		제안▶		▶수납▶	▶수납▶	▶수납▶			▶수납	
	▽ 전체 계획과 건축 집합체의 구상을 제시한다(MA)		제안▶	▶협조▶	▶협조▶	▶협조▶	▶협조▶	▶협조▶	▶협조▶	▶협조	
	▽ 건축설계가 완료된 동은 배치 설계의 전제조건이 되었다(2BA)		수납◀					◀내용			
	▽ 안뜰(Courttype)형 주택을 개발한 경험이 있다(3BA)			수납◀	◀수납◀	◀수납◀	◀제공▶	▶수납			
	▽ 광장 측의 입면은 고층동의 입면을 의식한 설계로 한다(3BA)						공존◀			◀내용	
	▽ 고층동은 BA 내 구성의 중심으로 위치를 부여한다(5·8BA)		제안▶			▶공존					
	▽ 고층동은 상부 4개 층을 잘라내어 10층 건물로 변경(5·8BA)					내용▶				▶공존	
	▽ 큰 볼륨의 주거동은 작은 덩어리로 분절화(5·8BA)		제안▶			▶협조					
	▽ 뱃집지붕을 축소해서 평지붕으로 변경(5·8BA)		제안▶			▶협조					
	▽ 주호의 기획성만을 남기고 주거동 형식을 변경(9BA)	제안▶	◀제공▶		▶수납						
	▽ 고층동을 중층동으로 변경하고, 동시에 배치 구성을 변경(9BA)				수납◀					◀내용	
	▽ 주거동 지붕을 볼트지붕에서 뱃집지붕으로(10·11BA)			협조◀		◀내용					
	▽ 인접 대지의 지붕, 기와, 타일은 인접 가구(街區)에 맞춰서 형태를 변경(유치원)			▶내용▶							▶협조
	▽ α룸의 지붕형태는 볼트에서 평지붕으로 변경(10·11BA)			협조◀	◀내용◀	◀내용					
	▽ 4층에서 3층으로 변경(10·11BA)	공인◀	◀공인▶	◀협조							
제6회 (세컨드 디자인)	▽ MA작품과 BA작품의 견학		제공▶	◀제공▶	◀공인▶	◀공인▶	◀공인▶	◀공인▶	◀공인▶	◀공인	
	▽ 색채계획에 관한 강연회 개최를 제안(10·11BA)		공인▶	◀제안▶	◀공인▶	◀공인▶	◀공인▶	◀공인▶	◀공인▶	◀공인	
	▽ 서로 합심하여 정리된 분위기를 만들어내고, 대립이 아닌 조화를 추구한다(6BA)								◀제안▶		
	▽ 편안함·따뜻함이 있는, 확장하는 색(MA)										
	▽ 지붕에 관해서는 주구 전체가 통일된 편이 좋다(10·11BA)		제안▶ 제공▶	협조▶▶ ◀제안▶▶	협조▶▶ 협조▶▶	협조▶▶ 협조▶▶	협조▶▶ 협조▶▶	협조▶▶ 협조▶▶	협조▶ 협조◀		▶협조
	▽ 지붕, 벽, 캐노피, 문의 색채계획 변경(초등·중학교)		의뢰▶								▶협조

주) 칸 속의 문자는 이하의 약자,
제공 : 설계정보의 제공, 공인 : 공통인식, 제안 : 설계정보의 제안, 의뢰 : 설계전개의 의뢰,
→은 영향의 방향을 나타낸다.
협조 : 협조전개, 공존 : 공존전개, 수납 : 수납전개, 내용 : 설계내용

3-3-3 공존 전개

어떤 전제조건이 되는 설계내용에 대해 변화할 수밖에 없게 된 경우, 서로 다른 BA 상호간에 설계내용이 함께 구성되도록 하는 방법으로 대응하였다. 9BL에서는 고층동이 만들어내는 음지나 고도사선제한에 문제가 생겼으므로, 9BA는 「고층주거동」에서 「중층주거동」으로 변경하고, 나아가 「배치 구성」도 변경하였다. 고층동과 9BL의 주거동이 공존하는 방향으로 「형태」의 공존 전개에서 「가로형성」과 「광장형성」을 지향했다.

또한, 설계 초기에 5 · 8BA는 BL 내의 고층동을 중층주거동과는 일체적으로 취급할 수 없다고 생각했지만, 고층동은 전체계획에서 결정사항이었으므로, BL 내 중층주거동의 배치와 관계를 형성하기 위해, 고층동의 축의 변경과 위치의 이동을 실시하는 「형태」의 공존 전개로 「광장형성」을 목표로 하는 것 외에, 중층형주거동을 방사상으로 배치하는 것, 원호를 그리는 보행자전용 도로의 선형 중심점으로 고층동의 위치를 이용하는 배치구성을 하는 등의 「형태」의 공존 전개에 의해 「가로형성」이 진행되었다(그림 3-16).

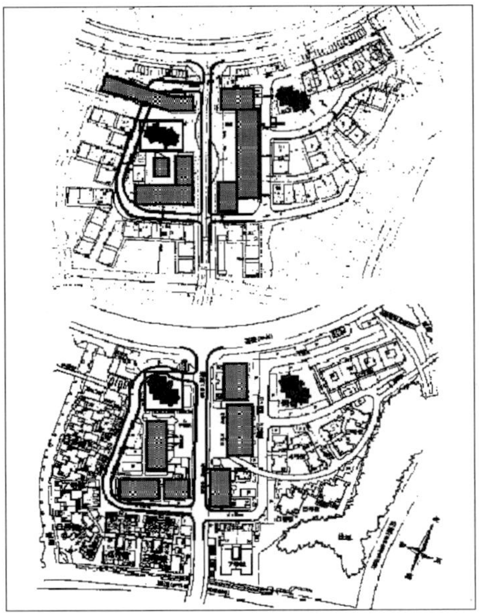

| 그림 3-16 | 5 · 8BL의 변화

고층동은 복합 일영(日影)규제의 영향을 5 · 8BL에 미치게 하는 것이 밝혀졌으므로, 고층동은 상부 4개 층 정도를 잘라내어 10층 높이로 함으로써 5 · 8BL 내의 중층건축물과 「형태」에서의 공존 전개를 이뤄, BL 내의 「광장형성」을 지향했다.

MA도 설계 조정의 개시 시점에서 BL에 이미 존재하고 있던 설계내용과의 공존도 실시했다. 전체계획이 MA로부터 제시되기 이전에, 다른 BL에 비해 조기 착공의 설계 공정이 진행되고 있었던 2BL에서는, MA방식 도입 이전의 전체계획에 정한 주거동이 있었지만, MA는 이 「형태」를 전제로 하여 전체계획의 일부로 받아들여 다시 전체계획으로 정리하는 설계전개를 실시했다(그림 3-17).

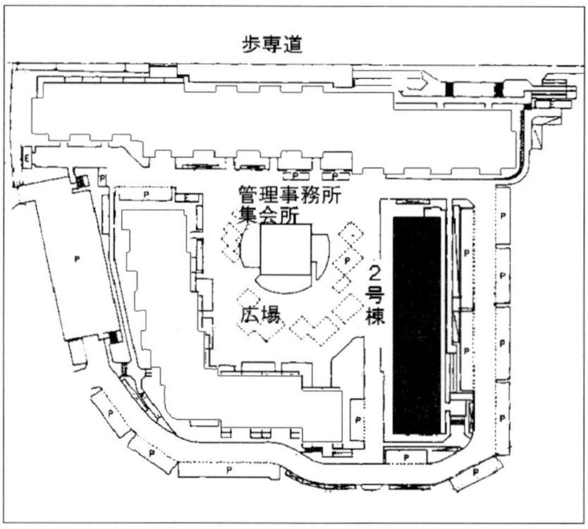

| 그림 3-17 | 2BL의 배치도/출처 : 다마뉴타운 제15주구 설계기록

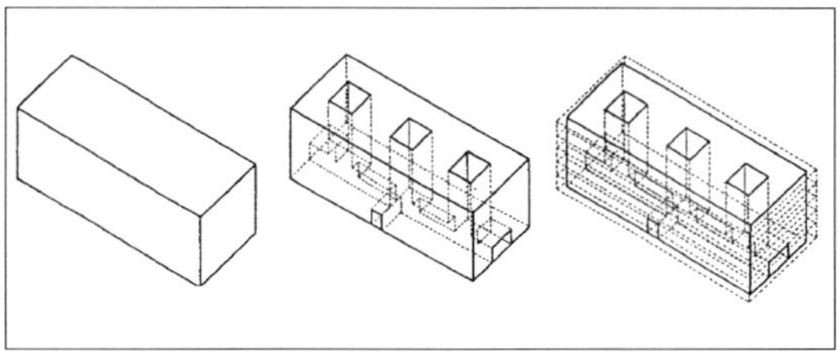

| 그림 3-18 | 안뜰(Courtyard)형 주택 개념도/출처 : 다마뉴타운 제15주구 설계기록

3-3-4 수용 전개

BA가 설계전개의 내용이 정해지지 않은 시기에 설계제안이나 설계정보의 제공을 복수의 설계자로부터 직접 받아들이는 것에 의한 설계 전개가 이루어졌다. 9BL에서는 「2호 1유형의 계단형 주호」를 설계할 필요가 있었으므로, 9BA는 MA가 이전에 설계한 주거동 「기능 · 성능」의 내용에 의거한 설계전개가 이루어졌다. 이것은 「광장형성」을 의도한 설계로 이어졌다. 또 3BA는 15주구의 설계 참가 이전에 「광장형성」에 적합한 「주거동형식」인 안뜰(Courtyard)형(그림 3-18)을 개발하였다.

각 BA는 「광장형성」을 목표로 하였다. 5 · 8BA는 「α 룸」을 이미 설계 작품으로서 실현하고 있었다(그림 3-19). 그리고 이 내용이 2BA, 3BA, 10 · 11BA에게 받아들여졌다. BA가 가지고 있는 「기능 · 성능」에 관한 설계정보를 활용함으로써 「가로형성」을 지향하였다. MA는 복수의 공용시설을 1개의 BL 내에 실현하는 「기능 · 성능」면에서의 제안을 복수 설계자에게 실시하고 받아들여졌으며, 복수 설계자는 「광장형성」과 「가로형성」을 위해 협조하는 설계전개를 실시했다.

수용 전개는 각각의 BA뿐만 아니라 MA도 동시에 실시했다. 6BA, 9BA, 10 · 11BA는 MA에게 전체의 컨셉이 불충분하다고 지적한 것에 대해 MA는 BA로부터 제시된 내용을 정리하고 전체의 컨셉을 수정해서 BA에 제시했다.

10 · 11BA는 MA에게 디테일에 관해 제안하였다. MA는 「소재 · 상세」를 수용하는 것을 제시한 전개를 실시했다. 5 · 8BA는 전체계획에서 설정된 「곡면주거동」(그림 3-11, 제1차안)에 대한 문제점을 말하고, MA는 「곡면주거동」을 「포위형의 주거동」으로 하는 「형태」를 받아들이는 전개를 했다. 전체계획상에서 변경하고, 각 BL에게 받아들여졌으므로 「광장형성」으로 이어졌다. 이 포위형의 주거동형식은 MA의 특징이라고 하는 이유에서 전체계획에 채용되었다.

9BA가 전체의 가로 네트워크에 관련된 내용을 「페디스트리언」(그림 3-20)으로 제안한 것을 MA가 받아들여 전체계획에 반영시켰다. 3BA는 보행자전용 도로와 광장을 묶는 「공간」의 처리에 의해 「가로형성」을 목표로 제안했다. 이러한 제안 내용은 MA로부터 각 BA에게 다시 제시되어, 각 BL의 「공간」으로서 「가로형성」에 반영되었다. MA가 BA로부터 받아들인 「설계내용」은 다시 BA에게 피드백되는 설계전개가 이루어 졌다.

▌그림 3-19▐ α룸

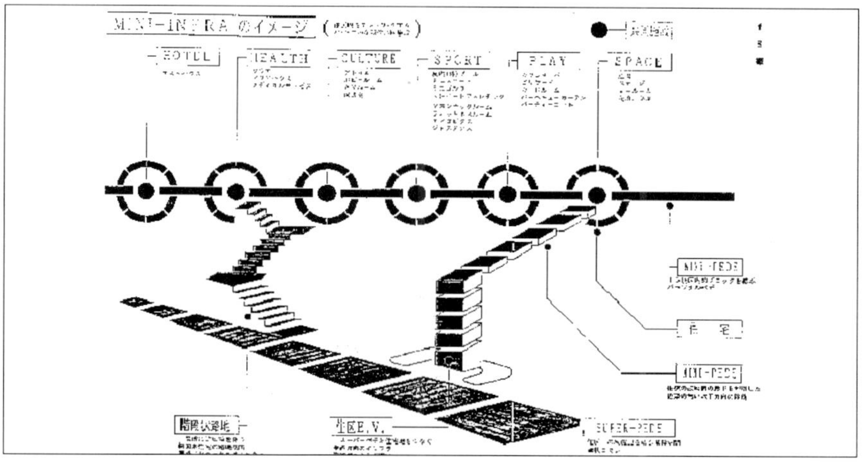

▌그림 3-20▐ 미니 인프라 개념도/출처 : 다마뉴타운 제15주구 설계기록

3-3-5 협조 전개

각 BA가 다른 BA에 맞춰 가는 전개상에서 설계내용이 협조 전개로 이어진 경우가 있었다. 10BL에서 초기 「α룸」의 지붕은 볼트(vault)지붕이었지만, 5 · 8BL과 9BL 디자인과의 조화를 고려하여, 볼트지붕(그림 3-22)은 평지붕으로 변경하고, 나아가 수평성을 강조하는 프레임이 마련되어, 주거동의 볼트지붕은 뱃집지붕으로 변경되었다. 10 · 11BA를 둘러싼 주변 BL의 설계내용이 「형태」의 협조 전개에 영향을 주어 「가로형성」이 이루어졌다.

3BA는 BL 내 고층동의 삼각형 디자인을 모티브로 한 BL 내의 광장측 입면설계를 하여 「형태」의 협조 전개로 「광장형성」이 지향되었다(그림 3-21).

협조 전개는 사업자를 초월해서도 이루어졌다. 초등 · 중학교에 MA방식이 도입된 시점은 이미 실시설계가 한창일 때로, 설계변경은 기본적으로 불가능하였다. MA는 15주구의 사업자를 통해 사업의 목적을 전한 바, 초등 · 중학교의 사업자와 그 설계자는 「소재 · 상세」에 관해서 협조 전개를 하였다. 보육 · 유치원의 사업자나 설계자에게도 10 · 11BA가 협의한 결과, 지붕 등의 「소재 · 상세」의 협조 전개가 이루어졌다(그림 3-23). 또한 1BL에서는 사업자에 대해 MA가 조정 의뢰를 하여, 주거동은 비탈지붕으로 하는 「형태」의 협조 전개가 이루어져, 「통합 형성」이 지향되었다. 6BA, 10 · 11BA는 복수 설계자에 대하여 「소재 · 상세」에 관한 협조를 요청하고, 동시에 MA도 협조를 요청했다. 복수 설계자는 공통되는 지붕소재를 사용하는 「소재 · 상세」의 협조 전개를 함으로써 각 BL의 설계 내용이 유사하게 되는 「통합 형성」을 지향할 수 있었다.

3BL에 있는 고층동

| 그림 3-21 | 3BL의 발코니

지붕이 볼트모양이 되어 있다.

| 그림 3-22 | 10BA가 그린 입면도

| 그림 3-23 | 유치원과 10, 11BL

3-4 설계내용의 연계

3-4-1 「설계내용」의 구성

「설계내용」의 구성에서 「설계요소」의 설계내용의 부분, 「설계항목」, 「설계요소」의 의미, 다른 사람의 영향에 대해 각 분류항목별로 연쇄하는 건수를 조사하고, 분류항목의 관계를 그래프로 표현해본 결과 「건축의 부분-형태」 「형태-가로의 형성」 「가로의 형성-다른 사람의 영향」의 연쇄 건수가 가장 많다는 것을 알았다(그림 3-26).

환경설계 프로세스에서는 건축물 부분에서 「형태」의 중요성을 높게 생각하여, 가로를 형성하려는 목적에 대하여 「형태」를 중요시했음을 알 수 있다. 그리고 가로를 형성하기 위해서는 다른 사람으로부터의 영향이 컸다는 것을 알았다.

「가로형성」과 관련된 「설계항목」은 「형태」 「공간」 「기능 · 성능」에서, 「통합형성」은 「이념」 「소재」에서 이루어지고 있었다. 「광장형성」은 「형태」와 연결성이 강하고, BA 자신이 전개한 「설계내용」이 많았다. MA로부터의 영향은 「가로형성」과 「통합형성」의 결부에 있어 강하게 나타나고, 통합성은 「소재 · 상세」와 강하게 관련되고 있다. 「소재 · 상세」는 MA가 우선적으로 영향을 주고 있어 「통합성」에 MA가 역할을 짊어지고 있음을 알 수 있다. 「가로형성」 「광장형성」은 BA에 의존도가 높았다. MA와 BA 사이에 각각 역할분담이 있다는 것을 알았다.

그림 3-24 5 · 8BL의 계단형 주동

▌그림 3-25▐ 가로의 형성

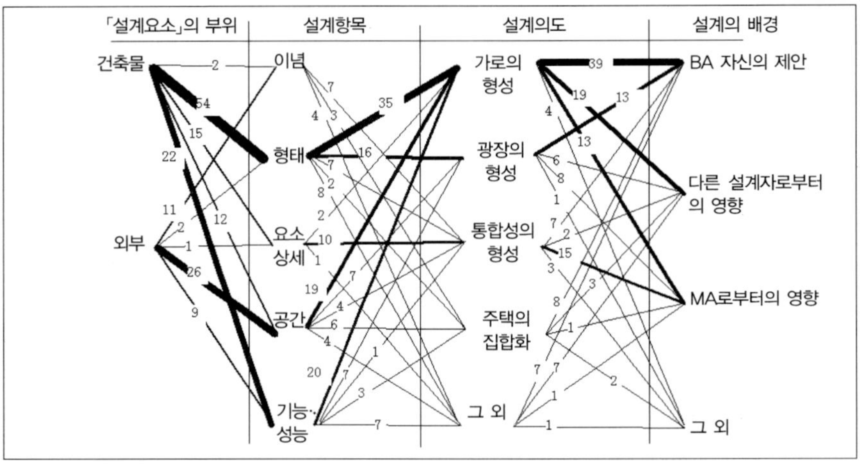

▌그림 3-26▐ 「설계내용」의 구성

3-4-2 설계자 상호 연계

복수 설계자가 「가로형성」 「광장형성」 「통합형성」을 주목적으로 하여 설계에 참여했을 때 생겨난 BA 상호간의 영향 관계를 정리하면 그림 3-27, 30, 31을 얻을 수 있다.

「가로형성」을 지향하기 위해 BA는 「배치구성」 「필로티」라고 하는 「형태」에서의 공존 전개를 실시한 것이나, 「미니 인프라」라고 하는 「공간」의 항목(그림 3-28, 29)이나 「α룸」 「주거동 형식」과 같은 「기능 · 성능」의 항목에서 다른 사람으로부터의 수용 전개를 실시했다. 또한 「배치구성」 「볼륨」에 의한 「형태」의 협조 전개도 BA 상호의 영향 관계로 이루어진 것을 알 수 있다.

「광장형성」에서는 「커뮤니티의 형성」 「주거동 형식」의 「기능 · 성능」에서의 설계전개와 「동의 배치구성」이나 「디자인 모티브」 「광장의 위치」 「주거동의 볼륨」과 같은 「형태」항목의 설계전개를 BA 상호의 연계에 의해 대처했다(그림 3-30). 「통합 형성」에서는 「소재 · 상세」 「이념」에서 각각의 BA는 MA로부터의 영향을 받으면서 협조 전개를 실시했다(그림 3-31).

복수 설계자가 대처한 3개의 의도에 연계되는 설계내용에는 지붕, 주거동의 형식, 동의 배치구성이 있고, 이러한 「설계요소」는 설계내용 연계에서 최소한의 「설계요소」였다는 것을 알 수 있다. 게다가, 이러한 내용은 BA의 그때까지의 설계경험에 근거하고 있는 설계내용으로, BA 각각이 가지고 있는 능력이나 경험을 하나로 서로 모이게 하고 있다. 연계의 대상이 되는 내용도 각 BA의 개성이 설계내용 연계의 기본요소이며, BA 개성의 연계가 실현되었다(그림 3-32, 33).

설계내용의 연계를 나타낸 그림을 보면 「통합」은 MA를 중심으로 방사상 설계내용의 연계에 의해 지향되었다. 한편 「광장」과 「가로형성」은 성좌상(星座狀) 설계내용의 연계로 지향되었다. 「광장형성」과 「가로형성」은 BA 자신의 설계전개에 의한 「설계내용」의 비율이 높다는 것으로부터도 독자적인 설계전개가 연쇄되어져 성좌상 설계내용의 연계로 나타났다고 할 수 있다. 방사형과 성좌형 설계내용의 연계를 만들어내는 과정을 복수 설계자가 대처함으로써 다양함과 질서를 동시에 가지는 일체적인 건축 집합체의 설계가 이루어졌다고 할 수 있다. MA와 BA가 설계의 대상을 분담하고, 나

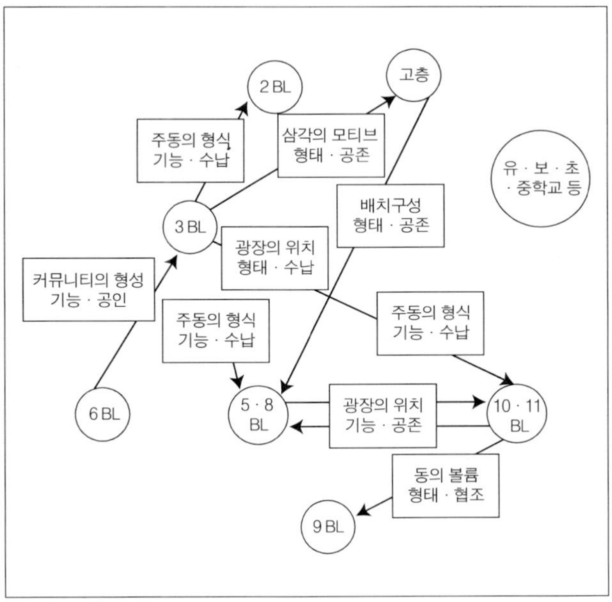

주 1) →의 방향은 영향을 준 측에서, 영향을 받은 측을 나타내고 있다.
2) ㅁ 속은 「설계요소」, 「설계항목」, 설계전개의 내용을 나타내고 있다.

그림 3-27 광장형성을 위한 설계내용의 연계관계

아가 각자가 가장 자신 있는 분야에서 서로 경주하는 환경형성의 대처는, 한 사람만으로는 할 수 없는 작업을 협력 관계로 실현한다고 하는 버나드(Bernard)가 제창한 협동의 모델에 가까운 것임을 알 수 있다.

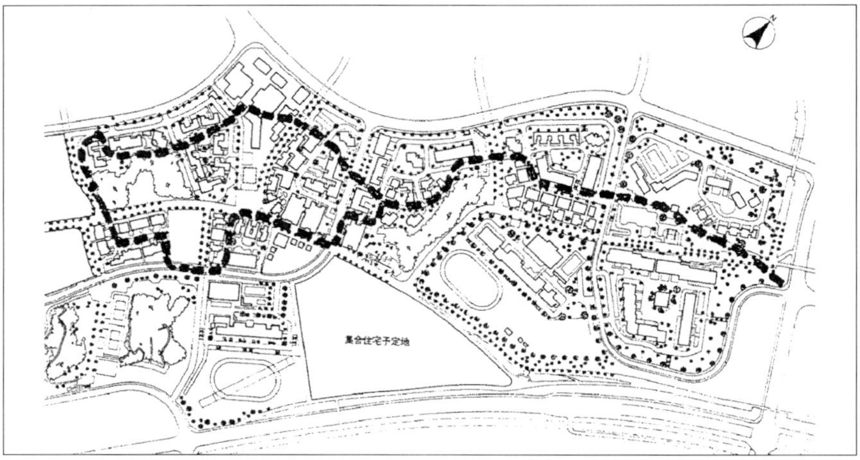

| 그림 3-28 | 미니 인프라의 네트워크/출처 : 다마뉴타운 제15주구 설계기록

| 그림 3-29 | 미니 인프라

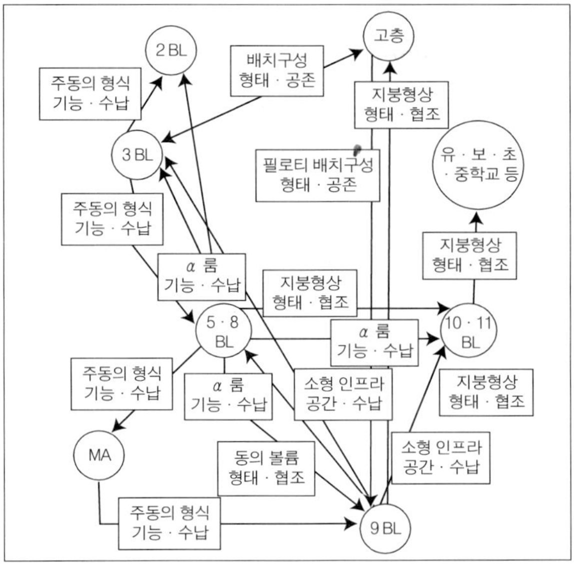

주 1) →의 방향은 영향을 준 측에서, 영향을 받은 측을 나타내고 있다.
2) □ 속은 「설계요소」, 「설계항목」, 설계전개의 내용을 나타내고 있다.

| 그림 3-30 | 가로형성을 위한 설계내용의 연계관계

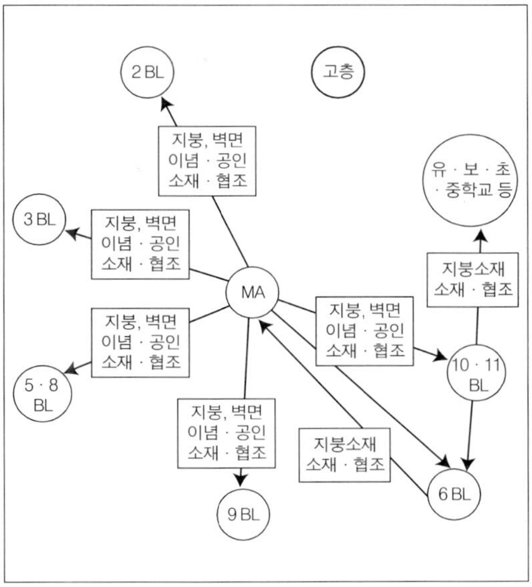

주 1) →의 방향은 영향을 준 측에서, 영향을 받은 측을 나타내고 있다.
2) □ 속은 「설계요소」, 「설계항목」, 설계전개의 내용을 나타내고 있다.

| 그림 3-31 | 통합형성을 위한 설계내용의 연계관계

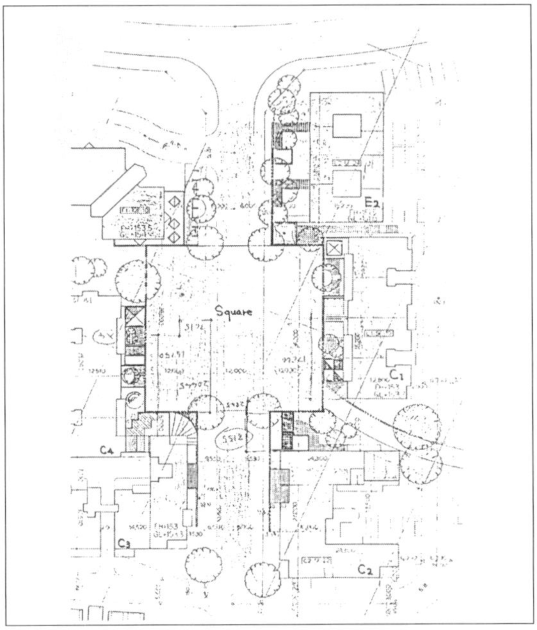

| 그림 3-32 | 5 · 8BL에서 가로와 광장의 형성

| 그림 3-33 | 지붕

3-4-3 MA와 BA의 연계

광장이나 가로는 MA가 제시한 전체계획과 관계되어지고, 통합 형성은 건축 집합체의 구상으로서 MA가 BA에 제시했다. 거기에서 BA의 이러한 설계내용의 전제조건에 대한 대응을 추출하면 표 3-8을 얻을 수 있다.

내용을 보면 MA는 보행자전용 도로를 통해서 간접적으로 각 BA의 설계전개에 영향을 준 것을 알 수 있다. 「이념」의 내용을 추출하면, 각각의 BA는 「유럽」「산악도시」라고 하는 상호 유사성이 있는 구상을 기술하고 있었다(표 3-8). MA가 제시한 「남구의 산악도시」의 구상에 대한 대응이 엿보인다(그림 3-34).

표 3-8 전체계획과 건축 집합체의 구상에 대한 대응 내용

계획내용 \ BA		2BA	3BA	5·8BA	9BA	10·11BA	고층BA
전체계획	가로	▽주거동의 터널 ▽발코니 ▽보행자전용 도로에 돌출한 투명성이 있는 방(α룸)	▽게이트성 ▽광장과 보행자전용 도로를 묶는다 ▽공공공간측에 공실 ▽보행자전용 도로와 인접BL로 향하는 다리 ▽가로형 ▽사면형 주택	▽장식적인 문 ▽보행자전용 도로보다 낮게 ▽친수공간 ▽포위형 ▽사면형 ▽가로형 ▽보행자전용 도로와 주거동을 관련화	▽보행자전용 도로의 아이스톱 ▽보행자전용 도로에서의 입구 ▽골목길의 아이스톱	▽광장의 창출 ▽4층의 건축선 후퇴 ▽α테라스의 창출 ▽보행자전용 도로측에 집회소	▽아이스톱이 된다.
	광장	▽광장을 창출 ▽포위형 배치 ▽안뜰형	▽광장을 창출 ▽공용 스페이스를 창출 ▽안뜰형 ▽쌈지공원	▽광장의 창출 ▽광장을 향하는 입면 ▽광장측에 α룸, 지붕테라스	▽광장과 집회실의 일체화 ▽광장과 α룸 ▽배치의 후퇴 ▽파티오(patio)형의 변형 유형	▽ 광장에 면하는 무대(stage) ▽어프로치 연출 ▽포위형 배치 ▽미니 공유(common)형 ▽메조넷형	▽집회소를 설치한다. ▽광장과 관련시킨다. ▽탑과 광장에 의한 구성
DC	이념	▽유럽의 광장	▽구릉도시 ▽산악도시	▽산악도시 ▽자유스러운 소공간의 집합체	▽남구의 주택지 ▽이탈리아의 시가지주택	▽고품격의 가로 만들기 ▽남구의 저잣거리(bazaars)	▽구릉의 고목 ▽로마의 스페인 광장

3-5 연계에 의한 환경형성

MA방식에 의한 설계전개 과정에서는 각 BL을 개별적인 것으로 하고, 설계도 BA 자신의 설계전개로 하고 있지만, BA 상호가 연속적으로 영향을 끼치면서, 환경공간을 구성하는 설계내용이 연속적으로 이루어지고 있었다. 이렇게 설계내용이 연계를 실현해 가는 과정을 추적함으로써, 환경형성을 목표로 하는 설계가 전개된 것을 알았다.

여기서는 기술내용의 분석에 의존하고 있으므로 그 결과가 본론에서 다루고 있는 대상 사례의 경우에 국한될 수도 있다는 전제로 하는 범위에서밖에 언급할 수 없다는 한계가 있지만, 조정과 유도가 실시된 환경설계 프로세스에서 설계내용의 연계가 형성된 것은 확인할 수 있었다.

이탈리아의 주택지

남구의 점포

남구의 지형

탑과 길

스페인 계단

탑과 도시

| 그림 3-34 | 미나미오사와 15주구에서 MA와 BA가 설계연계를 실시한 「산악도시」의 건축 집합체 이미지

조정형 MA방식은 분할 부지형의 설계프로세스에 적용되었다. 여기에서는 복수의 사업자가 존재하고, 각 사업자가 설계자에게 설계 발주를 일괄적으로 할 수 없었으므로 MA의 강력한 지도력도 기대할 수 없었다. 그래서 일체적으로 건축 집합체를 설계하기 위해 필요한 설계연계의 형성방법을 밝히기 위해, 사업자의 차이를 초월해서 블록아키텍트(Block Architect, BA)가 일체적으로 건축 집합체를 설계하는 방법을 분석하고자 한다.

제 4 장 조정형의 경우

4-1 개요

4-1-1 방법

여기에서는 조정형에서 분할 부지형 MA방식의 사례로서 사이타마 신도심의 건축 집합체를 설계한 프로세스를 예로 들었다. 사이타마 신도심(그림 4-1)은 분할 부지형을 가진 형식의 사례로, BA의 기본설계의 설계전개를 전제로 하여 설계조정이 이루어졌다.

사이타마 신도심은 MA, 사업자, BA가 참가한 경관디자인조정회의(이하 조정회의)를 통해서 설계조정이 이루어졌다. 그 협의의 장소에서 사업자나 BA가 제시한 설계내용으로부터, BA의 설계조정 작업의 순서를 조사하고, 설계조정이 어떻게 이루어지고, 어떤 설계조정을 할 수 있었는지를 다음과 같은 순서로 고찰했다.

한편 사이타마 신도심에서는 도로변공간이 복수 설계자 사이에서 주된 설계조정 대상이 되었다. 도로변공간은 연속하고 있어 인접지나 대면하는 공간과의 디자인 통합이 요청되었다. 도로변공간을 대상으로 설계내용의 통합을 실현하기 위한 설계내용을 협의했다.

그림 4-1 사이타마 신도심 위치도

설계내용의 연계형성 프로세스를 명확히 밝히고자 한다.

① 조정회의에서 BA가 제시한 설계제안서에 나타난 도로변공간의 설계내용으로부터 BA의 설계조정 작업을 조사하기 위해, 설계제안서에 그려진 배치도, 평면도, 단면도, 투시도, 시스템도 등의 설계표현 속에서 도로변공간의 설계대상을 설명하는 설명문을 분석

② 설계조정 작업의 순서를 조사하여, 그 유형을 파악하고, 설계 「전개」와 설계 「제약」의 역할을 분석

③ 설계 결정에 있서 「제약」의 발생상황을 조사하고,

설계조정 작업이 도로변공간의 설계내용에 초래되는 환경형성의 특색을 분석

4-1-2 분석 대상

사이타마 신도심은 일본 정부의 행정기관 일부가 이전함에 따라 광역적인 행정기능, 고도의 업무 · 상업 · 문화기능의 집중에 의해 업무시설 집중지구를 형성하고, 수도기능의 일익을 담당하는 지구로 건설이 추진되었다(그림 4-2-a, b).

관청지구 느티나무 광장 가로공간

그림 4-2-a 사이타마 신도심

그림 4-2-b 사이타마 신도심 전체계획/출처 : 사이타마 신도심 경관디자인조정회의 기록집

4-1-3 조정회의

설계내용을 협의하는 장소로서 경관디자인조정회의(이하, 조정회의)가 설정되었다. 조정회의는 신도심의 건설사업에 참가하는 각 사업자가 기본적인 가치관을 공유하고, 도시형성에 대처할 필요성에 입각해서 「사이타마 신도심 도시형성추진협의회」로부터 1996년 2월에 도시형성에 관한 구체적인 설계내용을 검토하기 위해 분리 독립한 협의 조직이다.

1996년 2월 제1차 회의가 개최되어 1998년 12월까지 총 27회가 개최되었다(그림 4-5). 여기서는 20회까지의 회의 내용을 분석 대상으로 삼고 있다. 이것은 20회까지의 회의에서 각 BL의 설계내용이 대부분 확정되었고, 21회 이후의 회의에서는 현장단계에서의 조정이 이루어졌으므로 제외하였다.

회의에는 MA, 환경디자인 전문가(조명 설계자, 사인 설계자, 아트 코디네이터, 색채 컨설턴트), 각 사업주체, 관련된 지자체의 담당관, 중앙관청의 담당관이 참석했다. 참석 상황은 후에 상세하게 기술(4-2-a, b)하였다. 한편 BA에게는 건축물을 포함한 개별 대지(이하 블록(BL))의 설계를 담당하는 설계자와 도시기반을 설계하는 설계자의 2종류가 있었다(표 4-1-a, b).

1회 조정회의에서는 대략 30명 전후의 참가자가 있었으며, 2~3시간 동안 조정회의가 개최되었다. MA는 의장으로서 사회진행을 맡았다. 회의에 참가한 각 설계자 등의 역할은 아래와 같다.

BL의 설계자는 건축물의 설계와 BL 내 공터의 설계를 하였다(그림 4-3).

가로 설계자는 가로를 구성하는 차도, 보도, 교차로를 설계했다. 조명 설계자는 BL 내의 건축물, BL 안 공터의 조명, 차도, 보도, 교차로, 가두 광장, 데크의 조명설계를 담당했다.

아트 코디네이터는 BL 안 공터, 보도, 가두 광장, 데크 오브제의 코디네이터를 담당했다.

| 표 4-1-a | 사이타마 신도심의 개요

사례명칭	사이타마 신도심	사례규모	부지면적 약 47.4㏊ 계획 연면적 약 180만㎡ 취업인구 약 57,000명
사례용도	복합 업무지구		
장소	사이타마현 오미야시, 요노시, 우라와시 3개 시에 걸쳐있는 철도조차장 철거지		
사업자	건설성, 우정성, 사이타마현, 도시기반정비공단, JR동일본 등		
사업의 목적과 개요	사람과 물건과 정보가 서로 왕래하는 창조적이며 즐거운 도시공간		
설계조정의 기간	1998년 9월~1999년 8월		
MA	우찌이(内井昭藏)+우찌이(内井昭藏)건축설계사무소		
시설명칭 (사업주체, BA)	A1	지역냉난방센터(도쿄 가스, 대형 설계사무소)	
	A2	쓰레기소각시설(사이타마현, 미정)	
	B	사이타마 슈퍼 원형극장(사이타마현, 대형조직 설계사무소)	
	E	복합교통센터(NTT 등, 대형조직 설계사무소)	
	D	느티나무 광장(사이타마현, 랜드스케이프 아키텍트)	
	F	합동청사(건설성 관동지방건설국, 대형조직 설계사무소)	
	I	학교공제조합시설(공립학교공제조합, 조직 설계사무소)	
	J	간이보험연수센터(간이보험, 준 대형조직 설계사무소)	
	K	우정국(우정성, 우정성 관방시설부)	
	L	JR 신역(JR동일본, 아뜨리에 설계사무소)	
	도로	도로(도시기반정비공단, 도시기반정비공단)	

주 1) ( ) 내는 각 BA가 담당한 시설 등의 명칭
 2) 시설 명칭의 뒤에 이어지는 ( ) 내는 사업주체 명칭과 설계자

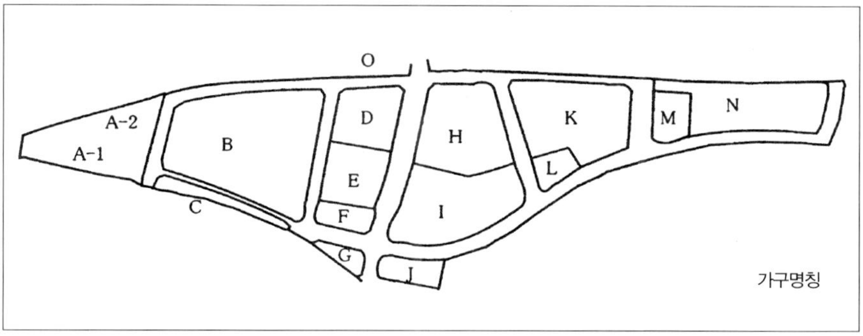

| 그림 4-3 | 사이타마 신도심 · 대지 구획도

| 표 4-1-b | 시설개요

<table>
<tr><th colspan="2">개요
각 시설</th><th>각 BL의 개요</th></tr>
<tr><td colspan="2">지역냉난방센터</td><td>신도심 서측지구의 각 시설에 냉방용 냉수 및 난방 · 온수 공급용 증기를 공급하는 시설로, 에너지의 효과적인 활용, 환경부하의 저감, 도시재해의 방지, 도시경관의 향상 등에 배려한 도시시설.</td></tr>
<tr><td colspan="2">느티나무 광장</td><td>신도심의 도시조성을 선도하고, 번화하고 매력이 있는 도시공간을 목표로 하고, 인공지반 위에는 「하늘의 숲」을 주제로 느티나무를 덮어 사계절의 변화를 연출하고, 인공지반 밑에는 상업시설과 휴식장소로 했다.</td></tr>
<tr><td colspan="2">사이타마 원형극장</td><td>음악 · 스포츠 · 산업 · 문화 등의 핵으로서 널리 주민이 모여 교류하는 시설. 다양한 옥내 이벤트에 대응할 수 있다. 또 놀이(amusement)시설을 병설하여 활기를 만들어내는 시설.</td></tr>
<tr><td rowspan="4">관청지구</td><td>사이타마 신도심역</td><td>JR의 신역사. 역사와 자유통로로 구성된다.</td></tr>
<tr><td>합동청사</td><td>주로 관동지방을 관할하는 국가의 행정기관 10개 관청 17개 기관의 집단 이전을 받아들이는 광역적인 행정거점, 방재거점이다.</td></tr>
<tr><td>간이보험지구</td><td>간이보험 복지사업단이 운영하는 시설로 건강가꾸기, 건강증진을 목적으로 한 시설로, 주차장, 레스토랑, 훈련장, 온수 풀, 객실, 옥상 정원이 있다.</td></tr>
<tr><td>우체국</td><td>관동 우정국 등, 우정성의 3개 기관의 이전지. 사이타마 신도심 우체국도 포함되어 있다.</td></tr>
</table>

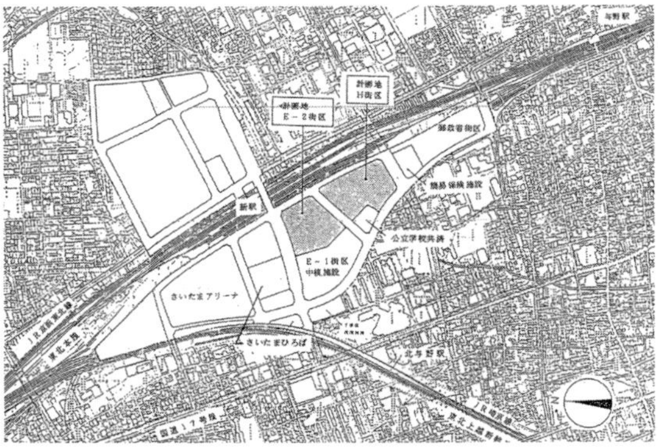

| 그림 4-4 | 사이타마 신도심 주변현황도/출처 : 경관디자인조정회의 자료

| 그림 4-5 | 전체조정회의의 풍경

4-1-4 조정대상공간

여기서는 지구(地區) 내의 도로변공간을 총 36개 장소의 접도공간과 교차로공간으로 나누어 각 대상공간별 설계조정순서를 분석했다. 도로변공간에서 교차로공간은 13개 장소, 접도공간은 23개 장소가 있었다(그림 4-6-a). 도로변공간은 BL 내의 외부공간과 보도공간을 함께 공유하는 공간으로 하고, 그림 4-6-b에서 도로부분이 교차로가 되어 있을 경우에는 교차로공간(기호는 T)이라고 부르고, 그 이외를 접도공간(기호는 S)이라고 하였다.

여기서는 분석을 단순화하기 위해서 1명의 BA가 설계를 담당하는 하나의 BL을 둘러싼 1개의 도로를 중심으로, 1개의 교차로 혹은 접도공간이 각각에 대응하도록 도로변공간을 분할하였다.

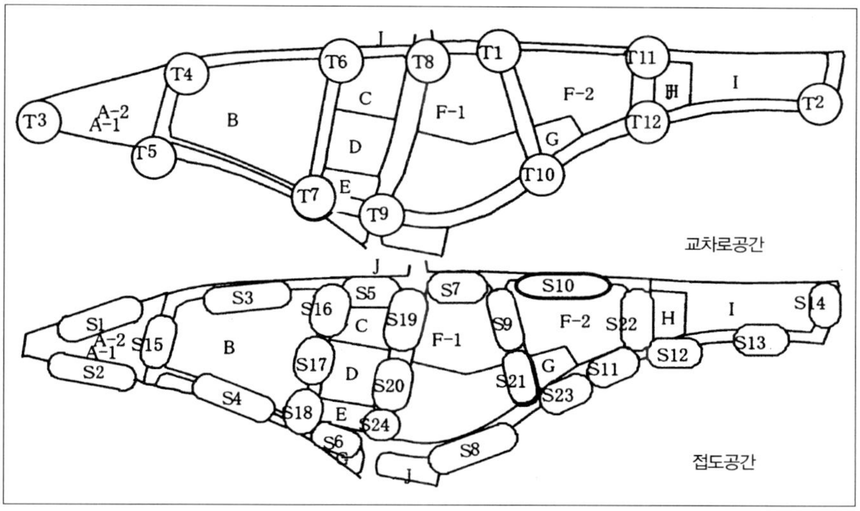

주) T : 교차로의 약칭, S : 가로의 약칭

그림 4-6-a BL 구역과 교차로공간, 접도공간의 분포

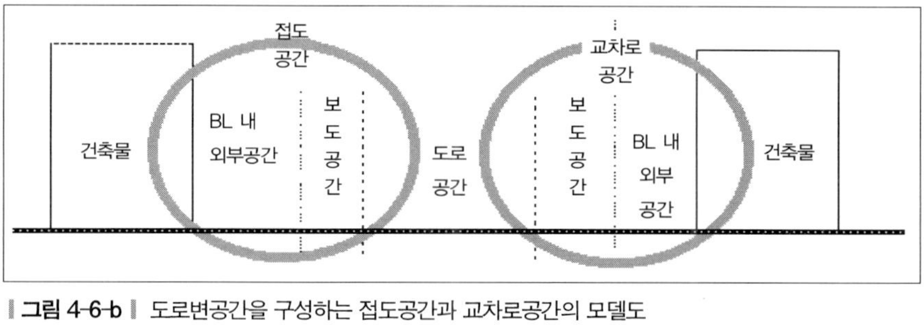

그림 4-6-b 도로변공간을 구성하는 접도공간과 교차로공간의 모델도

4-2 설계조정작업과 설계조정순서

4-2-1 조정회의 출석자의 추이

회의 참가자는 MA측의 실무자를 제외하고 총 143명이며, 전체 인원수는 714명에 달했다(표 4-2-a, b).

회의에 참가한 참가자 수의 변화를 보면, 회의 횟수를 거듭함에 따라서 참가자 수가 증가한 것을 알 수 있다(그림 4-8). 6회~7회 회의에서 참가자수가 증가한 것은 설계조정의 대상이 되는 BL이 확대된 것을 나타내고 있다. 설계공정이 현장단계로 이행 되면서 조정대상이 세분화되고, 현장담당자의 출석이 필요하게 된 것도 참가자 수가 증가하는 형태로 나타나고 있다.

다음으로 1명의 참가자가 회의에 참가한 횟수를 조사한 바, 참가 횟수가 1회인 사람이 압도적으로 많고, 참가 횟수가 늘어남에 따라 반비례적으로 횟수당의 참가 인원수가 감소했다. 가장 많이 참가한 것은 MA였고, 사업자, 관청, BA의 각 담당자는 변동을 되풀이하고 있었다(표 4-2-a, b). 사이타마 신도심의 설계에서 모든 설계의 진척 상황을 파악할 수 있는 입장에 있었던 것은, 현실적으로 MA밖에 없었던 것을 알 수 있다. 건축 집합체설계에서 MA의 존재 의의를 확인할 수 있다.

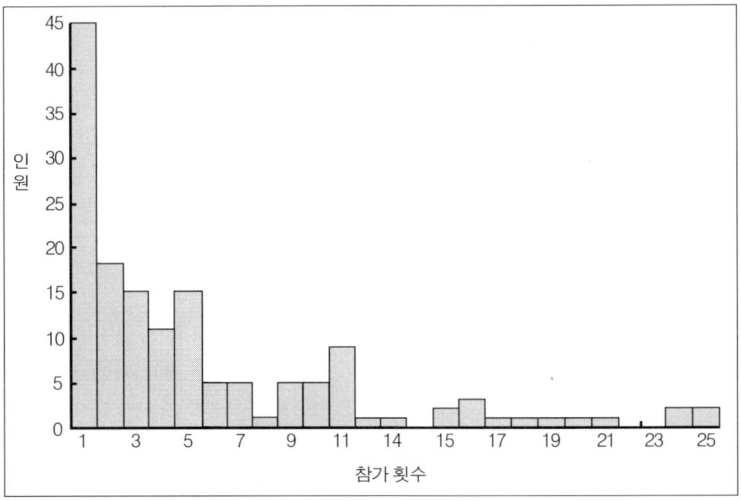

그림 4-7 참가 횟수별 인원 그래프

표 4-2-a 경관디자인조정회의 참석자 일람표

이 름	담 당	회의 횟수																									
		1	2	3	4	5	6	7	8	9	10	11	12	13	14	15	16	17	18	19	20	21	22	23	24	25	26
内井昭藏	MA	○	○	○	○	○	○	○	○	○	○	○	○	○	○	○	○	○	○	○	○	○	○	○	○	○	○
寺川 鏡	합동청사 (사업주체)	○	○	○	○	○	○	○	○	○	○																
吉田 弘												○	○	○	○	○	○	○	○	○		○					
山中政文																							○				○
清水侯二		○	○	○	○																						
吉野 完						○	○	○	○		○																
山本英史												○	○	○	○	○	○	○	○	○	○	○	○	○	○	○	○
藤田直美												○		○	○	○	○	○	○	○	○					○	○
大塚 隆	합동청사설계 (BA)	○				○	○		○								○										
本耕 一		○	○	○	○	○	○	○	○	○		○	○	○	○	○	○	○		○	○	○	○	○	○	○	○
木村雅一		○	○		○	○	○	○	○	○									○								
山口道孝				○																							
川口浩明			○	○	○	○	○	○	○																		
似内志朗	우체국 청사 (사업주체+BA)													○	○	○	○		○	○		○	○	○	○		○
飯島正						○																					
権田努		○	○		○	○	○	○	○		○	○	○	○	○	○		○	○								
上田耕二				○				○	○	○			○		○	○	○	○	○	○	○	○	○	○	○	○	
市村 真																				○							
伊藤 博	간이보험 시설 (사업주체)							○																			
関淳 夫																				○				○			
大浜 洋																										○	○
森山政与志		○			○	○	○	○	○	○	○	○	○	○	○	○	○	○	○								
伊東 洋		○			○	○	○		○	○		○	○	○	○		○		○	○	○	○	○	○	○	○	○
真鍋喜嗣	간이보험 시설 설계(BA)						○																				
安岡 満							○																				
木村喜考							○																				
三浦正樹	공제조합 복지시설 (사업주체)																									○	
栃久保隆				○	○		○	○	○		○																
猪俣誠司															○												
田口 武												○	○			○	○	○	○	○			○	○		○	○
木村博昭																								○		○	○
白石恭男	공제조합 복지시설 설계 (BA)																									○	
斉藤正晃																											○
錦織真二																										○	○
村田行庸																										○	○
大橋三千夫	경관디자인기획	○	○																								
篠克 美						○	○				○																
川越宏造						○	○																				
内田省三												○			○		○										
田中久義				○				○	○	○	○	○	○	○		○	○	○	○	○	○	○	○				

이 름	담 당	회의 횟수																									
		1	2	3	4	5	6	7	8	9	10	11	12	13	14	15	16	17	18	19	20	21	22	23	24	25	26
赤井 清	경관디자인기획																○										
寺内盛幸																	○										
加藤哲之															○												
長谷川英男																○	○	○	○	○	○		○	○	○	○	○
高澤清史																		○	○	○	○	○	○	○	○	○	○
土 田正宏																○											
鈴木 達																			○	○	○	○	○				
田中勝也																									○	○	○
堀江章浩																							○				
坂口雅紀																								○	○	○	○
鈴木光雄	느티나무 광장 사이타마 슈퍼 원형극장 (사업주체)						○	○	○		○																
村井靖彦												○	○		○	○	○	○	○	○	○		○				
田中久																								○		○	
吉田学								○	○		○	○	○		○												
沖本孝之																									○	○	○
中村克																								○			
松田完司							○			○													○	○	○	○	
吉田輝夫							○	○	○	○	○																
川越宏造												○		○	○	○	○										
今泉敏明																		○	○				○				○
牧野秀昭																								○			
亀井忠夫	사이타마 슈퍼 원형극장설계 (BA)						○	○		○	○	○	○	○	○	○		○		○							
小松康之									○														○	○		○	
山口祐一朗																								○	○		○
西島肇																			○								
佐佐木葉二	느티나무 광장 설계(BA)						○	○	○	○	○	○	○			○			○	○	○						
堤 肇									○	○	○																
長濱伸貴							○								○	○	○	○				○	○	○			○
楠本正幸							○	○	○	○	○	○	○	○		○	○	○			○	○					
坂上智之							○		○										○								
山田雄二							○	○	○	○		○		○	○	○				○	○	○					
斎藤博之													○										○			○	
山口和慶	구획정리 공공공간 (사업주체)					○	○	○	○		○	○	○	○	○	○	○	○	○	○	○	○	○	○	○	○	○
我妻三夫		○	○	○	○					○																	
泉鉄男													○	○		○	○	○		○		○	○	○			
平林義勝																										○	○
小池信子		○	○	○																							
石橋洋一					○	○	○	○	○	○	○																
鈴木孝弘												○	○	○	○			○	○	○	○	○				○	○
古坂藤吉																		○	○								
水野政之																										○	
山口登良三																		○	○								
国澤正明																							○			○	
佐藤方彦																						○				○	○
美根親志																							○				
藤本浩介																										○	

표 4-2-b 경관디자인조정회의 참석자 일람표

이 름	담 당	회의 횟수																									
		1	2	3	4	5	6	7	8	9	10	11	12	13	14	15	16	17	18	19	20	21	22	23	24	25	26
本城達也	공공공간설계 (BA)	○		○	○	○																					
常光考彦		○																									
水野　孝								○	○	○	○	○	○	○	○	○	○	○	○	○	○	○	○	○	○		
草間眞																○	○	○		○	○						
久間常生								○	○	○	○	○	○	○	○	○	○	○	○	○	○	○	○	○	○		○
塚原光顕																										○	
小塚文夫																	○	○	○		○		○	○			
大井庸子																				○							
岩田金成																								○			
高橋直哉																								○			
土屋善俊																							○	○		○	
須佐真明	지역냉난방센터 (사업주체)						○	○																			
小牧政之									○			○															
須山博治															○		○	○	○	○	○	○					
大島恵																										○	○
須田泰典	지역냉난방센터 (BA)							○	○	○	○	○				○		○		○							
今川俊文													○	○	○		○										
斎藤直道	JR신역 (사업주체)															○											
中内晃次郎																○											
難波壽治	JR신역 (BA)															○											
高田統弘																○											
竹林泰一郎	복합교통센터 (사업주체)																			○	○						
丸山紀男																				○							
笠井　修																				○							
山本光博																					○			○			
降籏哲人	JR호텔 · 자유통로설계(BA) 메이지생명설계 (BA) NTT도꼬모설계																			○	○	○	○	○			
藤井顕司																				○	○		○				
吉田雄史																								○			
伊藤輝夫																				○	○		○	○	○	○	
外山万佐幸																										○	
橋本律雄																				○	○		○				○
桐山龍一																								○			
永田泰弘	색채계획	○	○	○			○			○	○	○	○		○				○	○		○	○	○			
吉田慎悟		○	○					○	○	○	○		○	○		○	○	○			○				○	○	○
吉田英子				○	○	○						○			○	○	○	○	○								
友田　修	사인계획 퍼블릭 아트								○	○	○	○	○	○		○											
池村明生			○	○	○	○	○	○	○	○	○	○	○	○	○	○	○	○	○	○	○	○	○	○		○	○
宮崎一郎					○																						
川又一彦																										○	
大屋伸彦					○																						
中村利恵																	○	○		○	○	○			○	○	
庄子絵里												○	○	○													

이 름	담 당	회의 횟수																								
		1	2	3	4	5	6	7	8	9	10	11	12	13	14	15	16	17	18	19	20	21	22	23	24	25	26
藤島俊會	환경조형계획										○																
竹田直樹	전문조사위										○																
宮沢 功	사인설계 음향설계														○	○	○	○					○				
田中一雄															○		○	○	○	○	○	○	○		○	○	○
日比谷憲彦																○	○	○			○						
加藤完治																○	○	○	○	○	○	○	○	○		○	
渡邊優																										○	○
松岡智之																	○	○	○						○		
山口泰																										○	
岩井利信																										○	
古井亮太																										○	
高橋儀平	베리어프리																○										
伊藤彰人																	○										
近田玲子	조명계획																	○	○	○	○		○	○	○	○	○
小松さおり																		○	○	○							
野沢壽江																					○			○		○	○
檜崎龍夫	색채 · 사인 · 환 경조형계획	○	○	○	○			○	○	○			○	○	○	○	○	○	○		○	○	○	○		○	○
青木克彦					○	○	○		○		○	○					○			○				○	○		

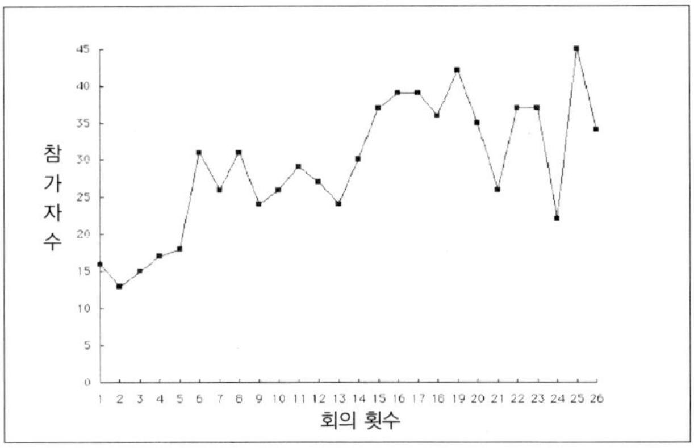

| 그림 4-8 | 회의 횟수와 참가자 수의 변화

4-2-2 설계조정대상

설계내용은 BA가 작성한 설계제안서에 그려진 배치도, 평면도, 단면도, 투시도, 시스템도 등에 기입된 도로변공간의 설계를 설명하는 설명문으로부터 설계대상을 추출하고, 조명, 식재, 포장의 종류별로 정리했다(그림 4-9, 10). 한편 조정회의에서 거론된 조정대상항목의 설계내용으로는 조명,

식재, 포장, 아트, 색채 등을 들고 있었지만 여기서는 이 중에서 3개 내용에 한정해서 분석하였다.

설계내용은 명사 혹은 명사구로서 주어가 되는 1개의 설계대상에 대하여 1개 술어의 조합으로 설계내용을 명시할 수 있는 1개의 문구가 구성될 때, 이를 1건의 설계내용으로서 추출했다. 그 결과 조명에서 385건, 식재에서 667건, 포장에서 651건으로 합계 1,703건의 설계내용을 추출할 수 있었다.

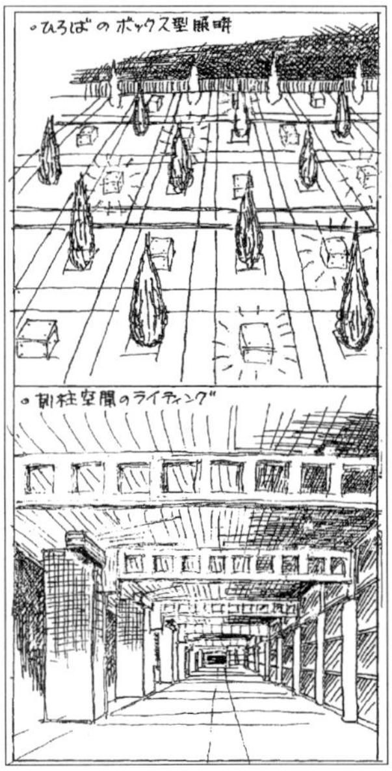

| 그림 4-9 | 우정성의 BA가 경관디자인조정회의에 제출한 도면의 일부/출처 : 경관디자인조정회의 자료

| 그림 4-10 | 사이타마 원형광장의 조정에서 작성된 투시도/출처 : 경관디자인조정회의 자료

4-2-3 조정작업의 분류

설계내용을 분석하면 13종의 설계조정작업으로 분류할 수 있다(표 4-4). 설계조정작업의 내용에는 표현, 종류, 사양으로서 설계내용을 나타내는 「전개」의 작업이 있었다. 또한 설계대상의 사양, 종류, 표현, 문제점 등의 결정기준을 제시하여 설계의 결정방법을 전달하는 「기준설정」의 작업이 있었다. 그밖의 사업주체나 유지관리주체 그 밖의 BA 등의 주체와 설계대상에 관한 협의 희망을 표명하는 「협의」의 작업도 보여 3종류에 분류할 수 있었다. 이러한 분류를 이용해서 도로변공간 각각의 대상 공간별 설계조정 작업의 순서를 기술했다. 하나의 사례로서 식재를 대상으로 한 설계조정순서의 일부를 제시한다(표 4-5).

표 4-4 BA 설계조정작업의 분류

설계조정작업	내용
「전개」	표현 제시 : 설계내용 전체의 정보를 제시한다. 종류 제시 : 설계대상 요소의 종류에 따른 정보를 제시한다. 사양 제시 : 설계대상 사양에 대한 정보를 제시한다.
「기준설정」	장소의 설정 : 접도공간이나 교차로공간 전체의 의미부여를 설정한다. 종류 기준 : 설계대상 요소의 종류에 대한 기준을 제시한다. 표현 기준 : 설계대상의 결정 기준을 제시한다. 사양 기준 : 설계대상의 요소에 대한 사양의 기준을 제시한다. 문제 제시 : 협의과정에서 BA간에 발생한 대립점이나 불일치점이 제시되어 설계의 기준을 제시한다. 평가 제시 : 계획안의 선악을 판단하는 것으로 기준을 부여한다.
「협의」	주체 응답 : 설계자 이외의 주체(사업주체 · 관리주체 등)와의 협의를 거쳐서 설계결정이 필요한 설계내용을 나타낸다. 위치 응답 : 설계대상의 위치에 대한 결정을 BA와 BA 사이에서 협의한다. 표현 응답 : 설계대상의 표현에 대한 내용을 BA 사이에서 협의한다. 종류 응답 : 설계대상의 종류를 특별히 정하기 위해서 BA 사이에서 협의한다.

| 표 4-5 | 설계조정순서의 분석 사례(식재를 대상으로 한 경우의 일부)

T4	종기 → 표기 → 표제 → 종제	S20	종제 → 표응 → 위제 → 표응 표제 표제
T5	종기 → 표제 위치 종제 効提	S7	종제 → 표제 → 표기 → 표제 → 위응 → 종제 ↑ 종응 위응 위응 표제
T6	종기 → 표제 위치 종제	S9	위응 → 위제 → 종기 → 종제 표제 표기 ↑ 효제 장설 장설 종제 위응
T7	표제 → 종제 → 표제 ↑ 종기	S10	종기 → 표제 → 위응 → 종제 → 표제 종제 ↑ ↑ 표제 표제
T8	종제 → 표제 → 위응 → 종제 ↑ 종응 위치	S11	표제 → 종기 → 표제 → 종제 종제 표기 ↑ 표응
T11	표제 → 위응 → 제위 → 종제 평가 위응	S16	표기
T12	표제 → 위응 → 표제 効提 종응 종제	S19	표기 → 효제 → 표제 → 종제 종기 종제 위제 표제
T22	표제 → 종제	S20	종제 → 종기 → 종제 표제 표기
T1	표제 → 종제	S20	종제 → 종기 → 문제 → 종제 표제 표기 ↑ ↑ ↑ 장설 장설 표제
T11	종제	S22	종제 → 위응 → 종제 위제 표응 ↑ 표제 문제 장설 ↑ 표제
T12	평가 → 표제 종응	S12	표제 → 종제 → 표제 → 종응 → 종제 문제
T2	표제 → 종응 → 표제 문제	S22	표응 → 표제 → 종응 → 종제 ↑ → 문발 종응 표기
T10	표제	S13	종기 → 표제 → 표제 → 표응 → 종제 장설 ↑ 종기 ↑ 표기 문제 장설 장설
T9	표제 → 종제 → 표제	S14	표응 → 종제 ↑ 장설
S3	표제 → 표응 → 표제 → 표제 종제 ↑ 장설		
S4	표제 → 표기 → 종제 종기 ↑ 장설		
S15	표제 → 표제 → 위응 → 표제 종제 종제		
S16	표기 → 표제 → 표제 효제 종제 종응		
S17	표기 → 표제 → 표기 → 평가 → 표응 종제 문제 위응 종응 평가 종기		
S18	표기 → 표제 → 종제 표제		
S17	표응		

凡例			
표현제시 : 표제	종류제시 : 종제	사양제시 : 사제	장소의 설정 : 장설
종류기준 : 종기	표현기준 : 표기	사양기준 : 사기	문제제시 : 문제
평가제시 : 평가	주체응답 : 주응	위치응답 : 위응	표현응답 : 표응
종류응답 : 종응			

4-2-4 설계조정순서의 유형

도로변공간의 설계조정순서를 정리하면 27개 유형의 순서가 있다는 것을 알 수 있다(표 4-6 왼쪽). 유형을 보면 조정순서는 1단계로 구성되어 있는 것에서부터 6단계의 순서를 경과하는 것까지 다양하게 구성되어 있다.

표 4-6 도로변공간 설계조정순서의 유형

설계조정순서의 유형	설계대상			
	식재	조명	포장	단순화한 유형
가→전 가→협→가→전 기·전→전 협·가→전 협·가→가→전 가→협→전 협→전 협→가→전	T4, T5, T6, S16, S18, S19 T12 S14	 T12 T4, T5, T7 S9, S22	T11, 22S T8 T10 S17 S14 S20, S17	초기에 제약 (21개)
협→전→협→전 가→전→협·가→협→전 가→전→협·가→전 가→전→협→전	S22 S13 S10	 S17 S16	 S20 S19	중기에 제약 (7개)
전→가→협→전→가→전 전→협·가→전 전→전·협→전 전→협→전→협 전→가→전 전→협→협·가→협→전 전·가→협→전→협	 S22 S20 S4, S7, S9, S11, S20	 S19 S18	T7 S17 T5, T6, S15, S18, S9, S10, S16 T12, T2, S11 S3	단속적인 제약 (22개)
전→기 전→협·기 전→협	S8	 S14 S7, S10, S20		후기에 제약 (5개)
협 기	S17 S16, S4	S17, S4 S16	S24 S16, S1, S4, S21	제약만(11개)
전	T7, T9, T13, T1, T11, T10, S1, S6, S5	T8, T9, T11, T12, T13, T1, T2, T10, S11, S12, S1, S6, S8	T12 S6, S5, S8	제약이 없음 (26개)
가→전→가→협	S17			그 외

주 1) 전 : 「전개」, 기 : 「기준설정」, 협 : 「협의」를 나타낸다.
2) 칸 내에는 도로변공간의 위치 기호(그림 6-2 참조)를 나타낸다.
3) 단순화한 유형의 칸 내의 숫자는 유형이 해당하는 개소수를 나타낸다.

대체적으로는 3~4단계에서 설계조정이 종료하지만, 전체적으로는 일정하게 정해진 순서가 없다는 것을 알 수 있다.

이러한 유형을 BA의 가장 중요한 설계 작업인 설계의 「전개」에 주목하면 「협의」와 「기준설정」은 설계내용에 제약을 주는 작업을 의미하므로, 이러한 2개의 작업을 설계의 「제약」이라고 정리할 수 있다. 여기에서는 「제약」이라고 한 설계조정작업의 구체적인 사례를 제시한다(표 4-7).

이상에서 분류한 「제약」과 「전개」를 이용하여 설계조정의 순서를 나누면 5가지 유형으로 단순화할 수 있다(표 4-8).

가장 많은 도로변공간의 항목에서 보이는 순서는 「제약」이 없는 유형(26개), 다음으로 단속적인 「제약」이 발생하는 유형(22개), 초기에 「제약」이 발생하는 유형(21개)이었다(표 4-6 오른쪽).

표 4-7 설계조정작업내용의 구체적인 사례

		설계조정작업	구체적인 사례
「제약」	「기준설정」	장소의 설정	나카센도우(中山道)의 입구로 한다.
		종류 기준	수종은 꽃이나 열매가 달리는 나무로 한다.
		표현 기준	광원은 연출성이 좋은 것으로 한다.
		사양 기준	고령자나 여성이 안심해서 걸을 수 있는 포장재
		문제 제시	조도변화는 곤란하다.
		평가 제시	자연에 가깝게 하는 사고방식이 명확히 나오고 있다.
	「협의」	주체 응답	점포에 상시 점등을 원하고 있다.
		위치 응답	배수구 위치를 조정을 하고 싶다.
		표현 응답	가로조명과 원형광장 조명을 조정하고 싶다.
		종류 응답	식재의 종류를 조정하고 싶다.

표 4-8 「제약」의 발생

	기본적인 유형
초기에 「제약」이 있다	(협)→전, (기)→전, (기)→전
중기에 「제약」이 있다	전→(협)→전 전→(협 · 기)→전 전→(기)→전
단속적으로 「제약」이 있다	(기)→전→(협 · 기)→전 (기)→전→(협)→전
「제약」만	(협) (기)
「제약」이 없다	전

주 1) ( )는 설계내용에 대한 「제약」의 발생
2) 전 : 전개, 기:기준, 협:협의

4-2-5 「제약」과 「전개」

설계조정순서의 초기에 「제약」이 발생하는 유형에서는 식재, 조명, 포장의 차이를 불문하고 같은 정도의 개수가 있었다. 설계대상을 불문하고 여러 가지에 대해 나타나고 있다. 순서로는 「기준설정」이 가장 빠른 단계에서 발생하는 경우가 많았고, BA 상호는 「기준설정」에 근거해서 「전개」하는 순서를 취하고 있다. 또 순서는 단속적인 「제약」이 있는 경우와 비교하면 짧다. 이것은 초기에 「제약」을 줌으로써 순서의 단축화가 이루어지고 있음을 나타내고 있다.

단속적으로 「제약」이 발생하는 유형에서는, 일단 「전개」한 후에 「제약」이 발생하고, 다시 「전개」하므로, BA가 실시하는 초기의 「전개」에는 설계의 시행(試行)이라는 의미가 나타나고 있다. BA 상호의 협의에 의해 설계의 시행(試行)이 순서적으로 발생한다. 시행(試行)의 의미를 가지는 「전개」가 발생하는 유형은 포장에서 많이 보이며 조명에서 적다. 조명의 경우 인접하는 BL과 직접 접하는 경우가 적고 자유롭게 설계내용을 「전개」해도 인접하는 BL에 주는 영향이 적으므로 시행(試行)의 필요성이 낮았던 것으로 보인다.

한편, 포장의 설계조정순서에서는 이웃하는 BA 상호가 직접 접하므로 충분한 시행(試行)이 필요하게 되고, 몇 번이고 「전개」와 「제약」을 반복하면서 설계를 조정하고 있다. 복수의 설계자가 집단으로 설계결정을 하는 국면에서 발생하는 「제약」은 설계의 시행(試行)을 만들어낸다. 설계조정순서의 후기에 「제약」이 보이는 유형은 특히 조명에서 많이 나타났다(그림 4-11). 조명은 다른 설계대상과 달리 미묘한 표현의 변화를 비교적 자유롭게 실시할 수 있다. 설계대상의 설계내용 변화의 자유로움의 차이에 따라서 「제약」이 발생하는 순서에 차이가 나타나고 있다. 「제약」만의 순서가 보이는 부분은 S16, S17(그림 4-2 참조)과 같이 인접관계가 복잡한 부분이나 S4와 같이 협의를 실시하는 상대가 없는 부분에서 나타난다. 결정이 복잡해지는 경우나 BA 상호의 협의가 성립하지 않는 경우에는 「제약」만으로 조정을 종료시키고 있다.

「제약」의 발생하지 않는 유형은 교차로공간에서 비교적 많이 보인다. 교차로공간은 조정회의에서 BA가 개성을 발휘하는 것이 협의되어 결정되었다. 「전개」만의 순서를 가졌다는 점에서, 개성적인 디자인이 실현되도록 설계가 진행되었다고 생각된다.

그림 4-11 조명의 조정으로 작성된 CG사례/출처 : 경관디자인조정회의 자료

4-2-6 「전개」의 흐름

BA의 중요한 설계작업의 하나인 설계의 「전개」순서를 조사하기 위해 설계작업에서 공간의 단위별로 내용의 발생 순서만을 가지고 순서의 전후관계로 조사했다. 분석은 조명, 식재, 포장의 영역별로 건수를 조사했다. 그 결과 표 4-9를 얻을 수 있었다. 각각의 조정순서 속에서도 건수가 많고 특징적인 순서를 그림으로 나타내면 그림 4-12와 같다.

표 4-9 조정작업의 전후관계

작업단위 순서의 조합	조 명			식 재			포 장		
	교차로	가로	소계	교차로	가로	소계	교차로	가로	소계
표현→사양	8	3	11				3	6	9
표현→위치					3	3		1	1
표현→종류	1		1	8	18	26	1	5	6
표현→표현	2	6	8	2	11	13		1	1
표현→효과									
사양→표현	1	1	2					2	2
사양→위치									
사양→종류							10	12	22
사양→사양	4	1	5				2	3	5
사양→효과									
위치→표현		2	2		2	2			
위치→사양									
위치→종류	1		1		5	5		1	1
위치→위치	1		1		1	1			
위치→효과					1	1			
종류→표현		1	1	3	9	12	2		2
종류→사양							3	4	7
종류→위치					2	2			
종류→종류					5	5	1		1
종류→효과									
효과→표현				1	2	3			
효과→종류									
효과→위치					1	1			
효과→사양									

주) 숫자는 순위의 발생 건수.

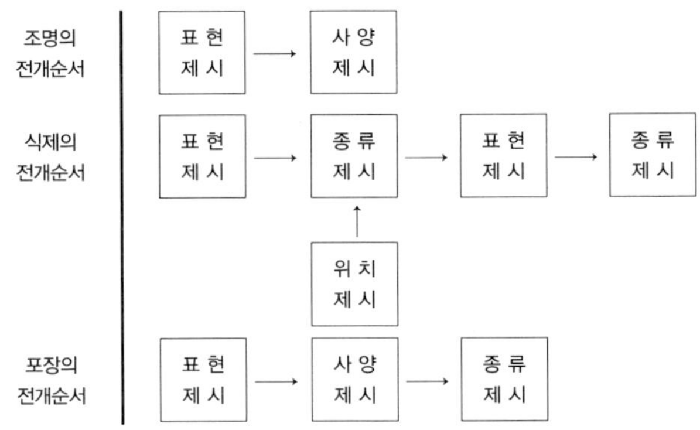

그림 4-12 설계조정 프로세스에서 「전개」의 순서

식재는 초기에 표현을 제시하고 다음으로 위치의 정보도 나타내면서 종류를 제시하고 있다. 그리고 다시 표현과 종류가 반복되고 있었다. 식재는 표현과 종류의 「전개」가 중심이며, 최종국면에서 종류를 결정하는 것으로 환경형성의 내용을 결정짓고 있다. 조명은 표현과 사양을 제시하는 단순한 순서를 취하고 있는데, 조명의 사양을 정하는 것이 최종적인 합의내용이다. 포장에서는 표현을 제시하고 다음으로 사양을 제시한다. 그리고 마지막에 종류를 제시해서 순서를 종료시킨다(그림 4-12).

「표현의 제시」는 설계대상을 불문하고 순서의 초기에 발생하지만, 그 후는 설계대상의 차이에 따라서 다양한 순서를 거친다. MA는 의장으로서 협의의 최종국면에서 설계내용의 합의 형성을 실시했으므로, 식재와 포장은 조정의 최종국면에서 그 종류가 MA가 관여하는 조정대상이 되었고, 조명은 사양이 조정의 최종국면에서 MA의 관여하는 조정대상이 되었다고 할 수 있다(그림 4-12).

4-3 설계 결정단계에서의 「제약」

설계내용의 결정단계에서 설계대상에 주는 「제약」을 조사하기 위해, 「제약」을 주는 설계대상과 「제약」을 받는 설계대상을 설계내용으로부터 추출하여, 설계대상이 「제약」을 주거나 「제약」을 받아들이거나 하는 관계(이하, 「제약」관계)를 정리해서 관계의 발생 건수를 조사한 바 351건의 「제약」관계가 발생하고 있었다(표 4-10).

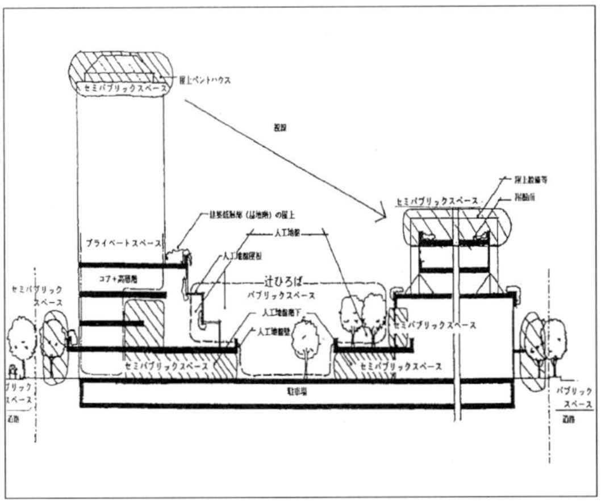

| 그림 4-13 | 디자인의 관계를 나타낸 모식도/출처:경관디자인조정회의 자료

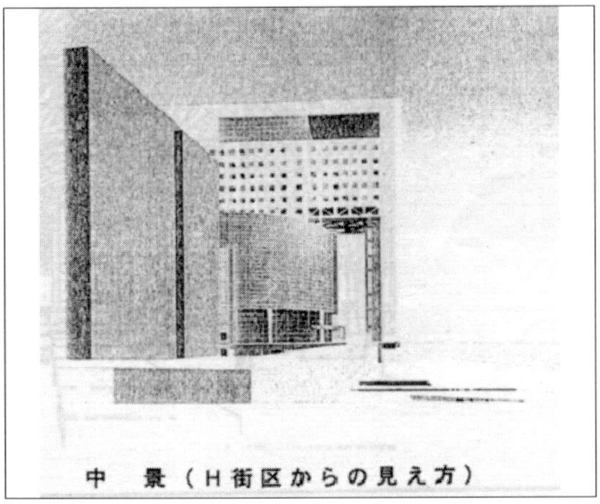

| 그림 4-14 | 투시도에 의한 검토/출처:경관디자인조정회의 자료

| 표 4-10 | 설계대상 상호에 발생한 「제약」의 건수

「제약」을 준 설계 대상 ＼ 「제약」을 받은 설계 대상		단위공간계							광역공간계		요소계				건축물계		식재계				소계	합계
		교차로횡단보도	도로/보도	도시고속국도	데크	다른BL내외부공간	BL내외부	출입구	자체BL전체	다른BL외부	수로/얕은여울	스트리트퍼니처등	환경예술작품	외부조명	건축내부	건축물부분/전체	교차로식재	가로식재	BL내식재	다른BL내외부공간		
단위공간계	교차로횡단보도	4	1				11	2										2			20	115
	도로 · 보도		1	3	1	1	31										1	3	1		42	
	데크+계단						3		1					5					1		10	
	쌈지공원		2																		2	
	다른BL내외부공간		3			1								2							6	
	BL내외부공간		23								5			1							29	
	출입구공간		5															1			6	
광역공간계	자체BL전체	1	3							4											8	24
	다른BL	2							4						1			1			8	
	주택지	3														1		1			5	
	대지 전체	3																			3	
요소계	수로 · 얕은 여울		2				2														4	46
	SF 등		1																		1	
	예술작품						5								2						7	
	내부조명					5															5	
	외부조명		8		1									1		11		4			25	
	신호기													4							4	

「제약」을 받은 설계 대상 / 「제약」을 준 설계 대상		단위공간계							광역공간계		요소계				건축물계		식재계					
		교차로횡단보도	도로/보도	도시고속국도	데크	다른BL내외부공간	BL내외부	출입구	자체BL전체	다른BL외부	수로/얕은여울	스트리트퍼니쳐등	환경예술작품	외부조명	건축내부	건축물부분/전체	교차로식재	가로식재	BL내식재	다른BL내외부공간	소계	합계
건축물계	건축내부공간		17	1			1	3					5					5	1		33	80
	건축물부분 · 전체		9		2	1	3	1				2	1					21	7		47	
식재계	교차로식재																	1			1	26
	가로식재													1					3		4	
	BL내식재		4				1											11	1	4	21	
사람공간계	가로 · 보도 보행자		1				2		1			1				6		11	4	2	28	26
	데크 보행자		2															6	1		9	
	광장 보행자			1															1		2	
	차량								3			3						12	2		20	
	근린주민					1															1	
	소 계	13	82	5	4	9	59	6	9	4	5	6	6	14	3	18	1	77	24	6		
	합 계	178							13		31				21		108				351	

주) 칸 안의 숫자는 관련되는 설계대상의 건수를 나타내고 있다.

4-3-1 「제약」을 준 설계대상

「제약」을 준 건수를 보면 「도로 · 보도」와 「BL 내 도로변공간」이 가장 설계대상에 「제약」을 많이 주고(115건), 다음으로 「건축물」이 「제약」을 주었다(그림 4-13). 「제약」을 준 측에는 도시공간을 이동하는 인간의 시점인 「페디스트리언」의 건수도 많이 보였다. 보행자나 차량으로부터의 시선이 MA에 의해 제시된 후에 설계대상에 「제약」을 주었다(그림 4-14).

4-3-2 「제약」을 받은 설계대상

「제약」을 받은 설계대상을 보면 「지구(地區)공간」과 「건축물」의 관계에서 건수가 가장 적다. BA 상호간의 협의내용만으로는 「지구(地區)공간」이나 「건축물」에 대한 「제약」이 충분히 일어나지 않고 있다는 것을 알 수 있다. 이러한 것에서부터 BA 상호간에 의한 협의에 한계가 있음을 알 수 있다. 또 「식재」는 「제약」을 받는 건수가 많았다. 「식재」는 설계대상에 대하여 「제약」을 그다지 주지 않으면서, 반대로 「제약」을 받아들임으로써 설계대상 상호간의 관계를 조정하는 역할을 하고 있다.

4-3-3 「제약」의 발생 순서

설계대상에 대한 「제약」의 발생 순서를 파악하기 위해서, 4회마다의 경관조정회의를 1개의 단계(phase)로 보고, 20회의 조정회의를 Ⅰ~Ⅴ의 5단계로 나누어 각각의 단계별로 발생한 「제약」관계의 건수를 정리하면 표 4-11을 얻을 수 있다. 그리고 건수가 많은 특징적인 설계대상을 추출해서 「제약」관계의 발생 순서를 정리하면 그림 4-15를 얻을 수 있다.

설계조정 순서의 초기에는 「페디스트리언」이 「식재」에 「제약」을 주고, 「식재」는 「대지공간」의 설계내용에 「제약」을 주고 있다(단계Ⅰ). 다음 단계에서는 「건축물」이 「식재」에 「제약」을 주지만, 「식재」끼리도 상호 「제약」을 서로 주고받으면서 「대지공간」에 「제약」을 주고 있는 경향이 보였다(단계Ⅱ). 중기에서는 「대지공간」 상호에 「제약」이 발생하지만(단계Ⅲ~Ⅳ), 이 시기에 「건축물」은 「대지공간」에 「제약」을 주고 있었다(단계Ⅲ). 후기가 되면 「예술 · 공작물」 등의 「요소」가 「건축물」로부터 「제약」을 받지만, 동시에 「대지공간」에 「제약」을 주고 있었다(단계Ⅴ).

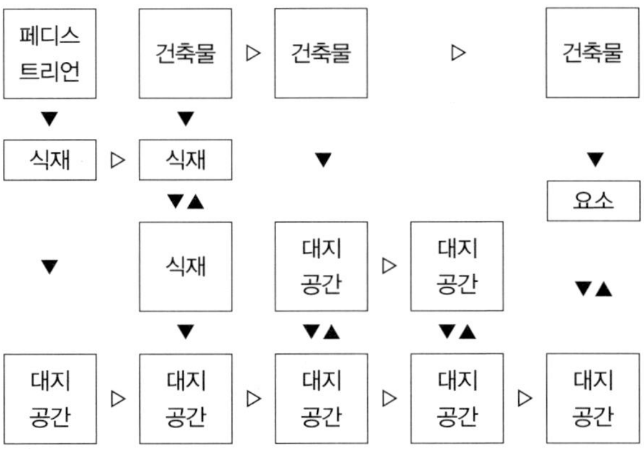

▼ : 「제약」이 부여된 방향을 나타냄.
▷ : 조정설계 순서의 흐름.

그림 4-15 설계대상에서 「제약」의 발생 순서

이와 같이 「대지공간」에서는 여러 가지 설계대상의 「제약」을 항상 받으면서 설계조정의 순서가 진행되고 있다(그림 4-16). 「대지공간」은 설계대상끼리의 「제약」관계를 항상 유지하는 역

할을 한다. MA는 조정회의에서 경관유도항목의 하나로서 초기에 휴먼스케일이라고 하는 「기준설정」을 제시했다. MA가 제시한 이 내용은 BA끼리의 협의에 있어서 초기의 「제약」으로써 받아들여졌다. MA가 준 「제약」을 출발점으로 하는 「제약」의 연쇄가 발생하고 있었다.

| 표 4-11 | 단계별 「제약」의 건수

「제약」을 받은 설계 대상 / 「제약」을 준 설계 대상	단위공간계					전체공간계					요소계					건축물계					식재계				
단계	I	II	III	IV	V	I	II	III	IV	V	I	II	III	IV	V	I	II	III	IV	V	I	II	III	IV	V
단위공간계	2	1	2	2		1		1			2	1			5							1	7		
		1	7	5													2								
전체공간		3				1	1									2						2			
요소계	4		3		7										3						4				
건축물계	3		1	1								2			4							7	1		
			4																				6		
식재계	6										1										2	6	6		
인간계	4	1	2				1	2			1	2					3	3				9	2		

다양한 「제약」관계에서 설계가 결정된다.

| 그림 4-16 | 느티나무 광장의 투시도/출처 : 제6회 경관디자인조정회의 자료

4-3-4 「제약」관계의 연쇄

「제약」관계의 발생 건수가 많은 설계대상의 조합을 보면, 「도로 · 보도」가 「BL 내 외부공간」에 「제약」을 주는 건수가 가장 많았고, 그 반대에 해당하는 「BL 내 외부공간」이 「도로 · 보도」에 「제약」을 주는 건수가 다음으로 많았다. 「건축물의 부분 · 전체」가 「가로수목」에 「제약」을 준 건수도 많았다(표 4-9).

「도로 · 보도」와 「BL 내 도로변공간」은 서로 「제약」을 서로 주고받는 관계에 있으며, 이러한 2개의 설계대상이 BA 상호 협의의 중심과제가 되어 있었다. 「건축물」과 같이 일방적으로 「제약」을 주기만하는 설계대상도 있는데, 이것은 「건축물」의 설계가 선행되고 있었던 것에 따른다. 설계시기가 선행되는 설계대상은 후속되는 설계대상에 「제약」을 주고 있었다. 이러한 설계대상간의 관계를 정리해서 그림으로 표시하면 아래와 같다(그림 4-17). 「대지공간」상호간에 「제약」관계가 발생하고 있어, 설계대상체 연쇄의 요점이 되고 있다. 「대지공간」을 축으로 하여 설계대상은 서로간에 「제약」관계를 형성하고 있다. 또 「페디스트리언」과 「건축물」은 「식재」에서 상호가 관련되어 부딪히고 있다. 하나하나의 설계대상은 각각 다른 설계대상과 「제약」관계로 결부되고 있다.

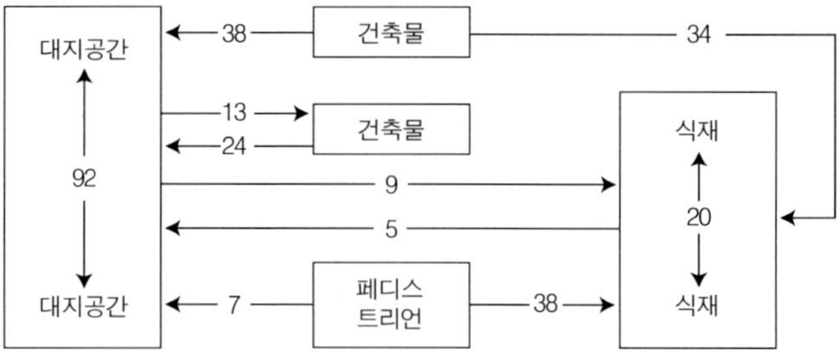

주) 숫자는 「제약」의 건수를 나타냄.

| 그림 4-17 | 설계대상 상호 「제약」의 연쇄관계에 의한 연대

4-4 「제약」관계

4-4-1 「제약」의 역할

도로변공간의 설계조정순서는 13종류의 설계조정내용에 의해 구성되고 있고, 그것들은 설계조정순서에서 각각 「전개」「기준설정」「협의」의 설계조정작업이라는 역할을 하고 있다. 설계조정의 순서는 이것들의 조합에 의해 복잡한 유형을 만들어내고 있다. 설계조정은 정해진 순서가 없지만, 설계조정순서의 초기에 「제약」이 있고 후기에 「전개」하는 유형, 「전개」와 「제약」이 단속적으로 발생하는 유형, 초기에 「전개」하고 후기에 「제약」을 주는 유형, 「제약」만을 가지는 유형, 「제약」이 없는 유형의 5가지가 있다는 것을 알 수 있다. 유형분석으로부터 「제약」은 프로세스의 단축을 초래할 수 있는 것과 설계프로세스에서는 초기의 「전개」를 설계의 시행 작업으로 의미를 부여하는 역할을 하고 있다는 것을 알았다. 또한 「제약」은 설계대상의 변화의 자유도에 따라 발생하는 시기에 차이가 생긴다. 설계대상의 개성화를 추구할 때 「전개」를 중심으로 하는 순서를 밟음으로써 설계대상에 대한 디자인의 개성화를 진행시킨다. 한편 「전개」는 설계대상에 따라 다양한 순서를 통해서, 식재와 포장은 종류에 대해, 조명은 사양에 관해 MA가 관여하는 합의형성에 따라 설계가 결정된다.

그림 4-18 대지공간 상호의 조정결과

4-4-2 상호의 「제약」

문제해결에 있어 프로세스 공학에서는 「제약」은 어떤 목적에 따른 해답을 얻기 위해 필수불가결한 작업으로 여겨지고 있다. 설계조정순서에서 「제약」은 자율적인 「제약」이 아닌, MA나 다른 BA, 각 전문가가 존재함으로써 생겨나는 타율적인 「제약」이다. 특히 MA가 제시하는 「제약」은 초기의 조정순서에 한정하여 작용하고, 중기 이후의 협의로 연결된다. 「제약」은 반드시 설계조정의 전제로서 주어지는 것이 아니고, BA 상호가 협의를 하는 중에 BA가 설계하는 설계대상에 의해 발생한다. 설계대상이 초래하는 「제약」은 설계조정순서 속에서 설계대상간의 유기적인 관계를 만들어 내고 있다.

BA는 인접하는 대지공간끼리의 관계를 중심으로 설계조정을 실시하지만, 거기에서 생겨나는 「제약」이 여러 가지 설계대상에 연쇄해서 도로변공간 전체를 형성하고 있다. 일괄적인 설계내용의 조정이 아닌 자율적인 부분의 형태를 중심으로 하여 서로 주고받는 「제약」관계가 설계조정 속에서 형성되고 있다는 것이 밝혀졌다.

마지막으로 각각의 작업단위마다의 순서관계 분석으로부터 결과를 종합해서 기술하면, 제시작업은 이하의 순서(Critical Path)를 밟고 있는 경우가 많다는 것을 지적할 수 있다. 자율적으로 설계를 진척시키는 BA가 서로 다른 BA의 설계전개와 조정하면서 자기의 설계를 전개시켜 가는 설계의 시스템이 MA방식에 보인다. 이러한 상호조정의 시스템은 소위, 인접 동지간의 관계가 전체가 되는 자립분산시스템에 가까운 구조이며, 그것이 BA 상호의 응답에 있다고 할 수 있다.

표 4-12 설계연휴의 순서(Critical Path)

· 제약설계전개의 CP가 진행한다.
· 협의만을 가지고 CP가 진행한다.
· 제약에 입각해서 전개한 것으로 설계를 결정한다.
· 협의에 입각해서 전개한 것으로 설계를 결정한다.
· 일단 제약을 주는 도중에 전개하고, 그 후 제약, 협의를 실시하고 최종단계에서 다시 전개한다.
· 제약만을 정하고, 제약을 따라 설계를 결정한다.

제 3 부

설계 전개프로세스의 고찰

MA방식의 환경설계 프로세스에서는 설계전개의 단계에서 설계지침(마스터플랜과 디자인코드)을 이용할 수 있다. 여기서는 설계지침의 운용방법과 그 결과에 있어서의 역할을 조사하기 위해, 시가현립대학의 설계사례를 중심으로 청취(hearing)조사내용을 근거로 하여 블록아키텍트(BA)가 설계지침에 입각하여 해석한 내용을 분석한다. 이를 통해 MA방식에서 설계지침을 이용한 설계방법을 명확히 밝히고자 한다.

제 5 장 설계지침의 역할

5-1 대상

5-1-1 대상사례의 개요

시가현립대학은 「새로운 시대를 개척하는 사람만들기」를 목표로, 시가현립 단기대학의 4년제 변경에 따라 설립이 결정되었다(그림 5-1). 대학의 기본이념은 학술 중심으로서 미래를 지향한 고도한 학예와 유구한 역사나 풍부한 자연, 풍토에 배양된 문화를 깊게 연구함과 동시에 미래의 시대를 개척하는 넓은 시야와 풍부한 창조력, 선진적인 지식, 기술을 가진 인재의 양성이다. 그리고 지역주민의 지적욕구에 호응하는 평생학습의 기회 제공이나 지역환경의 보전, 학술문화의 진흥, 산업의 진흥 등, 시가현의 지속적 발전의 원동력에 기여하는 것을 사명으로 하고 있다. 풍부한 인간성의 배양과 사회경제환경의 변화에 대한 풍부한 발상이나 기초적 지식 · 기술을 몸에 익힌 창조적인 인재의 양성을 종합적으로 추구하는 4년제 교육을 방침으로 하고 있다. 건축물은 주변풍경이나 자연환경 및 지역사회와의 사이에서 조화가 잡힌 대학경관을 형성하고, 건학이념의 구상화를 목표로 하고 있다(그림 5-2). 건축물은 각각 높은 기능성을 발휘하고, 또한 각 시설간의 유기적 연계, 용이한 이용성을 충분히 배려하여 정비할 것, 시설의 인테리젠트(intelligence)화, 장기적인 변화, 발전에도 유연하게 대응 할 수 있도록 목표가 설정되었다. 학생 · 교직원 외에 본 대학의 교육연구에 참가하는 모든 사람들의 교류를 위한 시설이나 캠퍼스의 개방 · 이용에 배려할 것을 지향하였다.

그림 5-1 시가현립대학의 위치

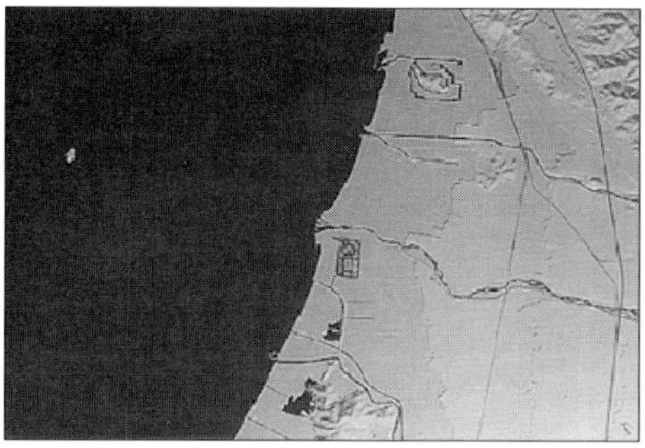

▌그림 5-2▐ 주변지형의 모형/출처 : 內井昭藏建築設計事務所資料

▌그림 5-3▐ 시가현립대학 전경/출처 : 內井昭藏建築設計事務所資料

5-1-2 부지분할과 설계자의 선정

전체 대지는 BA가 설계를 담당하는 4개의 개별 대지와 그 이외의 뉴트럴 존(neutral zone)의 5개로 분할되었다. 개별 대지는 MA가 설계하는 뉴트럴 존을 가운데에 두고 각각 접하고 있다. 대지는 A블록, B블록, C블록, D블록으로 하고, A-BL, B-BL, C-BL, D-BL로 명칭을 설정하였다(그림 5-4).

BA는 MA가 심사위원의 한사람으로서 참가한 프로포절(proposal)방식에 의해 아트리에적인 4명의 건축가가 운영하는 설계사무소(A-BA, B-BA, C-BA, D-BA로 칭한다)가 선정되었다. MA에는 사업자 시가현으로부터 건축가 우찌이(內井昭藏)씨가 임명되었다.

설계의 전제에 있어서 MA와 BA에게는 다음과 같은 역할이 주어졌다. MA는 뉴트럴(neutral)블록(이하 N-BL)이라고 하는 외부공간의 설계를 담당하고, BA는 개별 대지의 건축물이나 그 외부공간의 설계를 담당했다. 한편, 설계지침(DC와 MP)은 MA와 BA간의 계속된 협의를 통해 만들어지고, 필요에 따라 수정·보완되었다. DC는 설계자의 자유스러운 발상을 속박하기 위해서 존재하는 것이 아니라 MA와 BA가 공유해야 할 이미지를 서로 주고받는 수단으로 이용되었다.

한편, 제원은 아래와 같다.

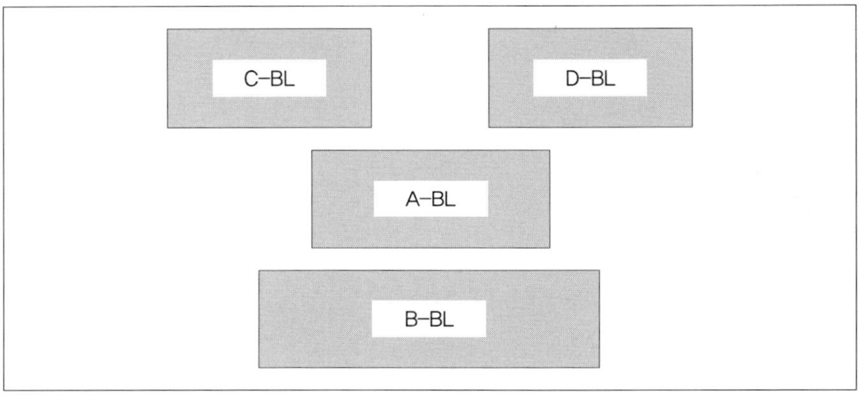

: 블록아키텍트의 설계범위
: 마스터아키텍트의 설계범위

그림 5-4 설계범위의 모식도

표 5-1 MA와 BA의 역할

건축가	역 할
MA의 역할	1. 건축주(대학개설준비위원회)의 의견을 대변해서 계획 전체를 통합한다. 2. 전체의 이미지컨셉을 기초로 MP를 작성한다. 3. MP에 의거하여 각 B A에게 DC를 제시한다. 4. MP에 의거하여 각 BA의 제안을 수시로 조정한다. 동시에 MP에 의거해 각 BL간의 상호작용의 조화를 조정한다.
BA의 역할	1. 디자인의 제시 2. 각 BL의 시설설계 3. 각 BL의 외부설계 및 공사관리

표 5-2 제원

사례명칭	시가현립대학
장소	滋賀県彦根市八坂町
사업주체	시가현
용도	종합대학
조정기간	1992년~1996년(개학)
조정주체	内井昭藏+MAWG
설계주체 (블럭 시설내용)	A-BL : 공동강의실동 시설의 도서정보센터(아트리에적인 설계사무소) B-BL : 환경과학부, 농장관련시설 C-BL : 인간문화학부, 대학교류센터 D-BL : 공학부, 체육관 외부 : MAWG, 시가현설계감리협회(랜드스케이프를 설계하는 N-B)
컨셉	완만한 통일

주) MAWG는 内井昭藏건축설계사무소+川元明春건축설계사무소+久間常夫건축설계사무소로 구성.

표 5-3 각 BL의 제원

BL / 제원	A	B		C		D	
	강의동 등	환경과학부	실험실습학부	인간문화	교류센터	공학부	체육관
부지면적(㎡)	22082	17493	10723	15369	5657	18270	13482
건축면적(㎡)	12567	6100	2899	3947	2801	5394	3579
연면적(㎡)	22183	14440	3213	7630	3296	10989	3917
건폐율(%)	56.9	34.9	27	25.7	49.5	29.5	26.5
용적율(%)	100.5	82.5	30	49.6	58.3	60.1	29.1

5-1-3 설계방법과 스케줄

설계내용은 조정회의에서의 협의를 통해서 결정되었다. 조정회의에는 개별조정회의와 전체조정회의가 있었다. MA, BA, 사업자인 시가현의 담당자가 모두 참가해서 열린 것이 전체조정회의다.

BA 측에서는 그 설계조직의 대표자와 조직의 구성원(직원)이 참가했다. 한편 개별조정회의는 MA와 BA가 원칙적으로 1대1로 대응하는 회의이며, 설계조직의 대표자와 구성원이 MA와 직접 설계내용을 협의했다. 설계내용은 전체조정회의에서 차례대로 결정되어 졌다.

전체조정회의는 기본설계단계부터 준공시까지 1개월에 1회 정도의 빈도로 27회가 개최되었다. 개최 기간은 1992년 9월부터 1996년 5월까지이다. 이 기간동안의 설계프로세스를 분석대상으로 삼았다. 한편 설계 스케줄은 그림 5-5와 같다.

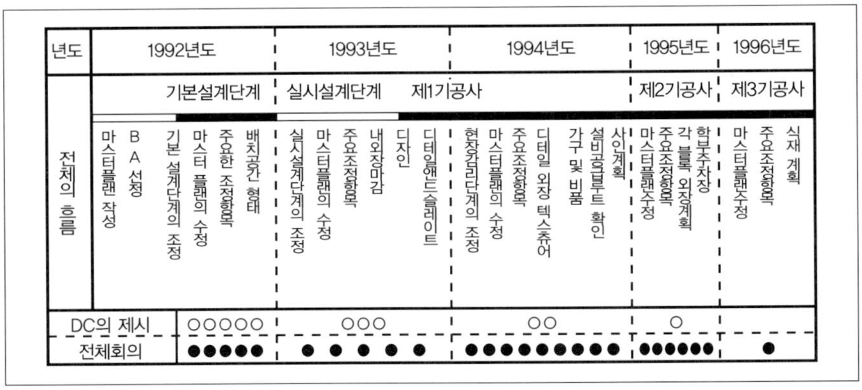

▌그림 5-5▐ 설계 스케줄

5-1-4 설계지침의 내용

시가현립대학의 환경설계 프로세스에서는 설계지침으로서 디자인코드(이하 DC)와 마스터플랜(이하 MP)이 이용되었다. 시가현립대학에서 MA방식을 도입하기 전에 미나미오사와 15주구(제3장 참조)에서도 이미 설계지침이 이용되었지만, 설계전개과정에서 많은 제약을 부여한 결과 각 건축물의 설계내용은 그 유사성이 높아졌다. 그래서 보다 다양성이 있는 건축 집합체를 설계하기 위해 설계지침의 작성에서는 규정내용을 적게 하는 것과 규정내용이나 그 방법을 약화시키는 것이 의도되었다(그림 5-7, 8, 9, 10).

설계지침은 그림 5-6에 나타난 키워드로 구성되었다. 환경설계 프로세스에서는 MA에서 BA에게 설계지침이 제시되고, 최종적으로는 수많은 설계지침이 만들어졌지만, 여기서는 건축물과 외부환경의 설계에 관련되는 주요한 DC와 MP에 한정하여 분석하였다. 설계지침의 요점을 정리하면, 전체적으로 공통되는 내용(표 5-4, 5, 6)과 BL의 독자적인 것(표 5-6)으로 정리할 수 있다.

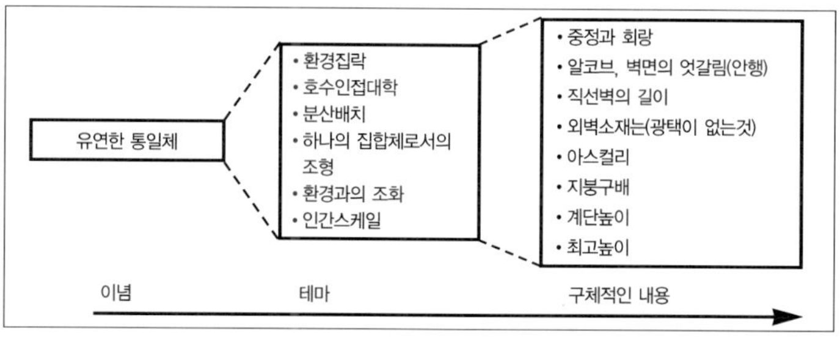

| 그림 5-6 | 설계지침의 구성

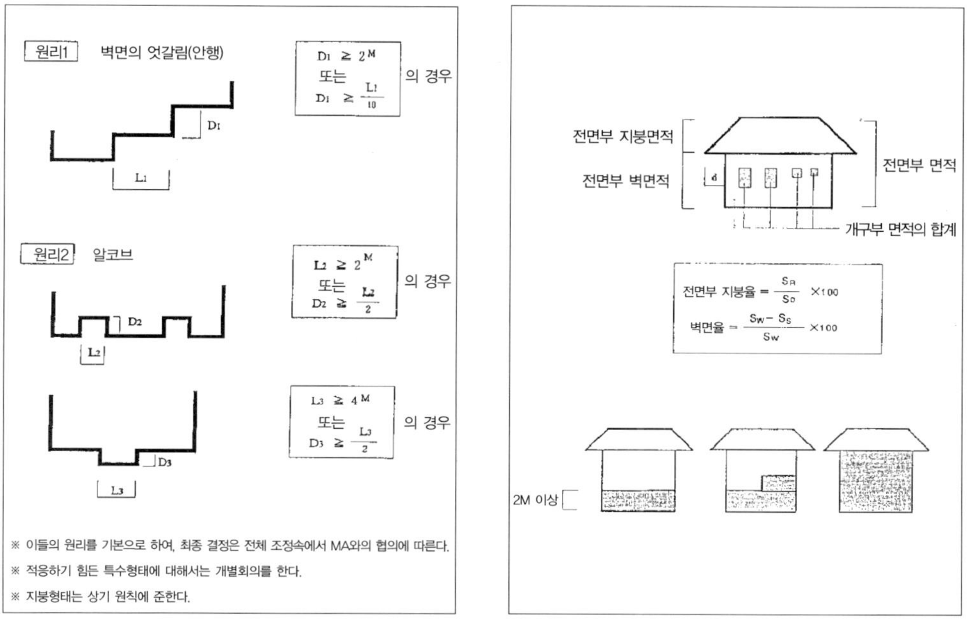

| 그림 5-7 | 벽면의 설계지침/출처 : 內井昭藏건축설계사무소 자료

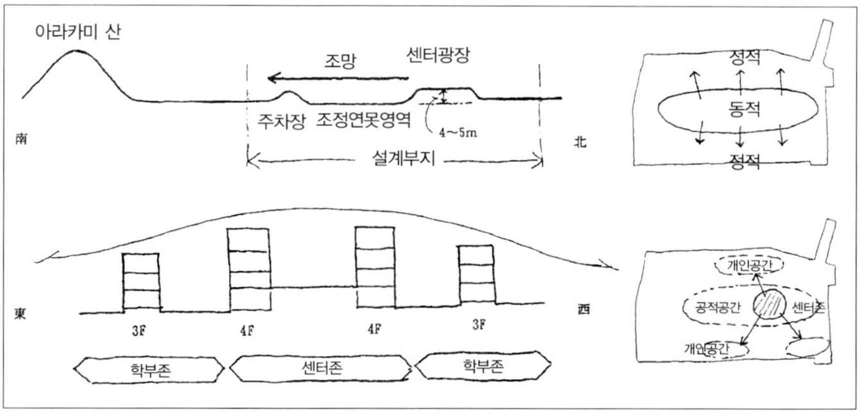

| 그림 5-8 | 전체의 설계지침/출처 : 內井昭藏건축설계사무소 자료

표 5-4 전체를 대상으로 한 설계방침

조닝	· 아카데미 영역, 스포츠 영역, 연구농장으로 분할. · 대지 전체를 12개의 존으로 분할하고, BA가 설계하는 A, B, C, D블록과 조경가가 설계하는 N블록으로 분할.
구성	· 축선 : 하쯔사카쵸의 도시축, 아라카미야마로의 경관축 등 주변 환경의 축선을 배치에 이용. 아라카미야마와 북측의 확장예정용지를 묶는 축을 중심축으로 한다. 중심축상에서 아라카미야마의 조망을 살린다. · 네트워크 : 조경계획, 시설계획, 설비계획 등 여러 가지 레벨에서의 물의 이용, 물의 네트워크 형성. 경계에 수공간이나 좁은 길의 역할을 하는 공간을 설치하여 계층을 명확히 한다. · 전체단면 : 센터광장의 레벨을 주변보다 4~5m 높게 해서, 아라카미야마로의 조망을 확보. · 연구농장 및 경기장존은 조정연못으로서 기능하도록 지반레벨을 낮춘다. 대지의 외곽에서 중심으로 향하게 건물의 높이를 높여서 중심성과 조망을 확보.
이미지	· 대학을 하나의 유기적인 커뮤니티 "취락(聚落)"으로 보고, 마스터플랜의 작성에서는 그 이미지를 기초로 개성적인 각 부분의 집합체가 유기적인 질서를 가지도록 한다. · 호수인접지역의 대학으로서 물의 고향의 이미지를 수용하고, 물이 테마인 물의 고향 학원을 목표로 한다.
설계목표	· 대지에 각 시설을 분산 배치. · 각 시설의 개성을 높이고 변화와 상징성이 있는 풍경을 형성. · 각 시설 사이에는 녹음을 주체로 한 완충존을 설치하여 환경보전과 자연과의 조화를 도모. · 시설 전체가 자연에 융화되고, 인간적인 스케일로 파악될 수 있도록 건물을 작게 분절화하고, 집합으로서의 세심한 조형을 목표로 한다. · 지역의 풍토, 환경과의 다면적인 결합을 배려하면서, 주위의 촌락환경, 경관, 풍경 등과 조화된 안정감이 있는 조경과 시설정비를 실시한다. · 빛, 바람, 물 등의 자연을 조경, 시설에 적극적으로 수용한다. · 주위의 촌락이나 자연의 스케일에 조화된 휴먼스케일을 기본으로 하는 조경, 시설설계.
그 외	· 센터존에서 외곽을 향해 동적공간에서 정적공간으로의 위계를 형성. · 주 접근로, 교통계획의 설정. · 학원의 시설은 센터광장을 중심으로 결합된다.

| 표 5-5 | 개별 건축물과 대지를 대상으로 한 설계지침

구분	항목	내용
대지	분할의 경계선	· 경계선은 도로, 수로로부터 1m 안쪽으로 하고, 특수한 경우를 제외하고는 뉴트럴존(neutral zone)으로 한다.
	대지	· BA의 대지는 뉴트럴존을 끼고 각각 접하게 한다.
건축물	계산 방법	· 계획 바닥면적 계산방법, 계획 바닥면적 조건의 설정.
	벽면	· 알코브, 안행(雁行). · 직선벽의 길이를 A는 50m 이내, B · C · D는 30m 이내로 한다(체육관 등을 제외).
	최고 높이	· 최고 높이는 협의에 따른다.
	처마 높이	· 최상층의 처마 높이는 2.5~3.5m
	층고	A–BL 1층 5~6m, 2~4층 3.5~4m B · C · D–BL 1층 4~4.5m, 2~3층 3.5~4m
	지붕 소재	· 소성기와의 사용, 단면형상은 BA의 제안에 맞춰 협의. · 협의를 통하면 부분적으로 기와 이외의 것을 사용할 수 있다. · 기와 이외의 경우에는 반사하는 재료는 피하고, 어울리기 쉽도록 배려.
	지붕 구배	· 기와의 경우 A : 8/10~10/10, B · C · D : 4/10~6/10 · 다른 소재의 경우(체육관 등은 제외)에는 협의.
	외벽 소재	· 자기질, 석기질 타일붙임(빛나지 않는 것), 모래뿜칠 붙임재, 회흙 바름, 노출콘크리트. 다만 중정 쪽은 자유.
	건축 구조	· 내화구조로 한다.

| 표 5-6 | 각 블록을 대상으로 한 설계지침

블록	항목	내용
A블록	전체	· 주위에 각 학부를 배치, 환호(環壕)의 중심에 센터광장을 설치한다. 관리동, 공동강의동, 학생회관, 도서정보센터 등의 시설로 구성한다(대학의 중심시설). · 마스터플랜 이미지의 반영.
	센터 광장	· 공공성이 높은 시설을 주위에 배치한다. 북쪽에 장래의 아카데미 지역의 확장을 고려하여 교류존을 마련한다. 학원의 중심이 되는 커뮤니티존이다. 여러 가지 활동으로 둘러싸여진 광장을 형성. · 인공지반, 각 학부로의 접근로를 확보, 상징존, 아라카미야마(荒神山)로의 조망, 개방적이며 녹음이 풍부한 공간.
	강의동	· 축선을 아라카미야마(荒神山)에 맞춘다, 포위형 배치, 센터광장 주위에 회랑, 4층 이하.
	탑	· 게이트성, 랜드마크성.
	접속 부분	· 접속부분 : 다른 블록과의 레벨차이를 해소, 유니버시티몰의 형성. · 환호(環壕), 자동차 접근로 확보, 큰 계단.
B블록	전체	· 연구농장이나 농장 관련시설로 이루어진다. 농장에 확장감을 형성한다.
	실험동	· 아라카미야마(荒神山)와 야사카(八坂)의 축선, A–BL로의 방사축선, 포위형 배치, 3층 이하, 중정과 회랑, 내화구조–부분적으로 목조 가능, 취락적 분위기, 지붕형태에 노력, 추위나 바람에 대응, N존 접근로로의 접속.
	농장시설	· 온실을 중심으로 연구농장 관련시설은 환경과학부와의 관련을 고려하여 아카데미 영역측에 배치.
	접속부분	· 환호(環壕)의 다리는 특징적, 농장과의 공간적 연속성, A에서 학부 입구를 만든다.

C블록	전체	· 인간문화학부와 대학의 교류센터로 이루어진다.
	교류 센터	· 접근로의 정면성, 기념 건축물적, 내부에 중정. · 교류광장을 센터 앞에 설치하고, 건축과 일체감.
	인문 학부	· 3층 이하, 포위형 배치, 중정과 회랑. · 접속부분 : 다리에 특징, D블록과의 연락로, A블록에서 학부의 작은 길.
	그 외	· 환호(環壕), 산책길, 구내도로, 주변 녹지, 소림(疏林).
D블록	전체	· 공학부와 체육관을 중심으로 한 스포츠 관련시설로 구성된다. 랜드스케이프와의 관련이 강하다.
	실험동	· 축선을 아라카미야마(荒神山)에 맞추는 A로의 방사축선, 포위형 배치, 3층 이하, 중정과 회랑.
	체육관	· 스포츠시설의 중심, 앞에 작은 광장. · 보도, 스포츠 거리, 운하(canal), 주변 녹지.
	N블록	· 경기장존은 대지의 중앙부에 배치, 개방적인 오픈스페이스의 확보. · 시설존은 테니스코트, 수영장, 체육시설, 제실 등 일상적인 스포츠 지역으로서 아카데미 지역과의 연계를 고려. · 야구장존은 보호네트의 설치와 경관을 고려해서 대지의 외곽 녹지주변에 배치.

한편, MP의 작성은 4명이 참가해서 실시설계가 시작될 때 까지, 이하의 순서로 작성되었다(그림 5-9).

① 컨설턴트 사무소가 MP의 기초가 되는 제안을 실시했다. 그것을 받아 여들여 ② 환경조형작가가 MP를 전개했다. ③ MA는 ②에 근거해서 MP안을 5개 작성했다. 그 후, ④ 프로포잘 콤피티션(Proposal Competition)이 이루어져 각 BL의 설계자가 선정되었다. ④에 근거하여, ⑤ MA는 MP와 DC를 작성했다. ⑤에서 작성된 MP와 DC를 MA가 BA에게 제시했다(그림 5-10, 11-a, 11-a).

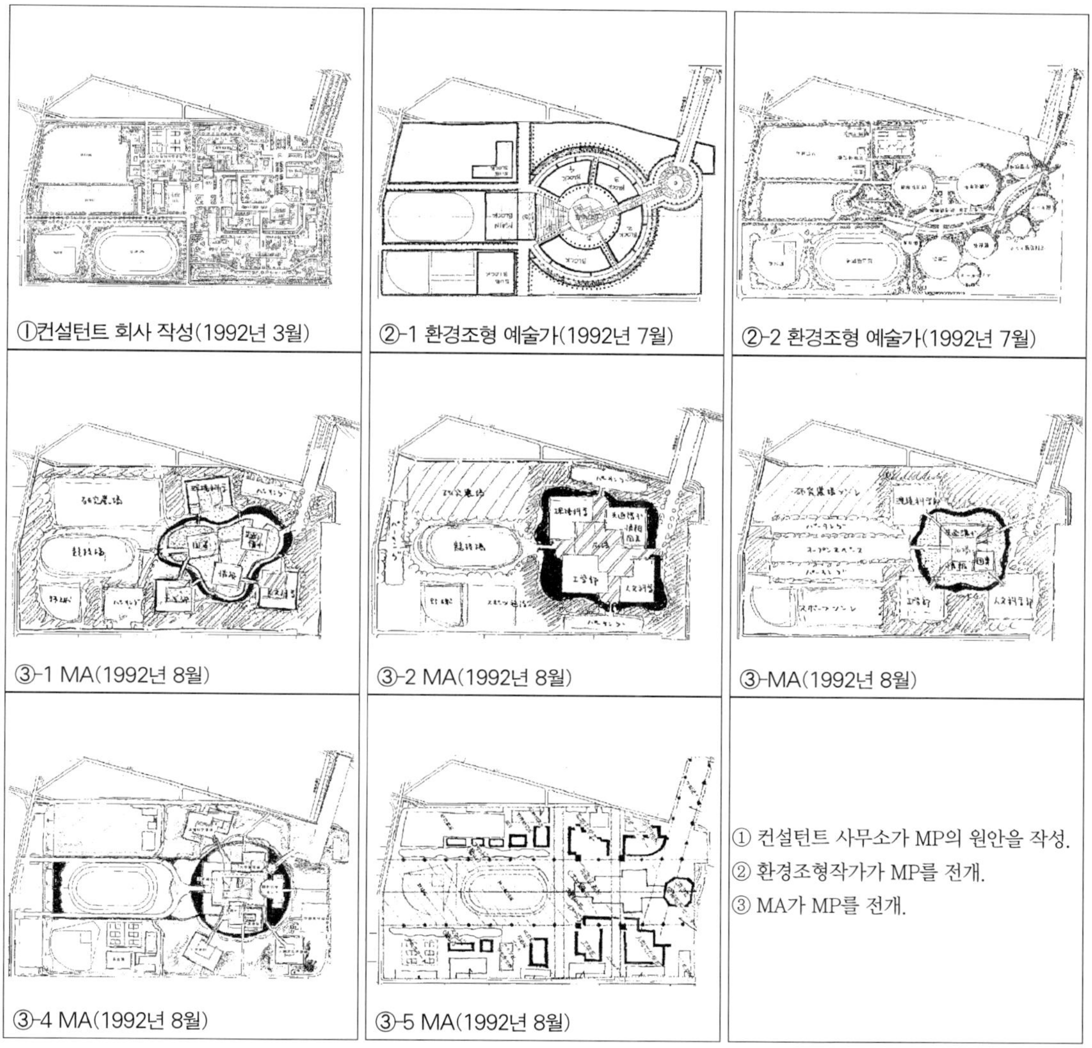

| 그림 5-9 | MA가 BA에게 제시한 MP의 작성 프로세스/출처 : 內井昭藏건축설계사무소 자료

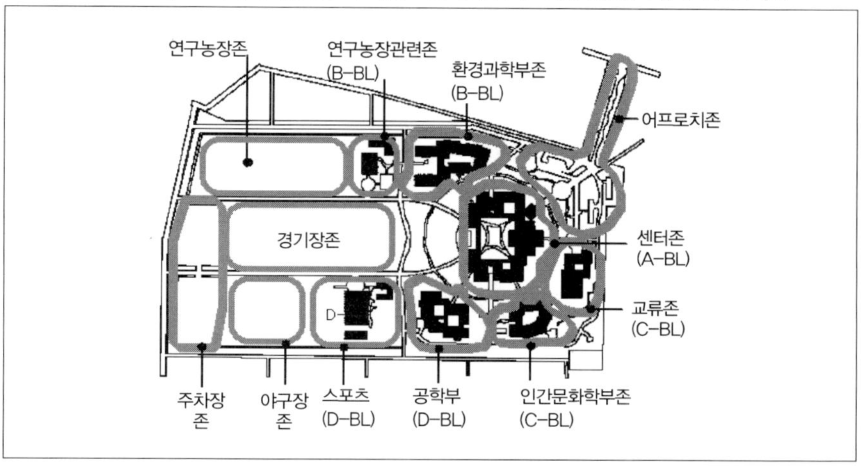

| 그림 5-10 | MA가 작성한 조정 전의 MP/출처 : 內井昭藏건축설계사무소 자료

| 그림 5-11-a | MA가 작성한 전체모형, 1992년/출처 : 內井昭藏건축설계사무소 자료

| 그림 5-11-b | MA가 작성한 전체 모형, 1992년/출처 : 內井昭藏건축설계사무소 자료

5-2 개요

설계지침의 역할을 파악하기 위해 환경설계프로세스에 나타난 BA의 설계지침을 대상으로 한 해석과 설계결과를 이하의 방법으로 조사했다.

① 설계지침의 해석내용을 파악하기 위해 청취조사를 실시했다.

② 정량화가 가능한 설계지침은 설계결과의 수치를 설계도면의 CAD데이터나 설계도서의 도면으로부터 조사했다. 그리고 정량적인 파악이 곤란한 설계지침은 실제의 공간이나 설계내용을 조사했다.

③ 이상의 조사내용에 근거하여 설계지침의 설정에 대하여 설계자의 의도가 설계에 반영되고 있다고 판단될 수 있는 경우에 한하여 설계지침에 설계전개상의 역할이 있다고 간주했다. 한편, 설계지침의 고찰은 2장에서부터 4장까지에서 사용한 방법과 동일한데, 설계지침을 「개념」 「기능 · 성능」 「공간」 「형태 · 의장」 「소재 · 상세」 「그 외」로 나누고, 각각에 해당하는 설계지침을 내용별로 정리해서 분석했다.

청취조사는 BA로서 설계에 참가한 담당자를 대상으로 하여 직접 면접조사를 실시하고, 설계지침의 해석내용을 질문했다. 질문에 대하여 BA는 구두로 자유롭게 대답하도록 요청했다. BA로부터의 대답 내용은 녹음한 후 문자화해서 분석데이터로 사용했다. 청취조사는 1997년 6월 3일부터 1997년 6월 10일에 걸쳐서 실시되었다. 청취조사에 소요된 시간은, BA에 따라 달랐지만 약 1~2시간 정도였다.

5-3 「개념」에 관련된 설계지침

고찰 대상으로 삼은 설계지침 속에서 「개념」을 제시한 것에 「환호취락(環壕聚落)」「집합으로서의 조형」「환경과의 조화」가 있다. 이들 설계지침에 대한 BA의 해석내용을 정리하면 표 5-7과 같다.

표 5-7 「개념」설계지침의 해석내용

DC의 항목	A-BL	B-BL	C-BL	D-BL
환호취락(環壕聚落)	▽ 환호에 둘러싸여 있으므로 A-BL에서는 당당하게 연출한다.	▽ 블록 내에 물을 끌어 들인다.	▽ 인접하는 야사카(八坂)의 촌락에는 DC 이전의 코드가 있다.	▽ 큰 환호에 대해 작은 물은 빗물을 이용하여 중정에 흘려보내 움직임을 만들어낸다.
환경과의 조화	▽ 분절화, 일본식 기와지붕, 알코브, 중정을 만드는 것.	▽ 기계적인 배치 구성으로 하지 않는다.	▽ 중정에서 탑이 보이고, 대나무 숲 너머로 D-BL이 보인다. ▽ BA의 철학.	▽ 건축구조와 일체가 된 솔라시스템을 쓴다.
휴먼 · 스케일	▽ 분절화, 일본식 기와지붕, 알코브, 중정을 만드는 것	▽ 디테일 문제로서 처리를 한다.	▽ BA 자신의 철학.	▽ 일본 촌락의 이미지
원만한 통일체	▽ 여러 가지 해석이 가능하도록 되어 있다.			
호수 지방의 대학	▽ DC가 적절.		▽ DC 전체에 나타나 고 있다.	▽ 물의 이용을 생각한다.

5-3-1 환호취락(環壕聚落)

「환호취락(環壕聚落)」의 설계지침에 대한 BA의 설계의도를 청취하면, A-

BL에서는 환호의 위치와 중앙에 대지가 있다고 하는 해석에 의해 「당당한 건축」의 설계를 하는 것이 요청되었다고 생각되었다. B, C, D-BL에서는 공통되게 「물」에 대한 해석으로부터 BL 내에 수로를 끌어 들이는 설계전개가 이루어졌다. A, B, C, D-BL의 모든 BL에서, 전체의 설계지침을 맞춰 보는 것이나, MP의 모습을 해석해서 촌락성을 의도하는 설계전개가 이루어졌다.

「환호취락(環壕聚落)」의 설계지침에는 촌락성과 물을 설계하는 것이 설계전개와 관련이 있었다. 그 결과 각각의 BL이 유사성을 만들어낼 수 있었다. 여기에 설계전개에 있어서의 설계지침의 역할이 보인다. 건축물과 외부환경의 설계가 연계된 것을 알 수 있다. 또한 다른 설계지침을 수반해서 설계지침이 해석되고 있다는 것에서부터 「환호취락(環壕聚落)」의 설계지침은 다른 설계지침과 관련되어서 해석되어졌다(그림 5-12).

B-BL 앞의 수변공간

C-BL의 수공간

A-BL 앞의 수변공간

유니버시티 몰의 수변공간

환호(環壕) 중앙부의 수공간

그림 5-12 수변의 공간

5-3-2 집합으로서의 조형

「집합으로서의 조형」에 대하여, A-BL에서는 A-BL의 건축물이 배경이 되어서 서로 다른 블록 상호 간의 공간 관계를 연결시키고 있다는 해석이 이루어져, 지붕구배를 크게 하는 설계전개와 벽면율을 높이는 설계전개가 이루어졌다. B-BL에서는 다른 BL의 설계내용과 맞추는 것이라고 해석되어, 분산배치의 설계가 이루어졌다. 담당하는 BL의 대지상황이 나아가 집합형태를 구성하는 일부로서, 해석되어서 중정과 회랑을 가지는 배치설계가 이루어졌다. C-BL에서는 중앙 A-BL의 건물과 맞춰서 하나가 되는 것으로 집합형태를 만드는 것으로 해석되어 지붕의 설계에 중점을 둔 설계가 이루어졌다. D-BL에서는 다른 BL의 설계에 맞추는 것으로 해석되어서, 건물의 축을 맞추는 설계로 이루어졌다.

건축물 상호의 관계를 고려하는 설계전개가 이루어지고 있다. 각각의 BA는 같은 설계지침을 이용하지만, BL이 개별적으로 가지는 설계전개의 전제조건에 따라 설계지침의 해석내용에 차이가 나타나고 있다. 「집합으로서의 조형」의 설계지침은 다른 설계지침을 수반하는 설계전개를 촉진하는 역할이 있었던 것을 알 수 있다(그림 5-13, 14).

B-BL과 C-BL의 배후에 A-BL이 있다.

A-BL에 대해 B-BL의 지붕은 낮게 되어있다.

▌그림 5-13▐ 원경관

축선을 맞춘 상호 건축물

A-BL의 당당한 모습

| 그림 5-14 | 집합조형과의 관계

5-3-3 환경과의 조화

「환경과의 조화」는 A-BL에서는 분절화, 알코브, 중정과 같이 설계지침에 대한 내용의 이해를 촉진시키는 설계가 이루어졌다. B-BL에서는 기계적인 배치구성으로 하지 않는다는 해석을 통해 설계가 실시되었다. C-BL에서는 인접하는 BL의 배치구성을 충분히 이해한 후에 설계를 실시하는 것으로 해석되었다. D-BL에서는 지구환경문제에 대한 대응을 하는 것으로 필요성이 해석되어, 솔라에너지를 이용한 건축물의 설계가 이루어졌다(그림 5-15).

설계지침은 다른 설계지침과의 관련화를 이끌어내거나, 건축물의 성능으로서 해석되거나, 설계프로세스에서 지침에 영향을 준 것 뿐만 아니라, 건축의 배치 등, 다른 설계지침과 비교해서 다방면에 걸치는 내용으로 해석되었다는 것을 알 수 있다. 해석에 있어 각 BA마다 다양성이 나타나고 있고, 그 내용에도 차이가 있어 그것이 설계결과의 차이로 나타나고 있다. 이러한 것에서부터 추상적인 설계지침은 다양한 설계의 전개를 유도하는 것과 관련이 있다고 생각된다.

솔라에너지가 설치된 C-BL	임의로 배치된 B-BL의 교사	B-BL에서 D-BL로 시선이 통과한다.

| 그림 5-15 | 환경을 의도한 설계

5-4 「형태」에 관련된 설계지침

「형태」를 지시하는 설계지침에는 「분산배치」「알코브 · 안행(雁行)」「중심을 향해서 높아진다」「벽면율은 최대한 크게 한다」가 해당한다. 이러한 설계지침에 대한 BA의 해석 내용을 정리하면 표 5-8을 얻을 수 있다.

| 표 5-8 | 「형태」설계지침의 해석내용

DC의 항목	A-BL	B-BL	C-BL	D-BL
분산배치	▽ 2층 구성으로 하고, 중정을 형성.	▽ 대지형상을 해석하지만, 가로로 긴 대지형상이 설계에 곤란.	▽ 건물의 단위를 작게 하고 각각을 단순하게. ▽ 실습동을 「분리」되게 한다.	▽ 연구실을 하나의 유닛으로 한다.
직선벽의 길이 (안행(雁行) · 알코브의 이용)	▽ 중심의 도서관은 당당한 것이 어울리다. ▽ 부지의 형상이 원형이었으므로, 부지 형상에 따른다.	▽ 촌락성. ▽ 지붕이 옆으로 이어지는 아름다움, 온화함을 내기 위해 세로선을 강조하는 알코브형으로 한다.	▽ 아라카미야마(荒神山) 축선을 중심으로 하는 구심적인 레이아웃에 맞춘 안행(雁行) · 알코브로 한다.	▽ 중심에 원형이 있으므로 볼륨으로서 유닛을 연결하여 배치에 온화한 차이를 낸다.
층고(중심을 향해 높아진다)	▽ 내부의 요구, 예산배분, 설비배관, 중심부를 높여 전체를 정리한다.	▽ 지붕을 얻는 건축 비율(proportion)로서 3층을 낮게 한다.	(특별히 의식은 하지 않았다)	▽ 일본의 촌락을 생각해 낮은 높이에서 중정을 둘러싸, 전체의 환경을 형성한다.

DC의 항목	A-BL	B-BL	C-BL	D-BL
지붕구배(수치로 범위를 규정)	▽ 기와지붕을 강조하여 캠퍼스 전체를 돋보이게 한다. ▽ 야마토무네(大和棟)의 전통민가는 2개의 구배를 가지고 있다. ▽ 평면형의 안행(雁行)에 대응하는 지붕의 형상.	▽ 건축선을 흐트러지게 했으므로 균일한 지붕구배로서 리듬을 만들어 낸다. ▽ 사찰과 같이 큰 지붕구배라도 앙각에서는 엷게 보이므로 구배는 적절. ▽ 촌락성은 지붕의 크기에 있다.	▽ 야사카(八坂)의 5치(寸) 지붕구배로 한다. ▽ 중심 A블록의 구배에 맞춘 지붕을 만들어 집합으로서의 조형을 목표로 한다.	▽ 일본의 주택과 같은 완만한 구배가 모인 모습을 만들어낸다. ▽ 민가조사를 했던 경험에 따른다.
벽면율	▽ 다른 BL 사이를 배경으로서 정리하는 역할을 짊어진다.	▽ 촌락성. ▽ 단열성을 고려. ▽ 작게 분할한 실에 맞춘 표현을 사용한다.	▽ 작품풍이 DC에 맞고 있다.	▽ 실내공간을 밝게 하는 작풍. ▽ 일본의 건축은 개구부가 크다는 DC에 맞춘다.

5-4-1 분산배치

「분산배치」에 대한 설계의도를 조사하면 A-BL에서는 마스터플랜이 가지는 문제점을 해결할 필요성이 있다고 하는 해석이 이루어져, 각 동을 분산시키는 설계가 이루어졌다. B-BL에서는 건물을 작고 단순하게 한다고 하는 해석이 이루어져 설계가 전개됨과 동시에 대지조건이 설계지침에 부적합하다는 해석에 의해 설계가 진행되었다. C-BL에서는 「분리」라고 하는 키워드로 해석되어 건축을 분할하는 설계가 이루어졌다. D-BL에서는 건축의 단위를 유닛으로 하는 해석이 이루어져 설계가 진행되었다(그림 5-16). 이상의 내용으로부터 「분산배치」에는, MP에서 상정되지 않았던 설계를 유도하는 역할이 보인 것을 알 수 있다. 설계지침에 의존하면서도 형태에 개별성을 만들어내고 있다. 더욱이 MP의 문제점을 설계지침을 이용해서 지적, 수정하는 역할도 있었던 것을 알 수 있다.

5-4-2 안행(雁行)과 알코브(alcove)

「안행(雁行) · 알코브」에 대한 설계의도를 조사하면 A-BL, C-BL, D-BL에서는 중앙부에 원형의 환호가 있으므로, 대지의 형상이 영향을 받고 있다고 하는 해석이 이루어져, 안행(雁行)하는 배치구성의 설계가 이루어졌다.

A-BL에서는 중심의 도서관은 당당한 것이 어울린다고 하는 해석이 이루어져, 긴 직선벽을 가진 건축물의 설계가 이루어졌다. B-BL에서는 지붕이 옆으로 이어지는 아름다움과 온화함을 내는 것이라고 해석되어, 작게 분할된 실 단위의 설계 프로그램의 해석과 함께, 벽면을 세로로 나누는 세로선을 강조함으로써 알코브가 되는 설계가 되었다. D-BL에서는 볼륨의 단위를 유닛으로서 온화하게 차이를 연결시킬 수 있다고 해석되어, 안행(雁行)이 실시되었다(그림 5-17).

그림 5-16 분산배치

교류센터의 안행(雁行)

D-BL의 안행(雁行)과 A-BL의 안행(雁行)

그림 5-17 분산배치의 교사

안행(雁行) · 알코브의 형태를 검토하기 위해 외벽의 직선벽의 길이의 분포와 그것에 근거해 평면형태의 복잡함을 파악하기 위한 지표로서, 외벽 평면상의 차원분열도형(fractal)에 의한 분석을 하였다. 직선벽의 길이는 배치도로부터 길이를 구하고, 2m 단위마다 해당 개수를 분석한 바 분절화의 수법에 각 BA의 개별성이 나타나고 있다는 것을 알 수 있었다. 2~3m 정도의 짧은 직선벽면으로 구성되는 경우에는 그래프의 좌단(0~4m)에 요철이 생기고 있다. 4m 이상의 길이에 해당하는 비율이 높고, 그래프에 반복된 요철이 생긴 경우에는「안행(雁行)」수법이 사용되고 있다고 간주할 수 있다.

다음으로 외벽 직선벽의 차원분열도형(fractal) 차원의 분석을 실시했다. 분석은 배치도를 기초로 건물의 외형선만을 추출해 사용했다(그림 5-18). 이 차원에는 분절화 수법의 개별성이 나타나고 있다.「알코브」의 수법에서는「안행(雁行)」보다 분절수가 많아지기 때문에 차원이 높아지고, 또한 같은「안행(雁行)」의 수법에 의한 A-BL과 D-BL에서는 안행(雁行)의 정도나 전체에서 비율의 차이에 의한 복잡한 차이에서 형태의 차이를 읽어낼 수 있다.

이상의 내용에서 이 설계지침에는 MP에서 대지의 형상을 원형의 환호에 관계시킨 것이 형태의 유사성을 만들어냈다고 할 수 있다.

MP의 내용과 설계지침 내용의 관련이 BA에게 해석되고, 각각의 BL에서 공통되는 설계내용이 되는 설계전개가 이루어진 것을 알 수 있다. 언어에 의한 설계지침과 모형의 MP는 상호 해석에 의해 보완되어졌다고 생각된다. 또한, 차원분열도형(fractal) 차원에 나타나고 있는 차이는 BA가 설계전개에서 고려한「온화하게」「당당한」이라고 하는「형태」에 대한 해석의 차이로 나타나고 있다고 생각된다.

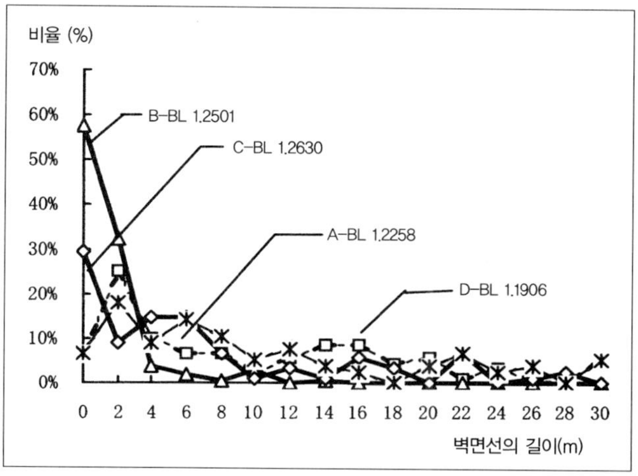

주) 블록의 명칭 우측의 수치가 차원분열도형(fractal)을 나타냄.

| 그림 5-18 | 직선벽 길이의 분포와 차원분열도형(fractal) 차원

5-4-3 지붕

지붕의 설계에서, A-BL은 야마토무네(大和棟)의 전통민가 이미지로 해석되어져서 2개의 구배를 가지는 지붕이 만들어졌다. B-BL에서는 시라카와코(白川鄕) 민가의 이미지로 해석되어 지붕이 큰 모습으로 설계되어졌다. C-BL에서는 인접하는 야사카(八坂)의 촌락으로 해석되어 설계가 이루어졌다. D-BL에서는 완만한 구배를 가진 주택으로 이루어진 일본의 촌락 모습으로 해석되어 구배가 완만한 지붕이 설계되었다(그림 5-19).

A-BL B-BL C-BL D-BL

| 그림 5-19 | 지붕

5-4-4 전체 형태

「중심을 향해 높아진다」에 대해, A-BL에서는 캠퍼스 전체를 집합체로서 설계하기 위해 중심에 큰 지붕이 필요하다는 해석이 이루어져 구배가 큰 지붕형상이 설계가 되었다. C-BL에서는, 집합으로 설계하기 위해 담당하는 대지의 건축물의 설계에 인접하는 BL의 지붕구배와 같은 값을 사용한다는 해석이 이루어져 설계가 전개되었다. B-BL에서는 분산배치를 하기 위해, 건축선이 뿔뿔이 흩어졌으므로 지붕의 리듬감을 부여한다는 해석에 의해 균일한 지붕구배로 설계가 전개되었다.

설계의 결과는 지붕 포함 면적과 지붕구배에 관련되므로, 입면에 대한 지붕 포함 면적의 비율(지붕 포함 면적비율)과 지붕구배를 조사한 바, 블록 내의 지붕구배의 설계에는 같은 지붕구배로 설정하는 경우와 다른 지붕구배로 설정하는 경우와 같이 각각의 개별성이 나타나고 있음을 알 수 있다(표 5-9). 중앙에 위치하는 A-BL과 주변에 위치하는 B-BL, C-BL, D-BL에서 지붕구배의 설계 결과에 차이가 나타나고 있다. B, C, D-BL의 설정은 A-BL의 설정보다 폭이 넓지만 B-BL, C-BL, D-BL은 대체적으로 A-BL에 대하여 완만한 구배가 되고 있다는 것을 알 수 있다(표 7-11).

지붕 포함 면적비율을 조사하면, 대략 50% 정도가 되고 있는 블록과 대략 40% 정도가 되는 블록이 있다. 각각의 블록에 개별성이 나타나고 있다. 지붕구배를 찾는 방법에 각 BL마다 개별성이 나타난 것은, 설계지침의 설정에서 특정한 구배로 한정하지 않고 어떤 일정한 범위를 설정했으므로, 구배의 정도를 선택하는 것이 가능해 진 것으로 볼 수 있다. 또한 실제의 촌락에 존재하는 지붕의 모습이 해석되어 있다는 것에도 유사성이 있다(5-4-3 참조). 그러나 각각의 BA는 서로 다른 실제의 촌락을 해석 대상으로 삼고 있다는 것이 설계 결과의 개별성에 영향을 주었다고 생각된다. 이렇게 설계지침에는 개별성과 유사성을 표출하는 역할이 부여되어 있다는 것을 알 수 있다. 나아가 건축물이 집합하는 전체의 형태가 지붕 「형태」의 해석을 통해서 BA에게 검토된 점에도 설계지침의 역할이 있었던 것을 알 수 있다.

| 표 5-9 | 지붕구배

		A-BL	B-BL	C-BL	D-BL	평균
DC의 설정	지붕구배(상한)	8	4	4	4	
	지붕구배(하한)	10	10	10	10	
설계결과	지붕구배(상한)	7.5	6	5	5	5.9
	지붕구배(하한)	10	6	8	5	7.3

5-4-5 층고

「층고」설정의 해석 내용을 조사하면, A-BL에서는 집합으로서의 조형을 위해서는 건축물이 높을 필요가 있다고 해석되어, 건축물의 높이가 높아지도록 설계되었다. B-BL에서는 지붕을 얹는 것과 층고를 낮게 하는 프로포션(proportion)이 좋다고 해석되어 설계가 전개되었다.

D-BL에서는 일본 촌락의 건축물과 같도록 건물이 낮게 중정을 둘러싸게 하는 것으로 해석되어 층고를 낮추는 설계가 전개되었다.

실시설계에 반영된 설계도면으로부터 층고를 조사하면 표 5-10을 얻을 수 있다. 설계 결과를 보면, 층고는 표 5-10에 제시된 설계지침에서 설정한 값의 범위보다도 전체적으로 낮게 되어 있음을 알 수 있다. 한편 A-BL의 값은 B-BL, C-BL, D-BL의 값보다도 높게 되어 있다. 또 B-BL에서는, 블록 내의 어느 건축물도 같은 층고를 가지게 설계 되어 있어, 균일한 설계가 이루어진 것을 알 수 있다.

한편 A-BL, C-BL, D-BL에서는 각각의 건축물은 서로 다른 층고를 가진 설계로 이루어져서, 개별성이 있는 설계가 이루어진 것을 알 수 있다. 그러나 모든 BL에서는 층고의 설정범위 외의 수치로 설계되어 있었다. A-BL은 다른 층고가 설계 된 것에서부터 설계지침이 집합형태를 만들어낸 역할이 있었다는 것을 알 수 있다. 이것은 「중심을 향해 높아진다」는 설계지침과도 관련되는 내용이다. A-BL 이외에서는 설계 결과로서 층고에 여러 가지 수치가 나타나 있다. 이것은 층고의 설정에 어떤 일정한 폭이 있으며, 균일한 층고로 설계하는 것이나 다른 층고로 설계할 수 있도록 다양한 설계 결정이 가능했던 것이 반영되어 있다. 설계지침에서는 차이가 있는 층고의 분배를 실시했지만, 층고의 설정은 당초 지침의 수치를 충족시키지 않고 있었다. 건축설비, 예산, 실의 크기와의 관련에 따라서 각 BA가 독자적으로 결정했으므로 설계지침은 그러한 역할을 하지 않았다고 할 수 있다.

표 5-10 층고의 설정내용과 설계결과

	층고	A-BL	B-BL	C-BL	D-BL	평균
DC의 설정	층고(1층 상한)	6000	4500	4500	4500	
	층고(1층 하한)	5000	4000	4000	4000	
	층고(2층 상한)	4000	4000	4000	4000	
	층고(2층 하한)	3500	3500	3500	3500	
	층고(3층 상한)	3500	3500	3500	3500	
	층고(3층 하한)	2500	2500	2500	2500	
설계결과	층고(1층)	4200	3800	4000	3900	3975
	층고(2층)	4200	3800	3840	3900	3935
	층고(3층)	4500	3800	3420	2900	3655

주) 단위는 ㎜

5-4-6 벽면

「벽면율이 최대한 큰 값이 되도록」의 해석내용을 조사한 바, A-BL에서는 집합체으로서 대학 전체를 정리하는 것이라는 해석에 의해 벽면을 크게 하는 설계가 실시되었다. B-BL에서는 촌락성이라고 해석되고 동시에 실을 분할해야 하는 것으로 해석되어, 독립창문에 의한 벽면의 설계가 이루어졌다. C-BL, D-BL에서는 BA 작풍에 대한 문제라고 생각되는 해석이 내려진 설계로 전개되었다. D-BL에서는 일본 민가의 개구부의 크기에 대한 것이라는 해석에 의해 개구부를 다소 크게 하는 설계가 이루어졌다. 벽면율을 분석하면, 어느쪽의 블록도 비교적 높은 치수를 하고 있어 「벽면의 승리」라는 디자인이 되고 있음을 알 수 있다(표 5-11). 설계 결과를 보면, 개구부를 설정하는 방법에 「수평창」의 유형(D-BL)과, 「독립창」의 유형(A · B · C-BL)의 2종류의 개구부로 구성된 벽면이 설계되어 있어, 블록별 설계 결과에 개별성이 나타나 있다(표 5-20). 이상의 내용에서 촌락성의 해석에 따라

벽면을 크게 설계하는 유사성을 내고 있는 것에 설계지침의 역할이 보이는 것 외에, 개구부의 설계에는 각각의 BA가 개별성을 내는 역할을 하였다고 할 수 있다(그림 5-20).

A-BL B-BL C-BL D-BL

그림 5-20 벽면의 구성

표 5-11 지붕과 벽면

	A-BL	B-BL	C-BL	D-BL	평균
지붕비율	50.9	35.7	32.4	36.8	38.9
창비율	16.7	19.0	21.8	36.3	23.5
벽면율	83.3	81.0	78.2	63.7	76.5

5-5 「소재 · 상세」에 관련된 설계지침

「소재 · 상세」를 설정하는 설계지침에는 색채요강(color scheme)으로 제시한 「어스 칼라(earth color)의 사용」에 대한 설계지침이 있다. 이러한 설계지침에 대해 BA의 해석 내용을 정리하면 표 5-12를 얻을 수 있다.

표 5-12 색채에 관한 해석 내용

DC의 항목	A-BL	B-BL	C-BL	D-BL
색채 (어스 칼라)	▽ 화려하면서도 안정된 것 ▽ 다른 블록 사이를 배경으로서 정리하는 역할을 담당. ▽ 안행(雁行)형이므로 많은 색을 낼 필요가 없다.	▽ 기와를 사용하는 것이 전제되어진 설정이었으므로 기와에 맞는 소재를 이용했다.	▽ 기능적으로 타일을 사용해도 흙벽과 같은 표정을 내고, 흙벽과 같은 면으로서의 소재감을 낸다. ▽ 색은 작품풍	▽ 기능공이 만들어 내는 색채에서 힌트를 얻은 일본의 벽 빛깔을 본떠서 선택했다. ▽ 일본의 전통적인 건축의 외벽은 명도가 높다.

색채에 관한 「어스 칼라(earth color)」의 설계지침의 해석 내용을 조사하면 A-BA는 A-BL이 전체 대지의 중심으로 위치하므로, 다른 블록 건축물의 배경이 되고, 캠퍼스 전체의 색채를 정리하는 것이 필요하다고 해석한 설계로 전개되었다. B-BA는 우선 기와를 사용하는 것이 필요하다고 해석하였다. 그래서 기와를 표현하기에 적합한 건축물의 설계가 이루어졌다. C-BA에서는 야사카(八坂)의 촌락으로 하는 것으로 해석되어, 흙벽과 같은 표현을 위한 설계전개가 이루어졌다. D-BA는 기능공이 시공을 위해 제시한 소재에서 외벽소재를 선택했지만, 일본의 전통적인 외벽은 명도가 높다고 하는 촌락조사의 경험에 근거한 해석이 이루어져 설계가 전개되었다.

여기서는 색채에 대한 설계 결과를 조사했다. 측색계와 반사계를 이용하여 각 블록에 사용된 색채를 조사했다. 색환(그림 5-22), 명도와 반사율(그림 5-23)에 제시한 것에 따르면, 외벽의 색채는 설계지침의 색채요강(color scheme)에 제시한 황색계의 색채에 가깝고, 각각이 유사하게 되어 있음을 알 수 있었다(그림 5-21).

A-BL

B-BL

C-BL

A-BL

B-BL

C-BL

D-BL

그림 5-21 외벽면의 마감

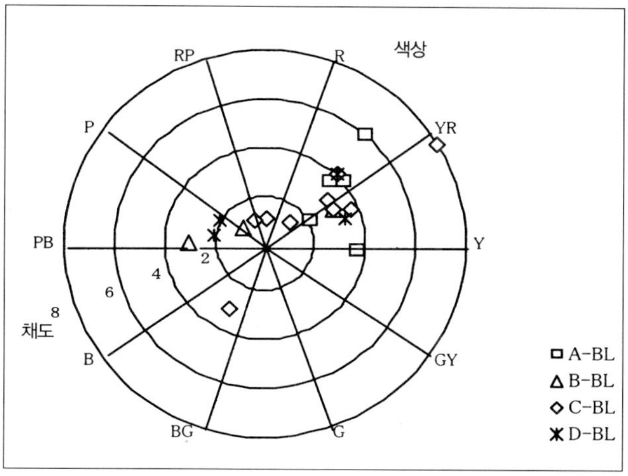

| 그림 5-22 | 색환

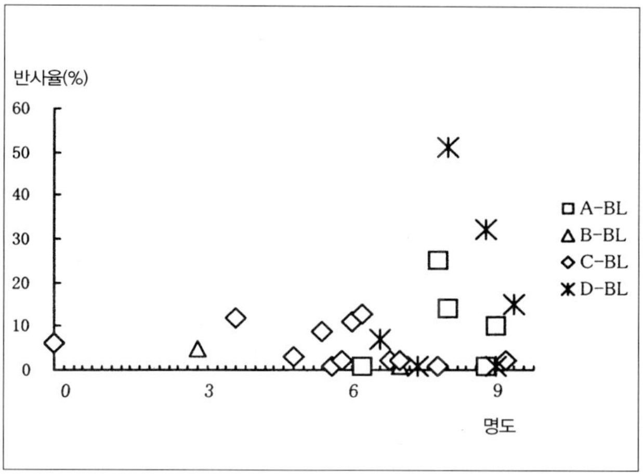

| 그림 5-23 | 명도와 반사율

그런데 외벽의 가장 넓은 면적에 사용된 색채 이외의 색채는 색과 소재(반사율)의 선정에 있어서 BL별로 특징이 나타나고 있다. D-BL에서는 반사율이 높은 재료가 사용되고 있다. 또 C-BL, D-BL에서는 사용한 색상의 종류가 많다는 것을 알 수 있다. A-BL, D-BL에서는 채도를 좁혀 밝은 경향의 색채가 사용되고 있으며, B-BL에서는 색채 수를 억제한 색채가 사용되고 있다.

이상의 내용에서 외벽 최대의 면적에 사용된 색채에 있어 어스 칼라(earth color)의 설계지침은 색채요강(color scheme)에 제시된 색상의 범위 내에 한정되어, 전체의 유사성에 기여하고 있지만, 색채요강에 제시된 것 이외의 색채에 대해서는 설계내용이 개별화하고 있다.

5-6 「공간」에 관련된 설계지침

「공간」을 설정하는 설계지침에는 「중정과 회랑」 「아라카미야마(荒神山)로의 조망」의 설계지침이 있고, 각각에 대한 BA의 해석 내용을 정리하면 표 5-13을 얻을 수 있다.

표 5-13 「공간」의 설계지침에 대한 해석 내용의 요점

DC의 항목	A-BL	B-BL	C-BL	D-BL
아라카미야마(荒神山)의 조망	▽ 임펙트(impact)가 있어, 볼만한 장소이다.	▽ A-BL만에 적용되는 것만으로도 충분.	▽ 조망을 얻을 수 없으므로 중정을 소중히 하고, 인접 블록으로 시선이 통과한다.	▽ 캠퍼스에서의 조망을 저해하지 않도록 유리 붙임으로 한다.
중정과 회랑	▽ MP에 있는 ㄷ자형의 1층 구성에는 의문점이 있어, 2층 구성으로 하여 중정·회랑을 형성.	▽ 대지면적이 좁고 그 형태의 조건이 중정의 형성에 부적절하여 D/H가 나빠져 버지니아 대학의 중정 같이는 되지 않는다. ▽ 프로그램상 중정은 어렵다.	▽ 중정은 좋아하는 공간. ▽ 교토대학 인문연구소의 중정 이미지. ▽ 「칸케(管家)의 복도」 ▽ 캠퍼스 전체의 회랑으로 중심 BL의 공간에 대응한다.	▽ 미국, 영국의 대학과 같이 창조하는 장소로서의 여백을 중정에 찾아내고, 공중 다리를 회랑으로 하여, 복잡한 관계의 크로스오버(crossover)를 표현.
집합으로서의 조형	▽ 전체를 정리하는 역할을 한다는 생각으로 벽면, 지붕의 설계를 한다.	▽ 분산 배치.	▽ 중심 블록의 높이에서 외측으로 서서히 작아지도록 하고, 지붕은 전체적인 달개집으로 한다. ▽ 회랑을 전체적인 회랑으로서 위치하게 한다.	▽ 건물의 방향을 전체적인 방향에 맞춘다.

5-6-1 중정과 회랑

「중정과 회랑」은 A-BL에서는 마스터플랜(MP)의 배치구성과 설계프로그램으로 해석되고, 그것이 가지는 문제점이 발견되어, 중정·회랑을 새롭게

만들어내는 설계가 실시되었다(그림 5-25). B, D-BL에서는, 미국 · 영국대학의 중정 이미지로 해석되어 설계가 전개되었다. C-BL에서는 교토대학 인문연구소의 중정이나 칸케(菅家)의 복도와 같은 것으로 해석되어 설계된 것 외에, 하나의 블록만의 의미를 가지는 회랑이 아닌 대지 전체를 염두에 둔 회랑으로서 설계되었다. D-BL에서는 복잡한 학문간의 크로스오버(crossover)를 표현한다고 하는 해석으로부터 회랑이 설계되었다. 교육과 관련이 있는 각각이 공간들이 유사성이 있는 공간으로 해석되어 설계에 사용되었다는 점에 설계지침의 역할이 있다는 것을 알 수 있다. 이미 건설 프로그램에 존재하는 내용이 설계지침과 함께 해석되어 설계가 전개되었다(그림 5-24).

중정을 보면 각각의 BL에서 공간구성은 일정하게 둘러싸인 외부공간이 있어, 유사성이 만들어진 것을 알 수 있다. 그러나 이것은 공간의 구성에 한정되어, 실제로 각 BL의 중정은 각자가 독자적인 공간이 되고 있다(그림 5-25). 다른 BA와의 관계도 없어, BA가 독자적으로 만들어 놓은 공간이라고 할 수 있다.

해석이 다른 회랑과 조합시킴으로써 개별성이 있는 공간이 설계된 것을 알 수 있다.

B-BL C-BL D-BL

5-24 ‖ 회랑공간

C-BL의 중정

D-BL의 중정

A-BL의 중정

D-BL의 중정

B-BL의 중정

A-BL의 중정

그림 5-25 중정의 다양한 형태

5-6-2 아라카미야마(荒神山)의 조망

「아라카미야마의 조망」에 대한 해석 내용을 조사하면, A-BL는 산을 향한 조망을 얻을 수 있는 블록으로, 블록 내의 공간이 조망에 있어 중요하다고 해석되어, 마스터플랜과 마찬가지로 아라카미야마를 향해 ㄷ자형의 배치 구성이 이루어졌다.

D-BL에서는 건축물이 캠퍼스로부터의 조망을 저해하지 않는다고 하는 해석이 이루어져, 시선이 통과될 수 있는 유리를 설치한 설계가 이루어졌다. C-BL에서는 전체 대지 속에서 장소의 이유 때문에 조망이 불가능하므로, 마스터플랜에 제시된 캠퍼스의 중심을 관통하는 산으로의 축선을 중요시하는 해석이 이루어졌다. 그리고 조망이 가능한 A-BL의 탑과 C-BL의 중

정과의 관련을 만들어내는 중정의 설계를 실시하였다(그림 5-26).

이 설계지침은 대지조건의 차이에 따라 모든 블록이 설계에 대한 해석의 대상이 되지는 않았다. 대지의 조건과 설계지침이 관련되는 블록에서만 역할을 하고 있다.

체육관의 유리면을 통과해서 보이는 산

중앙의 A-BL과의 연결

A-BL에서 산의 조망

그림 5-26 아라카미야마로의 시축

5-7 설계지침의 역할

5-7-1 유사성과 개별성

설계지침은 수치로 설정하는 설계지침과 언어로 설정하는 설계지침을 혼합시킴으로써 유사성과 개별성을 유도하는 역할을 가지고 있다. 언어에 의한 설계지침은 해석의 폭이 넓다는 것에서 차이가 나타난다. 그러나 같은 성질을 가지는 의장요소가 해석에 이용됨으로써 유사성을 가진다. 설계를 유도하는 역할이 있었던 것을 알 수 있다. 수치로 설정하는 설계지침과 더불어 언어에 의한 표현을 수반하고 있는 경우에는, 수치의 설정이 지켜지지 않더라도 대략 설계지침에서 설정된 범위 내에서 설계가 이루어졌다.

또한, 언어에 의한 설계지침에는 BA의 해석에 따라서 설계의 개별성만을 만들어내는 역할을 가지는 것도 있었다. 대지의 조건에 따라서 설계에 이용되는 설계지침에 차이가 있으며, 개별성이 있는 설계에 역할을 하는 것만을 가진 설계지침도 있었다. 한편 반대로 MP와 언어로 제시한 설계지침에는 유사성이 있는 설계내용의 전개를 유도하는 것만을 가진 설계지침도 있었다(표 5-14).

| 표 5-14 | 설계결과에 대한 설계지침의 역할

DC의 항목	유사성을 초래한 DC	개별성을 초래한 DC
환호촌락	촌락성	의장요소가 되는 촌락
평면형	분절화	「알코브」와 「안행(雁行)」
층고	중심을 향해 높은 구성	층별의 층고의 분배
개구부	벽면이 승리하는 디자인	개구부의 개방방법
지붕	촌락성	촌락성의 해석
색채	큰 면적을 차지하는 색채	큰 면적 이외의 색채
공간구성	중정과 회랑의 공간구성	중정과 회랑의 해석

5-7-2 건축 집합형태의 생성

건축물의 집합형태를 설정한 설계지침은 부분의 설계 결정에 대해 중요한 근거를 주는 역할을 한다. 특히 지붕에 관한 설계지침이 건축 집합체의 집합형태를 형성할 때에 역할을 담당하고 있었다. 설계지침 안에서도 DC와 MP는 상호 보완하는 역할이 있고, DC는 MP에 의해 연계되는 경우도 있었다. MP는 「형태」로서 건축 집합체의 전체적인 모습을 제시했다. 이렇게 함으로써 언어에 의한 단편적인 DC가 종합화되어 BA에게 전달되었다고 생각된다. DC 중에서 MP와의 관련성이 있는 내용으로는 집합형태의 전체를 형성하는 것이 있었다. 초기 MP의 이미지 모형(그림 5-10-a, 10-b 참조)은 전체로서 BA의 집합형태를 설정하게끔 영향을 준 것을 알 수 있다(그림 5-27).

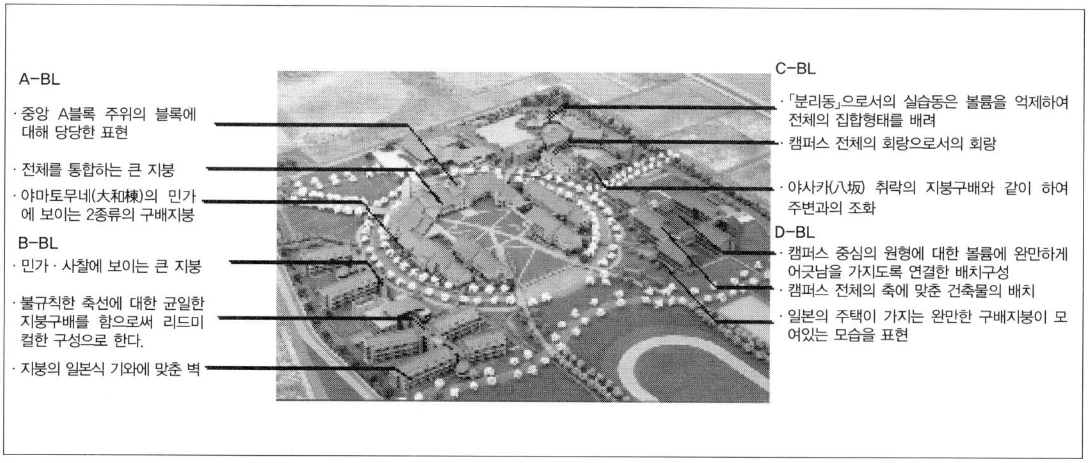

그림 5-27 전체에 대한 각 블록의 설계지침 해석내용

5-7-3 설계지침에 의한 설계전개

부분적인 형태를 설정하는 DC와 전체 형태의 지침인 MP는 건축의 형태를 유도하고 있다.

DC에는 MP에서 예정하지 못했던 설계 결과를 만들어내는 역할을 가지고 있기도 하다. DC에 따라서는 MP를 DC의 해석을 이용해서 수정하는 역할을 하기도 한다. 설계지침 자체에 설계내용을 검토하는 피드백의 역할을 하는 것이다. DC를 이용하여 DC가 해석되는 경우도 있었는데, 이것은 다른 DC을 유도하고 있는 것이며, DC 상호간의 관련성으로부터 설계가 전개된다. 그러나 설계지침의 중에는 사업상 설계가 곤란한 내용을 나타내는 것이 된 것, 즉 설계전개에 역할을 하지 않는 것도 있었다.

이와 같이 다양한 해석을 통해서 MA가 예상할 수 없었던 설계전개가 발생했다. 설계지침은 계획적으로 복잡한 공간을 만들어냈다고 할 수 있다.

5-8 설계지침의 운용

설계지침은 설정한 내용에 대해 직접적인 설계결과에 반영하지 않는 융통성이 있으며, 설정으로부터 제외되는 내용은 BA의 해석으로 보충되고 있다고 할 수 있다(그림 5-28). MA가 설계지침에 설정된 내용의 해석을 통해서 각 BA를 조정하는 역할을 하고 있다. 다시 말하자면, MA방식에서의 설계조정은 설계의 해석을 통해 성립된다도 할 수 있다. 이것이 MA가 건축설계의 전문가라고 하는 중요한 역할을 수행할 수 있게 하는 것이다. MA와 BA 사이에서 일어나는 설계내용의 해석이 설계전개를 좌우한다. 설계지침은 건축 집합체의 설계에 있어서 다양성과 질서라고 하는 상반된다고 생각하기 쉬운 경향이 있는 과제에 대해, 유사성과 개별성이 동시에 존재가능한 설계내용의 설계전개에 있어서 역할을 하고 있다. 이러한 전개에 대해 해석을 하고, 건축 집합체의 설계전개에서 설계지침을 운용한 점에 MA의 직무능력이 발휘되고 있다고 할 수 있다.

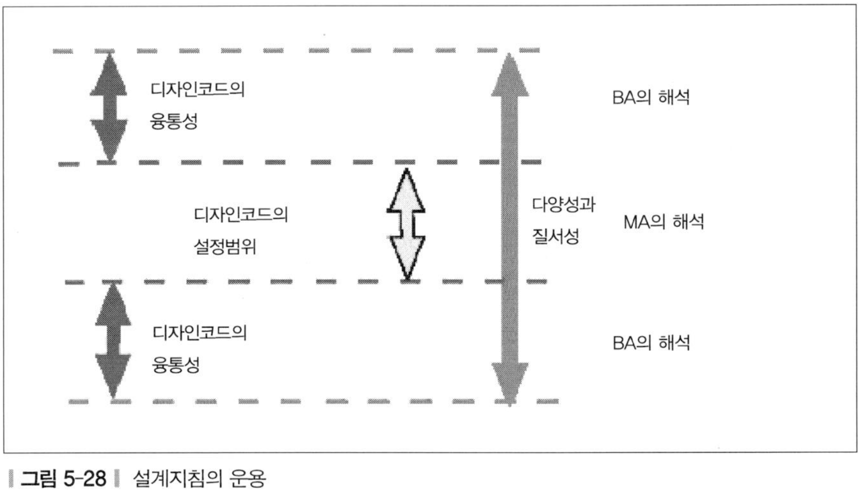

그림 5-28 설계지침의 운용

서로 다른 설계자가 하나의 건축 집합체를 설계할 때에 MA나 BA 상호간에 설계내용에 관한 의견의 「차이」가 발생하는 것은 자연스러운 것이다. 여기에서는 MA와 BA가 각각 환경설계 프로세스에서 설계내용을 전개할 때, 상호간에서 생겨나는 차이의 해결, 즉 합의형성방법을 분석함으로써 각각의 설계자가 작성하는 설계내용을 건축 집합체에 통합하는 방법을 밝힌다.

제 6 장

합의형성방법

6-1 개요

MA방식에서는 각각의 BA가 설계를 공통의 인식으로 진행시키고, 정리된 의견을 형성하는 것이 커다란 과제이다. 사회심리학 분야에서는 집단의 제일성(齊一性)을 형성하기 위한 커뮤니케이션은 다음과 같다고 알려져 있다.

A) 그 과제에 대해서 집단 구성원의 차이가 클수록 활발하게 된다.

B) 그 과제가 집단에게 있어 중요한 과제일수록 활발하게 된다.

C) 그 집단의 응집력이 강할수록 활발하게 된다.

즉 의견의 차이가 많은 구성원에 대해 커뮤니케이션이 요구되어지고, 그 분량이 많아진다고 알려져 있다. 그래서 조정회의에서 발생한 「차이」는 대응 건수의 양을 회의록으로부터 조사하는 것으로 추출할 수 있다고 생각된다. 이 방법으로 추출된 「차이」해결의 과정을 조사하고, 합의형성의 배경에 있는 요인을 고찰했다.

한편, 환경설계 프로세스의 분석에서 대응 내용의 시간적인 정의는, 전체 조정회의 횟수를 설계프로세스분석의 시간축의 단위로 하였다. 대응은 MA와 BA의 사이에서 일어난 개별 대응과 MA와 전체의 BA가 대응하는 전체 대응이 있다. 거기에서 MA와 BA의 커뮤니케이션의 양으로서, MA와 BA의 사이에서 주고받은 주어의 개수로 측량했다. 구체적으로는 설계정보의 언어에 나타난 하나의 주어가 되면서 1개의 단어로 추출하여 할 수 있는 하나의 언어가 MA가 발신하여 BA가 수신하는(혹은 BA가 발신해 MA가 수신하는) 경우에 1개 건수의 대응이 있었다고 간주해서 대응 건수로 산정했다. 예를 들어 「지붕은 그레이(gray)계」는, 설계내용을 나타내는 주어가 1개 있는 문장단위이므로 1개의 단위로 하였다.

전체조정회의 풍경

회의자료

그림 6-1 설계조정회의

- 건축물에 관한 항목
  - 배치구성, 건축형태
  - 지붕형태, 구조
  - 시설의 내부계획
  - 지붕소재, 외벽소재
- 외부에 관한 항목
  - BL분할, 학부의 도로
  - BL의 인접부분
  - 도로, 광장(중정)
  - 주차장 · 주륜장
  - 식재, 옥외 예술품
  - 사인계획
  - 스트리트퍼니쳐
  - 그 외

그림 6-2 응답항목

6-2 MA와 BA의 응답내용

6-2-1 응답 항목

MA와 BA의 응답 건수를 분석하기 위해, 전달한 설계내용을 나타내는 단어의 종류를 분류했다. 건축물에 관한 항목은 배치구성, 건축형태, 지붕형태, 구조, 시설의 내부계획, 지붕소재, 외벽소재로 분류할 수 있었다. 외부에 관한 항목은 BL분할, BL의 인접부분, 도로, 광장(안뜰), 학부의 도로(다리의 형태), 주차장 · 주륜장, 식재, 옥외 예술품, 사인계획, 스트리트퍼니처, 그 외의 것으로 총 17항목에 분류할 수 있었다. 본론에서는 이들 항목을 응답항목으로 정의하였다(표 6-1).

표 6-1 응답 건수

응답 항목		개별응답				전체응답	합계	MA에서 BA로의 발신건수	BA에서 MA로의 발신건수
		MA와 A-BL	MA와 B-BL	MA와 C-BL	MA와 D-BL	MA와 BL전체			
건축물	배치구성	8	52	13	14	3	90	55	35
	건축형태	44	57	28	21	19	169	123	46
	지붕형태	9	28	13	22	11	83	53	30
	구조	0	4	1	1	0	7	4	3
	내부계획	10	17	11	6	2	46	28	18
	지붕계획	13	3	17	17	18	68	27	41
	외벽계획	20	18	17	15	255	95	33	62
외부	BL분할	4	3	2	2	0	11	4	7
	BL인접부	24	9	33	12	1	79	55	24
	도로	3	1	5	9	0	17	13	4
	광장 · 중정	18	24	13	12	1	68	39	29
	학부의 도로	32	1	20	5	7	65	41	24
	주륜장	2	7	5	6	4	24	17	7
	식재	12	10	13	8	9	52	32	20
	옥외 예술품	4	5	10	10	14	38	24	14
	사인계획	5	3	3	4	23	38	24	14
	스트리트퍼니처	4	3	0	1	18	26	21	5
	합계	212	245	204	165	385	976	593	383

6-2-2 응답 건수

총 27회의 전체조정회의 자료를 통해 건축 집합체의 설계내용에 관한 MA와 각 BA의 발언을 조사한 결과 976건의 응답을 추출할 수 있었다(표 6-1). 응답 건수를 BL별로 조사하면 B-BL의 응답(245건)이 가장 많고, 다음으로 A-BL(212건), C-BL(204건), D-BL(165건) 순이었다. 제5장에서 실시한 BA에 대한 설계지침 해석을 위한 분석조사에서는 B-BL의 설계자에게서 「MA와 가장 많은 정보교환을 했다」라고 하는 증언을 얻었다. 또 A-BL에 대해 다른 BA로부터 A-BA의 부담이 크다는 것을 제15회 전체조정회의에서 진술하고 있다. 분석 결과는 청취내용을 반영하고 있음을 알 수 있었다.

건축물의 항목으로 보면, 건축형태의 건수(169건)가 상당히 많아 집중되는 경향이 보인다. 다음으로 배치구성, 지붕형태, 지붕소재, 외벽소재가 있어 건수가 분산되는 경향이 보인다. 외부를 응답항목별로 살펴보면, BL 인접부, 학부의 도로의 응답 건수가 많다. 나아가 응답 건수를 MA가 발언한 것과 BA가 발언한 것으로 나누어 보면, MA가 BA에 대해 발언하는 응답이 많다는 것을 알 수 있으므로, 대체적으로는 MA로부터 BA에 대해 「차이」를 제시하는 경향이 있었음을 알 수 있다. 즉 건축형태에 대해 MA로부터 BA에게로의 발언이 많다는 것에서부터 MA는 BA에게 건축형태에 관한 「차이」를 나타내는 경향이 있음을 알 수 있고, 지붕소재, 외벽소재에 대하여는 BA로부터 MA에게로의 발언이 많은 것에서 BA가 MA에 대하여 「차이」를 제시한 경향을 알 수 있다(그림 6-3).

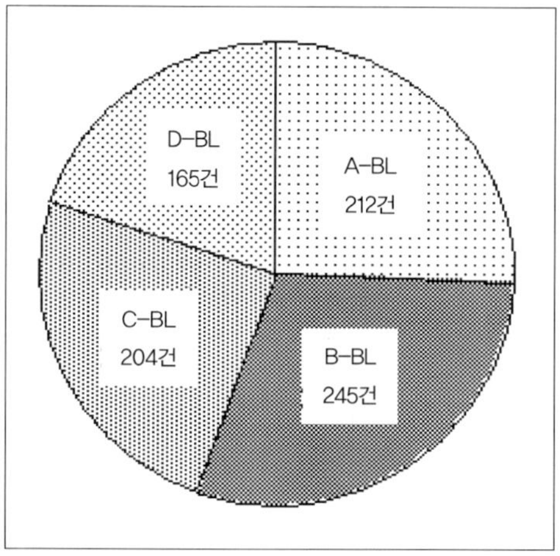

그림 6-3 응답 건수 그래프

6-2-3 응답 건수의 추이

MA응답 건수의 추이를 조사하면, 기본설계단계에서 응답이 많이 발생하고 있는 것을 알 수 있다(표 6-2, 그림 6-5). 건축물에 대해서는 제3회 전체조정회의에서 건수의 합계가 최대이었다. 외부에 대한 응답은는 건축물에 비해 늦어져서, 실시설계단계 초기의 제6회 전체조정회의에서 최대건수가 되고 있어, 건축물의 기본설계 종료단계에서 외부에 대한 응답이 개시되었다. 「차이」가 기본설계단계에서 발생하고, 실시설계단계를 걸치면서 결속되가는 경향을 읽을 수 있다.

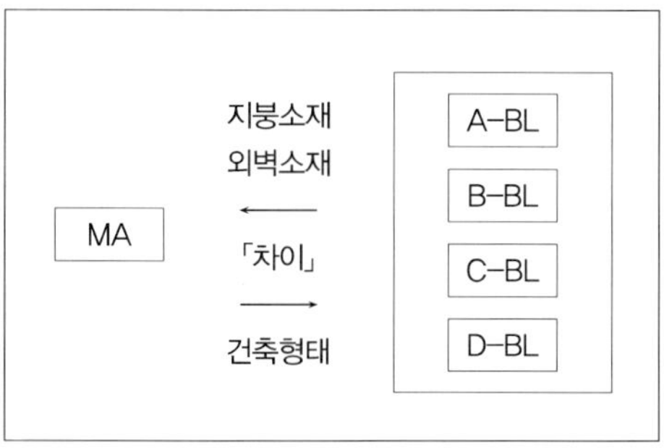

그림 6-4 MA와 BA의 주요한 「차이」에 관한 응답 내용

| 표 6-2 | 응답 건수의 추이

조정항목 \ 회의 횟수		1	2	3	4	5	6	7	8	9	10	11	12	13	14	15	16	17	18	19	20	21	22	23	24	25	26	27
건축물	내부계획	4	12	16	6	1	2					1												3		1		
	구조	2	4		1						1																	
	BL부할	7	2	1	1																							
	배치구성	30	5	15	10	23		2	1		1	2		2														
	지붕형태	6	11	23	21	19								4														
	지붕소재	8	1	8	17	7	9	2			3	1	1	2	1				4					2		2		
	양식(form)	15	44	32	28	23	5	6	5	2		1		1	2		2					1						
	외벽소재	4	8	29	8	2	18	3				2	4	4	2				7			2						
외 부	학부의 도로	12			8	19	2	8	3						1		2						11					
	도로																											
	주륜장					2		2				1							1					4			9	
	접점공간	13	6	12	16	14	4	7	3				2	1								1						
	광장	13	6	3	13	12	12	4	2	1		1			1							4						
	식재	5		5			5	9	17	2		1		1								5		7				
	옥외 예술품						12								23		8											
	사인						6					1					11	11	9									
	옥외조명						16	1			1	3		1														
	그 외																											
합 계			99				91	44	31	5	6	14	7	16	30		23	11	21				11	16		3	9	

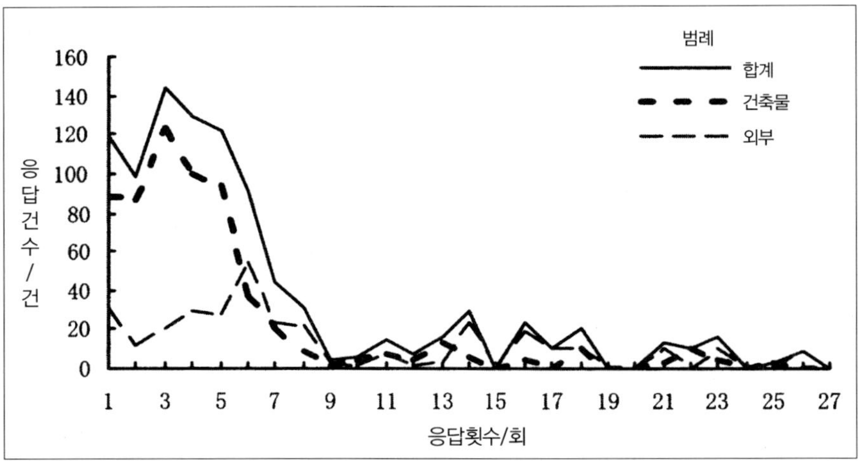

| 그림 6-5 | 응답 건수의 추이

6-2-4 설계결정내용

응답항목을 설계 대상의 스케일에 따라 분류하였다(표 6-3). 스케일은 건축물의 부분, 건축물 개체, 블록, 복수의 BL, 대지 전체의 5단계 스케일로 나누었다. 이 스케일을 따라서 분석대상으로 한 외부공간과 관련이 있는 응답항목별 설계결정의 내용을 조사하면, 건축물에서는 사용소재, 사용색채, 지붕구배, 평면형태, 입면형태, 단면형태가 결정되고, 외부에서는 포장소재, 수종, 배치계획 등이 결정되었다. 외부에 관련되는 설계결정은 건축물에 관한 결정보다도, 대체적으로 합의가 형성되기 쉬운 경향이 있다는 것을 알 수 있다(표 6-3).

표 6-3 설계 스케일과 설계결정의 내용

대응항목 \ 설계 스케일		건축물의 부분	건축물 개체	블록	복수의 블록	대지 전체
건축물	배치구성		건축의 형태○	배치계획		
	건축형태		평면형태	평면계획	평면형태	
			입면형태	입면계획	단면형태	
			단면형태	단면계획	단면형태	
				층수○		
	지붕형태	지붕구배	지붕구배	지붕형태○		
	외벽소재	사용소재				
		사용색				
	지붕소재	사용소재				
외부	BL분할					BL의 규모
	BL인접지				포장소재○	
					동선○	
					배식계획○	
	도로			동선○		선형,위치
				포장소재○		동선○
	광장 · 중정			규모,위치		규모/위치
				포장재료		
				공간구성		
				구성요소		
	학부의 도로		형태			배치계획
	식재	연출방법○		배식계획	수종선정	수종선정
	스트리트퍼니쳐	사용소재		배치계획		
		형태○				

주 1) 칸 내에 있는 것은 설계항목의 내용
2) ○는 설계프로세스에서 「차이」가 발생하지 않았던 것을 나타냄.

6-3 설계조정과정에서 「차이」의 발생

6-3-1 「차이」의 발생모델

MA방식이 성립되는 구성원의 최소 단위는 1명의 MA와 2명의 BA(BA-1, BA-2를 나타냄)로 된 3명으로 구성된다고 생각된다. Robert Axelrod은 「두 사람 이상의 행위자간 목표의 비양립상태」를 이해의 대립 혹은 분쟁상태로 정의하고 있으므로, 「차이」는 기본적으로 2명 이상의 관계에서 발생한다고 볼 수 있다. 그래서 「차이」의 발생 모델은 3명 이상의 집단간의 경우와 2명 사이에서 개별 경우가 가지는 응답의 스케일로 나누고, 의지결정모델 중에서 가장 현실적이라고 여겨지고 있는 사회적 결정 모식도를 이용해서 「차이」의 발생 모델을 작성했다.

기호표시는 구성원 사이의 관계를 소시어그램(sociogram)의 표기법을 따르고, 상호적 반발에 해당하는 「차이」를 "↔", 상호적 견인에 해당하는 합의를 "="로 표기했다. 「차이」의 발생은 5개 유형의 모델로 나타낼 수 있다(그림 6-6).

<table>
<tr><td rowspan="2">집단 사이에서의 경우</td><td colspan="2">유형 1
MA
↔ ↔
BA-1↔BA-2
모든 주체 사이에서 「차이」가 있는 경우
MA↔BA-1↔BA-2</td></tr>
<tr><td>유형 2
BA-1
MA↔ ||
BA-2
복수 BA의 합의에 대해 MA가 「차이」를 보이는 경우
MA↔(BA-1=BA-2)</td><td>유형 3
MA
BA-1 ↔ ||
BA-2
MA와 BA는 합의하고 있으나, 별도의 BA가 「차이」를 보이는 경우
BA-1↔(MA=BA-2)</td></tr>
<tr><td>개별 사이에서의 경우</td><td>유형 4
BA-1
MA↔
BA-2
MA와 BA가 혹은 「차이」가 있는 경우
MA↔BA-1 또는 MA↔BA-2</td><td>유형 5
BA-1↔BA-2
BA 상호가 「차이」가 있는 경우
BA-1↔BA-2</td></tr>
</table>

↔ 「차이」 관계를 나타냄　　|| 「합의」 관계를 나타냄

그림 6-6 「차이」의 발생모델

6-3-2 「차이」발생 BL의 조합

「차이」가 발생하는 BL의 조합을 구체적인 분석대상으로 선정하기 위해 「차이」의 발생모델에 구성원 수를 2명에서 5명의 경우로 그루핑하여 적용시켰다. 이때 조합을 이론적으로 추구할 수도 있지만, 그루핑이 방대해지고 실제로 「차이」가 발생하지 않는 조합도 포함하게 되므로 BA의 조합을 BL의 배치상황으로 전환하여 추출하였다(그림 6-7). 즉 조합을 대지가 이웃하는 BA 상호가 1개의 통합 대지로서 결합 가능한 것으로 한정해서 추출했다.

조합을 추출한 결과 유형-1, 유형-2의 조합은 구성원 수가 많은 경우에는 구성원 수가 적은 조합을 포함하는 구조라는 것을 알았다. 또한 유형-3은 조합의 구성원 수가 인접하는 3명의 경우에 한정되고 있다는 것을 알았다(표 6-5).

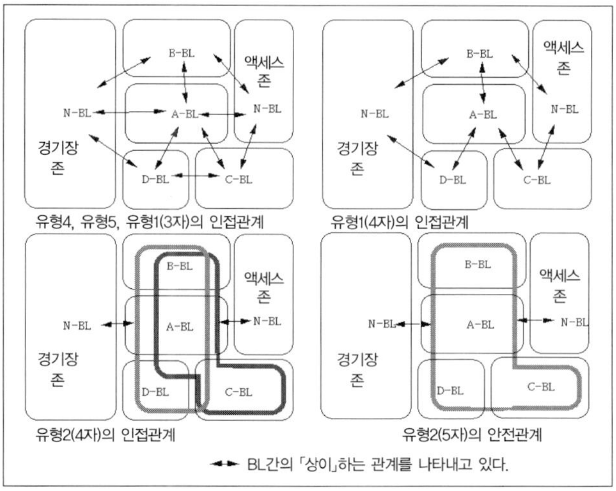

그림 6-7 대지의 배분상황과 「차이」발생의 상황

그림 6-8 블록 사이에 있는 뉴트럴 존

6-3-3 분석대상 「차이」의 특성

여기서 분석한 자료는 BA의 발언내용으로부터 상호의 「차이」를 추출한 것으로, 각 「차이」의 유형에서 얻은 BL의 조합에 해당하는 응답 건수를 유형화 했다. 유형-1, 유형-2, 유형-3은 BL 상호의 접속과 관련이 깊은 외부 항목(BL분할, BL인접부, 학부의 도로, 식재)의 응답 건수의 합계로 비교하고, 유형-4의 경우는 개별 응답의 건수로 비교한 결과, 유형-1은 N⇔B⇔A⇔C(163건), 유형-2는 N⇔(A=B=C=D)(190건), 유형3은 C⇔(N=A) 또는 A⇔(N=C)(모두 140건), 유형4는 N⇔B(245건)의 조합으로 응답 건수가 많은 것을 알 수 있다(표 6-5). 중요성이 높은 「차이」가 발생한 BL의 조합으로 볼 수 있다. 한편 유형-5를 추출하는 경우에는 BA 상호가 「차이」를 보이는 관계였으므로 회의록에서 파악하기 어려웠다.

| 표 6-5 | 대지를 인접하는 BL 상호의 조합

조합(유형) \ 접속하는 구성원 수		2명	3명	4명	5명
집단 간	인접하는 BL의 조합	A–B, A–C A–D, D–C N–A, N–B N–C, N–D	N–A–D N–A–B N–A–C A–D–C	N–A–B–C N–A–B–D	N–A–B–C–D
	유형–1		N⇔A⇔D/99 N⇔A⇔B/95 N⇔A⇔C/140 N⇔C⇔D/95	N⇔A⇔B⇔C/163 N⇔A⇔B⇔D/122	
	유형–2		N⇔(A=D)/95 N⇔(A=B)/95 N⇔(A=C)/91	N⇔(A=B=C)/168 N⇔(A=B=D)/122	N⇔(A=B=C=D)/190
	유형–3		A⇔(N=C)/140 A⇔(N=D)/99 B⇔(N=A)/95 C⇔(N=A)/140 D⇔(N=A)/99		

조합(유형) \ 접속하는 구성원 수		2명	3명	4명	5명
개별 간	유형-4	N⇔A/212 N⇔B/245 N⇔C/109 N⇔D/62			
	유형-5	A⇔B A⇔C A⇔D	A⇔D⇔C		

주 1) 빈칸은 건수에 해당하는 조합이 없다는 것을 나타냄.
2) 칸 내 「/」 우측의 숫자는 각 조합에서 발생한 응답 건수를 나타내고 있다.
3) ( )내는 인접하는 블록의 조합 중에서 대지가 하나로 정리되고 나아가 합의가 있는 조합을 나타내고 있다. 예를 들면 유형-2에서 4명의 경우에는 A-BL, B-BL, D-BL은 함께 인접해서 하나의 큰 BL의 그룹을 형성하고 있으므로 N-BL과 인접 관계가 발생한다.

6-4 전체에서 「차이」의 해결

6-4-1 유형-1의 해결

유형-1의 예로서 A-BL, B-BL, C-BL, N-BL에 관계가 있는 대지로서, BL상호가 공통으로 접하는 대지 북측의 액세스 존(Access Zone)(그림 6-9)에 대한 응답에 나타난 발언내용에 주목하여 응답 건수를 조사한 결과 41건의 응답이 있었다(MA의 중복발언은 포함하지 않음)(표 6-6). 응답 건수 중에서 20건이 교류광장과 관련이 있는 설계내용을 포함한 응답 건수이며, 6건이 어프로치 도로에 관한 응답이었다. BA별 응답 건수를 조사한 바 MA와 A-BL은 21건, MA와 C-BL은 19건, MA와 B-BL은 6건의 응답 건수를 얻을 수 있었다. A-BL과 C-BL의 응답이 많고 B-BL의 응답 건수가 적은 것을 알 수 있다(표 6-6).

발언내용을 보면 교류광장이 A-BL과 C-BL의 BA와 MA 사이의 응답에 많이 출현하고 있어, A-BL과 C-BL의 설계내용이 교류광장을 중심으로 하는 액세스 존의 설계와 깊게 관계되고 있음을 알 수 있다. MA는 교류광장에 면한 건물(대학도서관과 교류센터)의 설계내용의 변화를 요구했으므로 형태의 「차이」가 있음이 명확해졌다. A-BL과 C-BL의 BA는 교류광장에 면하는 측에 열주, 캐노피(canopy), 처마 등을 설치하는 등 건축형태의 요소를 변화시켜 MA의 요구에 부응하는 응답이 보였다.

그런데 B-BL의 BA의 요구는 단지 높이를 억제하는 것에 국한되고 있다. 즉 외부공간의 적극적인 형성을 의도한 응답이 B-BL의 BA에서는 보이지 않았다. B-BL과 C-BL의 대지배치는 어프로치 경사로를 중심으로 하여 물리적으로는 같은 조건으로 액세스 존에 접하지만 C-BL 측에는 교류광장이 정의되어 있는 것 뿐만 아니라 어프로치 도로의 연장선 위에 위치하고 있고, 나아가 간호학부의 예정지가 액세스 존을 둘러싸고 있다. 한편 B-BL 측에서는 교류광장과 같은 명확한 외부공간이 N-BL에 위치되어 있지 않다(그림 6-9). 공간의 중요도에 차이가 있음을 알 수 있다. 명확한 외부공간에 대한 정의의 유무가 응답 건수의 차이로 나타나고 있다.

MA는 다른 BL이 공통으로 접하는 외부공간을 명확히 정의함으로써 다른 BL간 건축형태의 「차이」를 명확히 하여, 서로 다른 BL간의 건축형태의 「차이」에 대해 해결할 수 있었다.

건축물 스케일에서 MA는 복수 BL의 건축형태를 동시에 파악할 수 있는 입장에 있기 때문에, BL간 형태의 「차이」를 발견하여 건축형태의 요소를 제시하고, BA 상호의 설계내용에 교감대가 형성되도록 하여 「차이」를 해결했다.

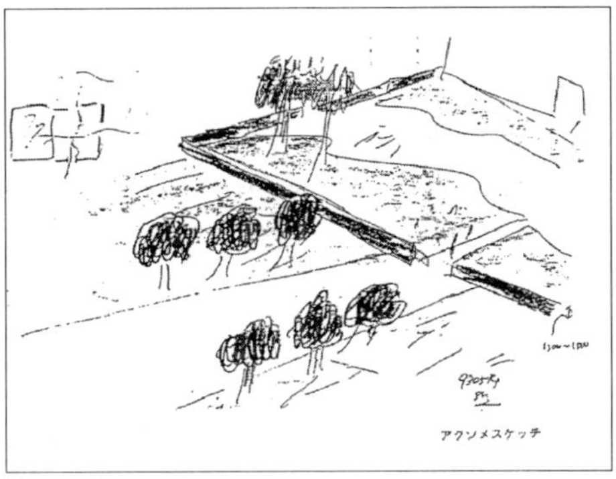

MA가 그린 교류광장의 스케치

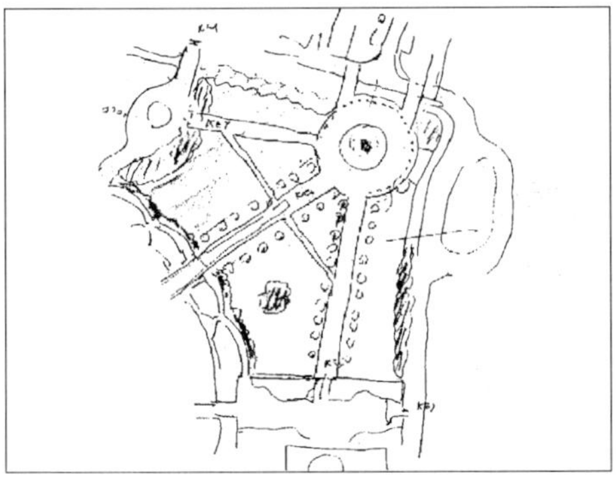

MA가 그린 엑세스 존의 스케치

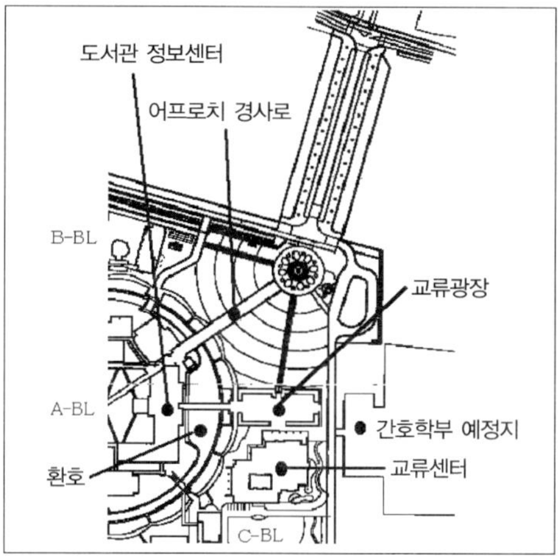

| 그림 6-9 | 액세스 존과 교류광장

| 표 6-6 | 액서스 존에서 각 주체 응답내용의 요점

		각 설계자 발언내용의 요점				
		B-BL의 발언	A-BL과 B-BL 사이에 관한 MA의 발언	A-BL의 발언	A-BL과 C-BL 사이에 관한 MA의 발언	C-BL의 발언
회의 횟수	1		 캐널의 식재는 수양버들→	교류광장으로의 동선 → ← 평판이 나쁘다	← 교류광장을 만든다 → ○ 교류센터는 독립된 BL →	← 정면성을 낸다(열주) ← 교류광장은 넓게 ←교류광장과의 일체감을 중시
	2	북동쪽에 입구를 설치한다 →	 ←중앙동의 높이를 억제한다	교류광장에 정면성(열주)→ ○	○ ←작은 실을 돌출시킨다(분절) ←공간의 연속을 만들어낸다 교류광장으로 열리게 → 교류광장에 정면성 →	← 교류광장의 녹화 ○ ○
	3	 ○ ○	○ ← 지붕을 설치한다 문제없음 → ← 볼륨 억제	← 어프로치의 정면성 ← 경사로로 들어간다	교류광장은 포장한다 → 식재로 교류광장을 구분한다→	○ ○
	4	동쪽 볼륨의 억제 →		○	← 교류광장에 정면성 입면이 압도적 →	 ← 벽면을 줄인다
	5		경사로는 시선이 통과되게→ 경사로는 압박적이지 않게→ 입구답게 만들어낸다 → ← 형태에 문제	←경사로는 면으로 하지 않는다 → ←경사로는 면으로 하지 않는다 →	← 교류광장에 정면성 → ○ ○	○

회의 횟수		각 설계자 발언내용의 요점				
		B-BL의 발언	A-BL과 B-BL 사이에 관한 MA의 발언	A-BL의 발언	A-BL과 C-BL 사이에 관한 MA의 발언	C-BL의 발언
회의 횟수	6				교류광장은 낮은 벽으로 둘러싸이게 → 교류광장을 파고라로 연출한다 →	○ ○
	7			○	← 교류광장과의 정합성 교류광장으로 캐노피 →	○
	8		캐널의 식재는 소나무 →	○	캐널 주위는 개방적으로 한다→ 교류광장은 벚나무 →	○ ←교류광장은 포플러

건수	BA발언	MA와 B-BL 과의 응답	MA발언	MA와 A-BL 과의 응답	BA발언	MA와 A-BL 과의 응답	MA발언	MA와 C-BL 과의 응답	BA발언

주 1) →는 발언의 방향을 나타내고 있다.
예를 들면, 표 우측 아래의 「←교류광장은 포플라」는 C-BL의 BA로부터 MA에 대한 발언이라는 것을 나타내고 있다.
2) ○는 설계내용으로 응답한 것을 나타낸다.

6-4-2 유형-2의 해결

유형-2에서는 모든 BA의 합의에 대해 MA가 「차이」를 보이고 있다. 전체에 공통되는 내용을 포함하는 BA의 발언내용에 주목해보면 해당하는 응답이 18건 보인다. 그 중 11건이 대지 전체의 MP에 관한 지적내용이며, 5건이 MA의 조정행위에 관한 것, 4건이 기타(프로그램 등)이었다(표 6-7).

마스터플랜에 대해 모든 BA의 의견이 「대지가 좁다」라고 하는 공통된 의견을 보이고 있어, MA와 「차이」가 발생했다. 대지 전체의 스케일에 대한 해결을 조사하기 위해, MA가 제1회 전체조정회의에서 제시한 초기 MP와 변경된 실시 MP를 비교한 바, 광장의 위치, 서비스 도로의 위치, 대지규모의 변화 등, 도시기반요소에 변화가 있다는 것을 알았다(그림 6-5).

도시기반요소의 변화요인을 조사한 바, BA가 MP에 대해 지적한 것을 해결한 것과, MA가 BL 내의 설계에 응하기 위해 설계내용을 변화시킨 것이 있다는 것을 알았다. BL 내의 설계에서 제기된 문제를 해결하기 위해 MA는 BL의 설계내용을 파악해서 B-BL과 D-BL의 대지를 넓히고, 구내도로의 위치나 도로선형 등 MP를 변화시켰다. 도시설계에서는 도로의 조건이 건축설계에 전제조건으로 존재하여 일방적으로 영향을 주는 프로세스를 지니는 경향이 보이지만, 이 경우에는 건축설계가 대지의 설계에 영향을 주었다. BA가 문제점 등을 지적함으로써 MP에 대한 BA와 MA의 「차이」가 명확하게 되었다. MA는 BA의 의견을 받아들여 초기의 MP를 골격으로 하면서 BA의 설계에 적합하도록 도시기반요소를 변화시키는 설계를 실시하여 서로 절충하는 것으로 「차이」를 해결했다.

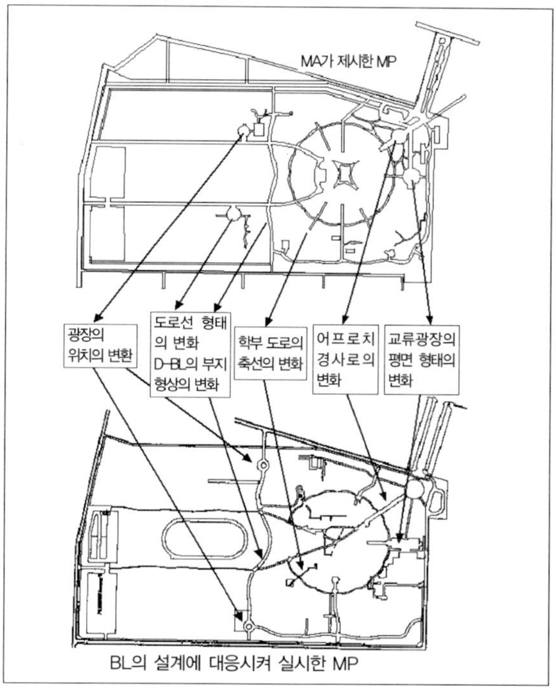

| 그림 6-10 | 주요 도시기반 설계내용의 변화

| 그림 6-11 | MP를 작성하는 MA

| 표 6-7 | BA의 MA에 대한 지적내용

	기본설계단계에서의 지적	실시설계단계에서의 지적	제1기, 제2기 공사단계에서의 지적
지적내용의 요점	수양버들은 평판이 나쁨(A, 1, MP) BL이 좁음(A · B · C · D, 1-2, MP) 광장이 불명확(C, 1, MP) 조닝이 불명확(C, 3, MP) 도로가 불명확(C, 5, MP) 평지붕이 필요함(B, 3, MP) 용적률에 융통성이 없다(B, 5, 그 외) 토론이 불충분(D, 4, 조정)	조정의 불공평(D, 7, MP) 조정행위가 문제(D, 7, 조정) 기와의 소성정도를 조절하는 것은 불가능(A, 10, 조정)	지반 고저차가 문제(B, 11, MP) 옥외 예술품이 어중간함(B, 14, MP) 한정 문자는 곤란(B, 16, 그 외) MA의 지도력이 문제(B, 20, 조정) A-BL에 부담이 많다(B, 20, 조정) BL은 세분화한다(C, 20, MP) 주차장의 증설은 불필요(C, 24, MP)

주) ( )안에 들어 있는 것은 좌측에서부터 BL, 각 회의 횟수, 지적의 대상 지적 대상에서 조정은 MA의 조정행위를 나타냄.

6-4-3 유형-3의 해결

BA 사이의 「차이」에 대해 MA와 BA가 합의하고 있다. 유형-3의 사례에서 BL 사이의 스케일을 대상으로 N-BL, A-BL, C-BL 사이의 응답을 조사해보면, 환호(環壕)를 끼고 A-BL과 C-BL의 양쪽 BL을 연결시키는 학부 도로의 설계에 유형-3의 「차이」가 발생하고 있었다(표 6-8).

학부 도로의 설계프로세스에서는 당초 C-BL의 BA는 A-BL 내에 연속하는 2층의 학부 도로를 설계해서 A-BL 내의 센터광장과 C-BL을 2층 레벨로 연결하는 것을 제안했지만, A-BL의 BA는 2층에서 센터광장과 C-BL을 연결시키는 것에 납득이 가지 않았으므로 A-BL의 BA와 C-BL의 BA와의 사이에 「차이」가 발생했다. MA는 A-BL의 BA와 합의하여, 학부 도로를 1층 레벨에서 연결시킬 것을 C-BL의 BA에게 요구했다. 그러한 과정에서 C-BL의 BA는 2층 구조의 다리(bridge)를 학부의 도로로 할 것을 제안했다. 건물과 건물을 연결시키는 설계내용이 다리에 국한된 설계로 변화되었다. BA는 자신의 2층 구조에 대한 주장과 다른 BL의 BA나 MA의 주장 양쪽을 충족시키는 설계가 되도록 2층 구조의 다리를 설계함으로써 타협을 통하여 「차이」를 해결했다. 환경설계 프로세스의 초기에는 BL의 독자성을 내기 위해 자유스러운 표현으로 하는 것도 좋다는 MA로부터의 보증에 따라 C-BL의 BA는 제약이 없는 자유스러운 설계를 전개했다. 그러나 MA의 제안은 「촌락성」이 있는 형태인 것을 확인할 수 있었다.

A-BL과 다리의 접속부분

다리 전체의 전경

그림 6-12 캐널과 다리

| 표 6-8 | A-BL과 C-BL 사이의 학부 도로에 대한 응답의 요점

회의 회수	A-BL의 BA 발언의 요점	MA 발언의 요점	C-BL의 BA 발언의 요점
1		형태는 자유 중심축을 설정한다 BL간의 공정한 경쟁이 중요	센터광장과 2층으로 연결한다 
2	2층에서 연결되는 것이 꼭 필요한가		A-BL 내에 계단실을 C-BL이 설계한다 
3		지붕을 설치한다 촌락적으로 한다 1층 레벨에서 연결한다 BA 상호의 협의	1층에서 연결한다 
4		촌락적이라면 형태는 자유스럽더라도 인정한다	2층 구조로 연결한다 

6-5 개별간에서 「차이」의 해결

6-5-1 유형-4의 해결

MA와 1명의 BA 사이에서 발생하는 유형-4의 사례로서 B-BL의 BA와 MA 사이에서 일어난 응답을 조사하면 배치구성, 지붕형태, 건축형태의 응답항목 건수가 다른 BL의 같은 항목의 건수에 비해 많다(표 6-1 참조).

이들 항목의 스케일은 BL의 스케일이므로, B-BL의 설계내용 변화와 설계결정을 조사해보면 표 6-9에 나타난 것과 같은 설계내용의 변화를 볼 수 있다(그림 6-13 참조).

B-BL의 BA는 7개의 안을 작성했다. 설계의 내용은 크게 변화되어 4개의 변화 패턴이 보인다(표 6-9, 표 6-10). 대체적으로 배치구성에 관련된 설계내용에는 MA가 MP에서 제시한 건축형태의 요소가 실시안에 반영되고, 건

축형태에 관한 내용에서는 BA가 제안하는 건축형태의 요소가 실시되는 경향임을 알 수 있다(표 6-10).

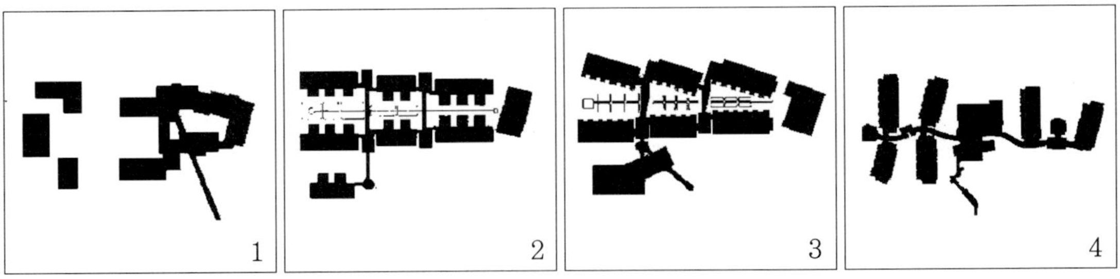

그림 6-13 B-BL 설계내용의 변화도

표 6-9 설계내용의 변화 유형

	항목의 종류	건축형태의 요소
a)	MP의 설계내용이 실시안에 반영되는 건축형태	축선, 중정, 회랑
b)	BA가 제안하지만, 실시단계에 이르지 않는 건축형태	심메트리(symmetry), 한쪽이 경사진 지붕, 분절된 지붕
c)	BA에 의해 제안된 것이, 실시안에 반영되는 건축형태	타원 평면, 묵직한 4각형, 밖으로 향하는 포위형
d)	MP의 설정내용이 실시안에 반영되지 않는 건축형태	안으로 향하는 포위형

표 6-10 B-BL의 설계내용 변화

건축형태의 요소 \ 설계안		1안	2안	3안	4안	5안	6안	7안	실시안
배치구성 관련	지신(地神)의 축선	○→	→○→	→○→	→○→	→○→	→○→	→○→	→○
	야사카(八坂) 축선	○→	→○→	→○→	→○→	→○→	→○→	→○→	→○
	포위형(안쪽방향)	○→	→○→	→○→	→○→	→○→	→→→	→○	
	포위형(바깥방향)						○→	→→→	→○
	대지형태에 따른다	○			○→	→○→	→○→	→○→	→○
	심메트리(symmetry)		○→	→○→	→○→	→○→	→○		
건축형태 관련	중정	○→	→○→	→○→	→○→	→○→	→○→	→○→	→○
	회랑	○→	→○→	→○→	→○→	→○→	→○→	→○→	→○
	원(타원)형 평면		○→	→○					○
	사각형 형태(큰)		○→	→○→	→○→	→○→	→○→	→○→	→○
	사각형 형태(작은)		○→	→○→	→○→	→○			
	양쪽 구배의 지붕	○→	→○					○→	→○
	한쪽 구배의 지붕			○→	→○				
	분절한 지붕					○→	→○		
	분절한 벽면					○→	→○→	→○→	→○

주) ○는 1/1500의 배치도에서 확인 할 수 있는 항목, →는 다음 안에 계승되는 것을 나타냄.

MP의 설계내용이 실시안에 반영될 경우 형태요소는 축선, 포위형, 안행(雁行)이었다. BA가 건축형태의 요소를 제1회 전체조정회의에서 받아들일 것을 MA에게 제시했으므로 「차이」는 보이지 않았지만, MA는 제2회부터 제5회 조정회의에 걸쳐 계속해서 항상 「촌락성」이 없다는 것을 BA에게 지적했다. 설계에 사용하는 형태요소의 합의는 형성되어 있어도, 설계를 실시한 결과에서는 「차이」가 발생했다. 이 「차이」는 BA가 설계를 변화시켜서 「촌락성」을 가지도록 MA의 의견에 맞추고, MA가 BA가 실시한 설계를 인정하는 것으로 해결되었다.

BA에 의해 제안된 것 중에서 실시안에 반영된 형태요소는 원(타원)형 평면, 사각형 형태(mass)였다. 제안에 의해 설계를 실시한 내용은 다르지만, 항상 BA는 이들 건축형태의 요소를 사용하는 설계를 했다. B-BL에서는 BA의 이러한 형태에 대한 주장이 강했음을 알 수 있다. MA는 이러한 형태의 요소에 대해 「촌락성」이 없다고 하는 평가를 제시하여 「차이」를 명확히 했음에도 불구하고 「차이」가 있는 형태는 실현되었다. BA가 주장하는 건축물 부분의 형태는 MA와의 「차이」에 따르지 않고 BA의 주장에 MA가 이해하고 BA는 「촌락성」을 갖도록 설계에 변화를 주는 것으로 해결했다.

BA가 제안하였으나 실시되지는 않은 형태요소도 있었다. 심메트리(symmetry), 한쪽이 경사진 지붕, 분절된 지붕이 그것이다. MA는 BA가 설계를 실시한 이러한 건축형태의 요소에 대해 「촌락성」이 없다고 하는 평가를 하여 「차이」를 명확히 하였다. 이러한 「차이」는 BA가 MA의 의견을 따르는 쪽으로 설계에 변화를 주어 해결했다.

MP의 설정내용이 실시안에 반영되지 않은 배치구성은, 제1회 전체조정회의에서 MA가 MP로 제시했지만 설계 도중에 대학측의 요구와 MA의 초기 의도에서 「차이」가 발생했으므로, BA의 설계내용과 MP에 「차이」가 나타났다. 이 「차이」는 BA가 대학측의 요구를 받아들여 설계를 변화시킴으로써 「촌락성」이 있다고 MA가 인정하는 것으로 해결했다.

이렇게 블록의 스케일에서 발생한 「차이」는 MA의 주장과 BA의 주장이 함께 반영되도록 해결 했다. BA는 MA의 구상에 근거한 건축형태의 요소를 받아들여서 설계를 변화시키고, 구상과 비교하면서 합의를 형성했다.

▌그림 6-14▐ 조정회의에서 BA가 제안하는 풍경

▌그림 6-15▐ 소재의 조정

6-5-2 유형-5의 해결

유형-5의 경우는 BA 상호가 「차이」를 보이는 관계이지만, 그러한 내용을 회의록으로부터 파악하기 어려워 대지의 조건과 관계없이 발생하는 「차이」를 추출했다. 전체에 공통되는 설계내용으로 지붕소재, 외벽소재, 외벽색채, 지붕구배에 대한 설계결정내용의 결정과정에 주목해서 「차이」를 해결한 내용을 조사했다(표 6-11).

표 6-11 전체에 공통된 건축의 부분 스케일에 대한 발언의 요점

회의 횟수	발언자	외벽소재	외벽색채	지붕소재	지붕구배
1	A			금속지붕(동)	소재를 바꾸고 구배도 바꾼다
	B	나무			
	C			기와(八幡瓦)	
	D				구배는 통일한다
	MA	빛나지 않는 것		기와계, 금속계	폭을 가진다
2	A				
	B				
	C				
	D				각 BL별로 범위를 설정
	MA	선택의 폭			
3	A	벽돌	어스칼라 (earth color)	서양풍	10/10 4/10, 5/10
	B	PC			A-BL에 맞춘다
	C	콘트리트			
	D				
	MA	불교의 전통색 일본의 전통색	황색 · 황토색		역 구배의 구배를 유지한다
4	A	뿜칠			
	B	흙 뿜칠		스페인 기와	
	C	벽 타일			
	D	RC노출콘트리트		일본풍 · 그을린 은색	
	MA	콘크리트적인 마감은 피한다		고원미술관의 이미지	
실시안	A	모래재질 마감	황색 · 황토색	기와(八幡瓦)	(상한)7.5/10
	B	흙 뿜칠	다갈색	기와(八幡瓦)	(하한)10/10, 6/10
	C	석기질 무채타일	다갈색	기와(八幡瓦)	(상한)5/10
	D	RC노출콘트리트	담황색	기와(八幡瓦)	(하한)8/10, 5/10

주 1) 발언자 A : A-BL의 BA, B: B-BL의 BA, C: C-BL의 BA, D: D-BL의 BA를 나타냄.
2) 고원미술관은 나가노현(長野縣) 다카토마치(高遠町)에 건축가 미야모토(宮本忠長)의 설계에 의해 1992년 건설되었다.

외벽의 설계결정 프로세스를 살펴보면, MA는 제1회 전체조정회의에서 광택이 있는 소재를 피할 것을 제시했고, 제3회 전체조정회의에서 프랑스의 전통색과 일본의 전통색을 사용할 것을 제시했다. 이것은 BA가 어스칼라(earth color), 벽돌(색), 노출콘크리트 등 각기 다른 색채와 소재를 사용할 것을 MA에게 제안한 것과 대치되는 것이었다. 복수의 BA 사이에서 색채에 대한 의견에 「차이」가 보인다. 설계결정시 MA는 토지와의 관계를 생각한 색채로서 황토색계·황색계를 선택했다. 「콘크리트적인 대학은 피한다」라고 하는 MA의 의지도 동시에 제시했다. 이 발언에 의해 색채의 「차이」는 어스칼라(earth color)로 결정되었다(그림 6-16 참조). BA간에 발생한 의견 속에서 MA가 선택하고, BA가 서로 협조함으로써 「차이」는 해결되었다.

구배지붕은 설계프로세스 초기부터 「촌락성」을 반영하는 것으로 결정되어 있었지만, 구체적인 내용은 결정되어 있지 않았다. BA는 구배를 통일하거나 또는 소재를 변화시킴과 동시에 구배를 동시에 변화시키는 것을 제1회 전체조정회의에서 제안했으므로, BA간에 「차이」가 발생했다. 이것에 대해 MA는 어떤 일정한 폭으로 구배를 설정하는 것으로 대처했다. MA는 「차이」가 발생하는 복수의 의견 중에서 중용을 선택하는 설계결정을 실시했다. 지붕구배의 선택 요인에는 「촌락성」, 원경 경관을 들 수 있었다. BA는 MA에 협조하여 「차이」를 해결했다.

지붕소재에 관해서는 제1회 전체조정회의부터 각각의 BA는 서로의 의견을 발언하고 있었던 것으로, BA 사이에서 처음부터 「차이」가 발생하고 있었던 것이 협의 중에 표면화 되었다. BA의 소재 선택은 서양풍에서 일본풍에 이르기까지 폭이 넓었다. 그래서 MA가 「고원미술관」의 이미지를 가지고 있다는 것을 제시했다. 그리고 「촌락성」과 지역성의 관점에서 BA로부터 제안되었던 지역의 소재인 기와(八幡瓦)를 선택했다. BA는 MA의 결정에 협조하고 통일된 지붕소재의 사용으로 설계를 결정하여 실시해서 「차이」를 해결했다.

MA가 제시하는 구상이나 지역성에 근거해서 BA가 서로 협조하고, 소재,

색채, 지붕구배 등 건축형태의 요소에 대한 합의가 이루어져 설계가 전개되었다.

▌그림 6-16▐ 건설현장에서의 조정풍경

6-6 설계내용의 합의형성

MA방식에 의한 설계내용의 합의형성에 따른 배경을 하나의 설계사례분석으로부터 얻는 것은 한계가 있지만 「차이」의 해결에 모델분석을 사용해서 합의형성을 분석한 결과, 해결의 모델과 그 배경이 밝혀졌다.

6-6-1 「차이」의 해결모델과 그 배경

「차이」의 해결은, 설계의 스케일마다 「차이」가 발생하는 당사자 양쪽의 의견이 설계결정의 내용에 반영되므로 설계결과가 중용이 되어 해결하는 경우와, MA가 당사자간의 「차이」 속에서 선택하는 것으로 해결하는 경우가 있다. 중용으로 해결에 이르는 경우에는 BA가 MA에게 협조하는 경우, MA가 BA에게 협조하는 경우, MA와 BA 양쪽이 서로 협조하는 경우가 있다. BA 사이에서의 「차이」는 MA가 개입하여 복수 BA의 의견 속에서 선택하는 경우와 복수 BA의 의견이 중용이 되도록 BA가 서로 협조하는 경우가 있다. 이와 같이 서로 영향을 끼치면서 협동적으로 「차이」가 해결되었다. 이상을 정리하면 표 6-12가 된다.

| 표 6-12 | 「차이」의 발생과 해결 결과

		「차이」의 발생 모델				
		유형-1	유형-2	유형-3	유형-4	유형-5
	설계스케일	건축물	대지전체	복수 BL	BL	건축물의 부분
해결 모델	당사자간 양쪽의 의견이 설계결정에 반영되어 중용이 되는 해결	액세스존의 입면형태(B) 평면형태(B)	전체계획의 도로의 선형(M) 대지분할(M) 광장위치(M)	BL접촉부의 학부의 도로(MB)	N-BL 내의 식재선정(M) 일반 BL 내의 입면형태(MB) 평면형태(B) 배치형태(B) 지붕형태(B) 배식계획(B)	전체에 공통의 지붕구배(B)
	「차이」 속에서 선택하는 해결					일반 BL 전체에 공통되는 외벽색(B) 지붕소재(B)

주 1) M : MA가 BA에 협조해서 중용이 된다.
B : BA가 MA에 협조해서 중용이 된다.
MB : MA와 BA의 상호가 협조해서 중용이 된다.
2) 칸에 들어 있는 내용은 설계결정내용을 나타내고 있다.

MA는 액세스 존에서 BA에게 지붕형태, 입면형태, 배치계획 등에 대해 영향을 주었다. 액세스 존 속에서 명확한 의미를 가지는 외부공간으로서 교류광장을 정의한 것도 입면형태 등의 「차이」의 해결에 보탬이 되었다. 액세스 존에서 MA는 복수 BA의 설계안에 나타난 정보를 장악하고 동시에 복수 BL의 설계안을 인식할 수 있는 입장에 있었으므로, 각 BL간의 형태 균형을 파악할 수 있었다. 이러한 위치에서 각 BA에게 정보를 주어 설계내용의 변화에 영향을 주었다. BA 설계의 실시내용에 대해 MA는 영향력을 가진다. 즉 MA는 명확히 정의된 외부공간에 대하여 건축 집합체의 형태에 관한 정보를 장악함으로써 생긴 영향력이 BL 상호에서 생긴 형태의 「차이」를 해결할 수 있는 역할로 이어졌다. 또한, MA는 건축가로서 포위형, 분절화, 분산배치, 달개집 · 파고라, 어스칼라(earth color) 등과 같은 형태요소를 이용한 수많은 작품을 설계하고 있는데, 이러한 건축형태요소에 대한 특별한 전문성이 BA 상호의 타협을 촉진시켰다. MA의 전문성에 의한 영향력이 건

축형태에서 요소의 「차이」를 해결하는 역할을 했다고 볼 수 있다. MA의 정보적 영향력과 전문적 영향력으로 구축된 사회적 영향력에 의해 협동적으로 「차이」를 해결하는 역할을 하였다고 생각된다.

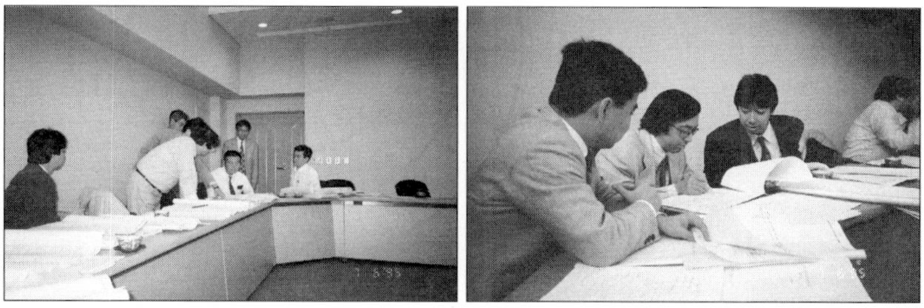

그림 6-17 MA와의 토의

6-6-2 MA · BA 사이에서 상호성의 원칙

MP에는 BA의 건축설계가 영향을 주고, BL 내의 설계에는 MA가 영향을 준다. 즉 MA와 BA는 영향을 서로 주고받으면서 「차이」의 해결을 도모한다. 그때 MA는 BA의 주장을 받아들이므로 BA도 MA의 의견을 받아들일 수 있었다. 여기에 사회심리학에서 대립의 해소 방법으로 알려진 상호성의 원칙이 작용하고 있는 것을 볼 수 있다. 이 작용이 협동적으로 「차이」의 해결을 촉진했다고 생각된다.

6-6-3 건축 집합체 구상의 역할

설계결정의 요인과 결정내용을 정리하면 표 6-13의 결과를 얻을 수 있다. 설계결정의 요인에는 지역의 환경, 「촌락성」, 주위의 랜드스케이프 등과 같이 주변지역이나 대지 고유의 환경조건을 나타내는 언어가 역할을 하고 있다(표 6-13). 그 중에서도 「촌락성」의 구상은 광범위한 응답 항목에 대하여 「차이」를 해결하는 역할을 하고, 그 이외의 결정 요인에 대해 우위를 보이고 있다. 즉, 건축물의 집합체를 나타내는 구상이 환경설계 프로세스 안에서 MA와 BA 사이에서 설계결정의 요인으로서 작용하여 협동적인 문제해결에 중요한 역할을 수행하고 있다고 할 수 있다.

| 표 6-13 | 응답항목과 설계결정 요인의 관계

설계결정의 요인 / 대응항목		지역의 환경 (아라카미야마(荒神山), 비와호(琵琶湖))	「촌락성」 · 수향(水鄕)	주위의 랜드스케이프 원경 경관	대지 특유의 환경(바람, 유적, 지하수)	그 외
건축물	배치구성	배치계획	배치계획	배치계획	배치계획	건축의 형태 배치계획
	건축형태	입면계획	평면형태 입면형태 단면형태	평면형태 입면형태 단면형태	입면형태	입면형태 단면형태
	지붕형태	구배지붕	구배지붕			
	지붕소재	사용소재	사용소재			
	외벽소재		사용색	사용색		
외부	BL 분할					BL의 규모 동선
	BL 입접부		포장계획	배식계획		동선의 시스템,
	도로		포장재료			도로의 선형, 위치
	광장 · 중정		포장재료 구성요소	공간구성		공간구성 규모, 위치
	학부의 도로		형태			배치계획
	식재	수종선정	배식계획 연출방법		수종선정 배식계획	
	스트리트퍼니쳐		사용소재 형태			배치계획

주) 칸의 내용은 설계결정 내용을 나타냄. 예를 들어, 식재의 배식계획은 「촌락성」에 의해 설계결정이 이루어졌음을 나타냄.

6-6-4 합의형성 사이클

유형-5의 「차이」에 나타난 합의형성에는 공통된 흐름이 있었다는 것을 지적할 수 있다. MA는 건축 집합체를 나타내는 구상을 제시해서 BA와 「구상의 합의」를 했다. 구상을 따라 협동적으로 MA와 BA가 서로 협조하는 「형태의 요소의 합의」를 했다. BA는 합의한 형태의 요소를 이용하여 설계를 실시했다. 한편 MA는 도시기반요소의 합의를 BA와의 사이에서 실시하고, 건축설계에 적응하는 대지 전체의 설계를 실시했다. 설계의 실시결과를 구상과 대조해서 「구상의 합의」를 실시하고, 최종적인 합의형성을 이루었다. 「구상의 합의」→「형태요소의 합의」→「설계의 실시」→「구상의 합의」로 이루어진 설계전개의 과정을 거쳤다(그림 6-18).

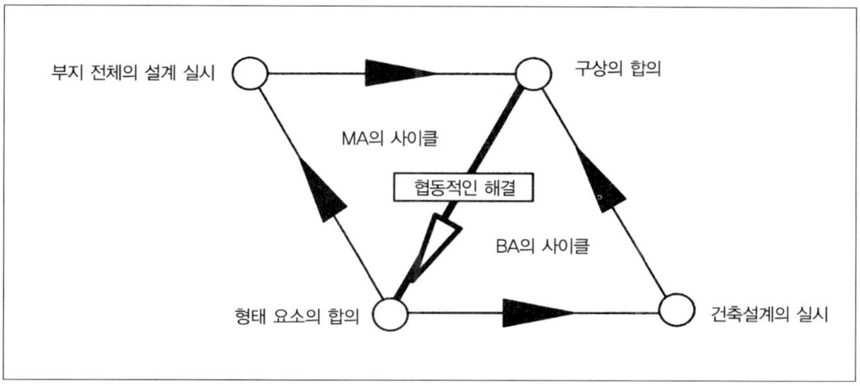

그림 6-18 합의형성의 설계전개 과정

6-7 합의형성에 의한 설계방식

환경설계 프로세스에서 설계내용의 합의형성을 위해, MA는 주변지역의 환경을 고려한 건축 집합체의 구상을 제시하고, 설계결정의 요인으로 이용했다. 그때 MA의 사회적 영향력, 상호성의 원칙이 MA와 BA의 관계에 작용하고, 합의형성의 과정이 전개되고, 각 단계에서의 합의를 거듭해서 합의형성이 진행되었다는 것을 알았다. 그러나 MA의 사회적 영향력이 강해지면 합의형성은 보다 촉진되지만 MA의 영향력에 의해 BA의 개성적인 설계전개가 저지되어, 본래의 목적이라고 할 수 있는 혼재형의 건축 집합체를 설계하는 것이 곤란해질 수 있다고 생각된다. MA는 자기의 사회적 영향력을 이해한 후에 조정에 임하는 것이 필요하다.

건축 집합체의 설계프로세스에서는 설계자가 설계내용을 어떠한 방법으로 전개해 가는 것일까? 여기서는 MA와 BA가 환경설계 프로세스에서 서로 제안하는 설계내용에 보이는 건축물과 그 외부환경의 설계내용 속에서 「형태」에 주목하여, 「형태」가 하나의 건축 집합체로 이어지고, 통합되어 가는 프로세스, 즉 집합형태의 생성프로세스를 분석하여, MA와 BA가 건축 집합체를 설계하는 근거를 밝히고자 한다.

제 7 장 설계전개의 배경

7-1 개요

7-1-1 「형태」의 분석

여기서는 설계프로세스에서 각 BA가 작성한 설계안에 묘사된 「형태」의 전개에 의한 건축 집합체의 생성프로세스를 고찰한다. 「형태」의 이해는 MA의 조정행위 속에서 MA가 형태를 다루는 행위가 가장 빈번하다는 것(4장), 그리고 MA는 건축설계 실무자이므로 MA와 BA의 응답에 있어서 형태에 의한 사고는 유사점이 많다는 것들로 보아 「형태」의 분석은 MA방식에서의 설계방법 분석에 있어 매우 중요하다. 그래서 BA가 디자인회의에 제시한 설계도, 설계회의의 회의록, 설계 후에 BA 스스로가 작성한 설계의도 자료(5장)를 수집했다. 설계도는 설계프로세스에서 작성된 것을 사용했다(그림 7-3, 7, 8, 11, 15). 이러한 자료에 근거해 설계대상의 구체적인 모습을 나타내는 명사구로서 「형태」를 추출했다.

7-1-2 「형태」의 계층과 속성

분석을 위해 「형태」를 스케일의 차이에 따라 전체 스케일, BL 스케일, 부분 스케일의 3개 계층으로 분류하였다. 전체 스케일은 가장 크고, 복수의 BL과 그 주변의 외부공간으로 이루어지는 집합형태를 구성하고, BL 스케일은 하나의 BL에 포함되는 건축물과 그 주변의 외부환경을 구성하는 것, 그리고 부분 스케일은 건축물이나 외부환경을 구성하는 것으로 하였다(그림 7-1). 또 집합형태를 구성하는 부위에 구체적으로 나타나는 「형태」를 여기서는 특별히 구성요소라고 부르고, 「형태」상호의 결합관계를 형태구성이라 하였다. 「형태」를 계층과 속성으로 나누어서 각각의 근거를 분석했다. 한편, 설계안을 BA가 조정회의마다 작성하여 제출한 것을 전개라고 부르고, 설계안을 시계열에 따라 1차안, … n차안 …, 실시안이라 하였다.

전체 조정회의는 총 27회 개최되었다(6장 참조).

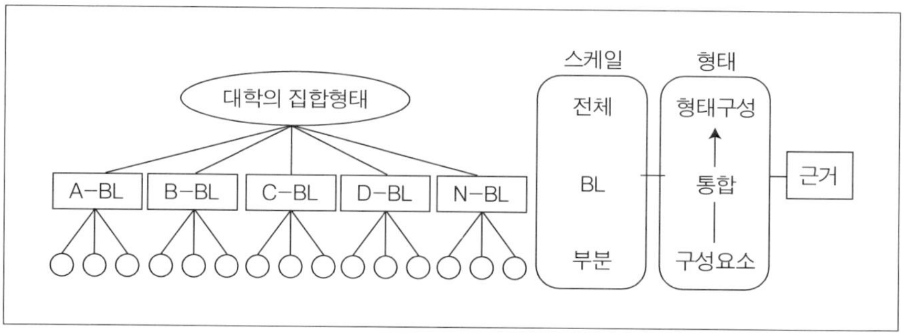

그림 7-1 형태의 계층

7-1-3 분석순서와 방법

분석순서는 다음과 같다.

① 설계도에 묘사된 「형태」를 추출하여, 형태의 제시자, 제시 시점, 제시 요인, 의미를 추출하고, 집합형태의 조성, 「형태」의 전개 상황, 「형태」의 전개를 파악한다.

② ①에서 추출한 「형태」가 집합형태에 융합되는 프로세스를 분석해서 「형태」의 확정 방법을 파악한다.

③ 「형태」 확정의 근거를 파악한다.

④ 이상의 「형태」가 집합형태에 융합되는 프로세스를 분석해서 집합형태의 생성에 관계되는 형태의 근거를 밝힌다.

A-BL 교사부분 C-BL 교사부분 B-BL 교사부분 D-BL 교사부분

그림 7-2 각 BL의 설계결과/출처 : 우찌이(內井昭藏)건축설계사무소 자료

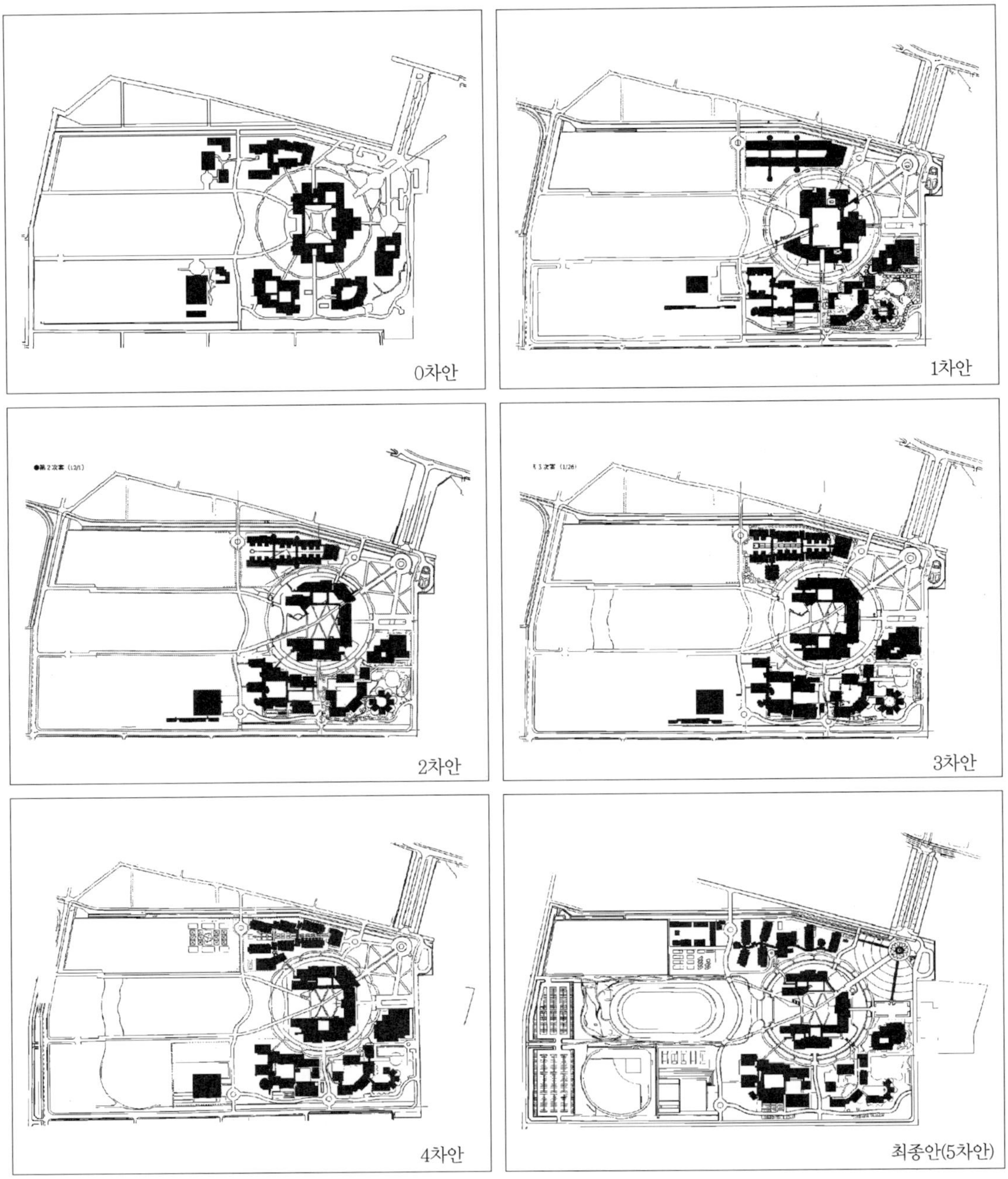

시가현립대학에서 설계순서의 흐름
1. MA가 MP와 DC를 작성한다.
2. MA가 MP와 DC를 BA에게 제시한다.
3. BA는 BL의 설계를 전개한다.
4. MA와 BA는 BL의 설계안을 협의한다.

5-1. MA는 BA에게 제약을 준다.
-2. BA 상호가 제약을 가지면서 만난다.
-3. BA가 MP에 제약을 준다.
-4. BA가 DC에게 제약을 준다.
6-1. MA는 MP를 수정한다.
-2. BA는 BP를 수정한다.
-3. MA는 DC를 수정한다.
7. MA와 BA 사이에서 MP와 BP의 합의형성이 되면 ⑨로.
8. 프로세스 1~7을 되풀이한다.
9-1. BA는 실시설계를 한다.
-2. MA는 외부공간의 실시설계를 한다.
10. MA와 BA는 ⑨의 설계결과를 확인한다.
11. 준공

그림 7-3 MP의 변화

7-2「형태」의 전개

7-2-1 집합형태를 구성하는「형태」

각 설계안에서「형태」를 추출해서 표에 정리하면, 건축물에 속하는「형태」가 45종류, 외부환경에 속하는「형태」가 7종류로 합계 52종류의「형태」를 추출할 수 있었다(표 7-1, 2).「형태」속성의 내역을 보면, 구성요소는 29종류, 형태구성은 17종류였다. 구성요소의 종류는 형태구성의 종류보다도 많아 집합형태는 여러 종류의 구성요소로부터 구성된 것을 알 수 있다.

7-2-2 전개요인과 집합형태의 조성

「형태」의 전개에는 MP를 계승하는 것에 의한 전개, 다른 BL 또는 BA 설계안의 영향에 의한 전개, 구성원간의 의견교환에 의한 전개, BA의 독자적인 전개의 4가지 요인이 있다는 것을 알 수 있다(표 7-2).

실시안에 보인 37개 종류의「형태」전개의 요인을 구체적으로 살펴보면, BA의 독자전개에 의해 생성된「형태」는 20개 종류(전체의 54%)가 보였으며, MP를 계승한「형태」는 12개 종류(전체의 32%)가 보였다. BA의 독자전개에 의해 생성된「형태」가 기본이 되고 있지만, MA가 MP에서 설정한「형태」와의 혼합에 의해 집합형태가 구성되고 있었다.

표 7-1 「형태」의 전개

				설계의 단계와 설계자명																								형태의 의미	비고
				MP				1차안				2차안				3차안				4차안				실시안					
			건축언어	A	B	C	D	A	B	C	D	A	B	C	D	A	B	C	D	A	B	C	D	A	B	C	D		
건축물	구성요소·부분형태	평면	요철벽면	○	○	○	○			◎				◎		◎	◎	◎		◎	◎	◎		◎	◎	◎		휴먼 스케일	안행으로 변화
			슬릿(slit)					◇																				다른 BL과의 조정	
		입면	열주									▽				▽				▽				▽				광장으로의 정면성을 낸다	
			벽면소재																					◎	◎	◎	◎		관련
			어스칼라													×	×	×	×	×	×	×	×	×	×	×	×	촌락성, 대지와의 연결	
		단면	서양식 기와지붕					◇																					선택
			일본식 기와지붕						×					×	×	×	×	×	×	×	×	×	×	×	×	×	×	촌락성, 주변환경과 융화	
			달개방 · 행랑방													×				×				×				위압감을 저감한다	
	구성요소·건축형태	평면	중정	○	○	○	○	◎	◎	◎	◎	◎	◎	◎	◎	◎	◎	◎	◎	◎	◎	◎	◎	◎	◎	◎	◎		관련
			회랑	○	○	○	○	◎	◎	◎	◎	◎	◎	◎	◎	◎	◎	◎	◎	◎	◎	◎	◎	◎	◎	◎	◎	창조와 만남의 장소	
			상자평면형	○				◇				◇				◇				◇				◇				상징성(symbol)	
			삼각 평면					◇																					
			원 평면					◇					◇															분절화	
			타원 평면						◇		◇				◇				◇						◇			분절화	
			S자형 평면																						◇			학제성(學際性), 국제성	변화
			닫힌 8각형 평면							◇				◇				◇										실습동의 기능적인 독립	
			열린 8각형 평면																			◇				◇		중정의 개방화	
			돌출한 작은방								◇				◇				◇			◇			◇		◇	분절화	
	구성관계	입면	탑	○				◎				◎				◎				◎				◎				랜드마크	
			긴 벽면					◇	◇			◇				◇				◇				◇				BL을 배후에서 정리한다	
			광장으로의 벽면									▽				▽				▽				▽				정면성을 낸다	
			양쪽 구배지붕	○	○	○	○	◎	◎	◎		◎	◎	◎		◎		◇		◎		◇	◎	◎	◎	◇	◎	취락성	변화
			한쪽 구배지붕								◇		◇		◇													솔라패널	
			세세한 지붕														◇											취락성	
			돔 지붕			○				◎				◎														변화와 상징성	
		단면	원추형지붕																	◇				◇				상징성, 톱 라이트	
			원통형지붕					◇				◇				◇												톱 라이트	
			평지붕						◇				◇				◇				◇								
			곡면지붕								◇				◇				◇				◇		◇		◇	빛의 심벌(symbol)(D)	
			아라카미야마(荒神山) 축선	○	○	○	○	◎	◎		◎	◎	◎		◎	◎	◎		◎	◎	◎		◎	◎	◎		◎	주변환경과의 융화	
			중심은 높게	○	○	○	○	◎	◎	◎	◎	◎	◎	◎	◎	◎	◎	◎	◎	◎	◎	◎	◎	◎	◎	◎	◎	중심성과 조망	
			원형의 환호(環壕)	○	○	○	○	◎	◎	◎	◎	◎	◎	◎	◎	◎	◎	◎	◎	◎	◎	◎	◎	◎	◎	◎	◎	수향(水鄉)학원, 호국(湖國)의 대학	관련
			구심축선	○	○	○	○	◎																				주변환경과의 조화	
		평면	ㅁ자 포위형	○	○	○	○	◎		◎				◎				◎										조용한 공간	변화
			ㄷ자 포위형					◇	◇		◇	◇	◇		◇	◇	◇		◇	◇	◇	◇	◇	◇	◇	◇	◇	토지와의 임계	
			밀집	○	○	○	○	◎	◎				◎				◎											변화와 상징성	변화
			분산							◇	◇	◇		◇	◇	◇		◇	◇	◇	◇	◇	◇	◇	◇	◇	◇	자연과의 조화	
			대지 형상에 따름	○	○	○	○			◎	◎	◎		◎	◎	◎	◎	◎	◎	◎	◎	◎	◎	◎	◎	◎	◎	취락성	관련
			언 심메트리		○	○	○	◇		◎	◎			◎	◎			◎	◎		◎	◎	◎		◎	◎	◎	환경과의 조화	
			심메트리(M)	○					◇																			중심성	변화
			약한 심메트리					◇				◇				◇				◇				◇					
			평행배치						◇		◇		◇		◇		◇		◇		◇		◇				◇		
			안행(雁行)							◇	◇	◇		◇	◇	◇		◇	◇	◇	◇	◇	◇	◇		◇	◇	휴먼스케일	관련
			분절									◇	◇	◇	◇	◇	◇	◇	◇	◇	◇	◇	◇	◇	◇	◇	◇	취락성, 휴먼스케일	
			반복														◇				◇				◇				

				설계의 단계와 설계자명																								형태의 의미	비고
				MP				1차안				2차안				3차안				4차안				실시안					
			건축언어	A	B	C	D	A	B	C	D	A	B	C	D	A	B	C	D	A	B	C	D	A	B	C	D		
BL 내외부	구성관계	평면	기하학적 외부평면						◇		◇	◇	◇		◇	◇	◇		◇	◇	◇		◇	◇	◇		◇		변화
			자유곡선 외부평면	○	○	○	○			◎				◎				◎				◎				◎		취락성, 유기적인 질서	
	구성요소		중정의 잔디								◇	◇			◇	◇			◇	◇			◇	◇	◇		◇	창조의 장소	
			계단	○				◎												◎				◎				조망	
			유수(流水)						◇	◇			◇	◇			◇	◇			◇	◇				◇		수향(水鄕)학원, 호국(湖國)의 대학	
			소림(疏林)	○	○	○	○			×				×			×	×			×	×		×	×	×	×	자연과의 조화	
			성토								◇				◇				◇				◇		◇		◇	압박감의 경감	

주 1) 실시안에는 기본설계 완료단계부터 준공단계까지 포함하고 있다.
2) 기호의 내용은 전개의 요인을 나타내고 있다.
○ : MP의 생성, ◎ : MP의 영향에 의한 전개, ▽ : 다른 BL의 설계안에 의한,
× : 구성원 사이에서의 의견교환, ◇ : BA의 독자전개
3) MP에서 추출할 수 있는 형태의 의미는 MA가 BA에게 제시한 DC로부터 분석하고, 1차안에서부터 실시안에 걸쳐서 추출할 수 있는 형태의 의미는 회의록이나 BA에 대한 청취조사를 기초로 분석하고 있다.

7-2-3 「형태」의 전개 경향

「형태」의 전개에서 볼 수 있는 경향을 분석하면, 「형태」는 각각의 BL에서 독자적인 「형태」가 되는 것(이하 독립형태)과, 복수의 BL 사이에서 공통된 「형태」가 되는 것으로 분류할 수 있다. 공통된 「형태」는 다시 전체 스케일을 구성하는 「형태」(이하 전체 공통형태)와 BL 스케일과 부분 스케일에 공통되고 있는 「형태」(이하 부분 공통형태)로 나눌 수 있다(표 7-4). 마키후미히코(槇文彦)의 집합형태를 구성하는 「형(形 · 型)」을 인용하면 전체 공통형태는 메가 형태(Mega Form)에, 부분 공통형태는 그룹 형태(Group Form)에, 독립형태는 컴포지션 형태(Composition Form)에 각각 해당한다고 볼 수 있다.

여기에서는 「형태」의 전개를 파악하기 위해서 마키후미히코(槇文彦)의 분류를 참조한다.

표 7-2 설계단계별 「형태」의 건수

		MP				1차안				2차안				3차안				4차안				실시안				합계			
		A	B	C	D	A	B	C	D	A	B	C	D	A	B	C	D	A	B	C	D	A	B	C	D	A	B	C	D
건수	BL별 합계	17	14	15	14	21	16	16	18	20	15	18	20	24	18	19	20	25	20	19	19	26	24	19	22				
	설계안별 합계				60				71				73				81				83				91				
건수 내역	의견교환					0	1	1	0	0	0	2	2	3	3	3	2	3	3	3	3	3	3	3	3	8	3	3	0
	타 BL의 영향					0	0	0	0	2	0	0	0	2	0	0	0	2	0	0	0	2	0	0	0	50	43	27	48
	독자전개					10	8	4	11	10	8	5	11	10	8	5	11	10	9	7	8	10	11	6	10	7	11	11	12
	MP의 계승	17	14	15	14	11	7	11	7	8	7	11	7	9	7	11	7	10	8	9	8	11	10	10	9	48	38	51	37

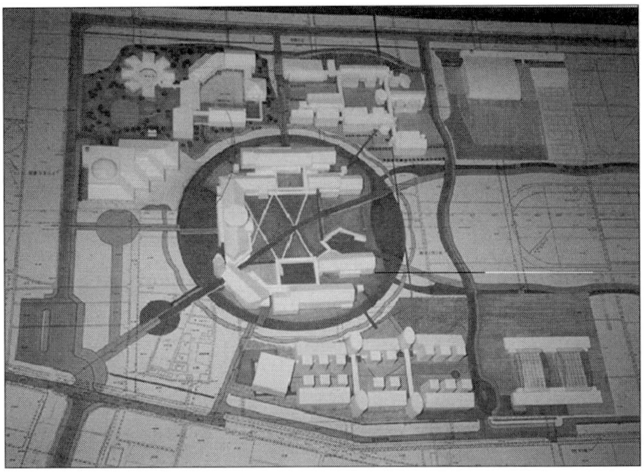

그림 7-4 설계조정 중의 전체 모형/출처 : 우찌이(内井昭藏)건축설계사무소 자료

7-2-4 「형태」의 다양한 전개 상황

설계전개에 따른 「형태」의 전개경향은 형태요소와 그 출현 시기를 나타낸 표 7-1을 이용하고, 형태요소와 그 출현 시기와의 관계를 수량화 3류에 의해 유형화하면 표 7-3을 얻을 수 있다. 이것을 도식화 하면 그림 7-6을 얻을 수 있다. 0차안에서부터 설계전개에 따라 MA가 제시한 설계내용으로부터 각 BA의 설계내용이 독자적으로 전개되어진 것을 알 수 있다(그림 7-5). 설계전개는 일정한 방향성을 가지고 순차 전개하는 C-BL, B-BL과 같은 유형과 일단 MA의 제시에 따라 크게 전개되어져 그 후 순차 전개되는 A-BL, D-BL의 유형이 있다는 것을 알 수 있다. A-BL은 중심에 있다는 것을 의식하

여 다른 BL과는 다른 설계전개를 실시한 것이 명확히 나타나 있다(5장). MA의 초기 MP에서는 예측할 수 없는 설계전개가 이루어지고 있다는 것을 알 수 있었다.

그림 7-5 모형에 대한 회의 전경

표 7-3 「형태」 전개의 유형화 3류

	BA	제1	제2
0차안	0A	−1.2182565	1.12212032
	0B	−0.4282975	1.67201654
	0C	−0.4009037	1.92129668
	0D	−0.4282923	1.67201652
1차안	1A	−2.8318007	0.06815296
	1B	0.17820663	−0.0085891
	1C	0.14837828	1.69929113
	1D	1.19561079	−0.8035319
2차안	2A	−1.0907827	−1.2547781
	2B	0.22043262	0.05206354
	2C	0.23484105	1.4302961
	2D	1.16855388	−0.7953458
3차안	3A	−0.952977	−1.1989624
	3B	0.70145708	0.28746147
	3C	0.25851545	1.0101416
	3D	1.08698624	−0.7596314
4차안	4A	−1.0105198	−1.2368546
	4B	0.714468	0.06431337
	4C	0.59264441	0.49458669
	4D	0.80643206	−0.5753721
5차안	5A	−0.8793849	−1.1101993
	5B	1.0342833	−0.4843635
	5C	0.49745715	0.50738603
	5D	0.90015257	−0.5238236

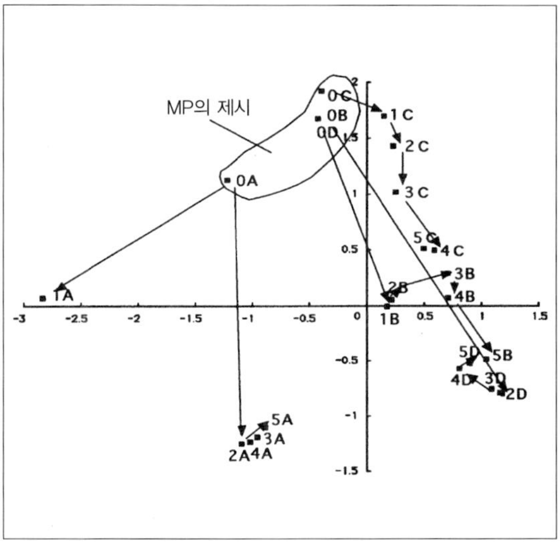

그림 7-6 「형태」의 전개에 있어 각 BL의 설계내용 변화

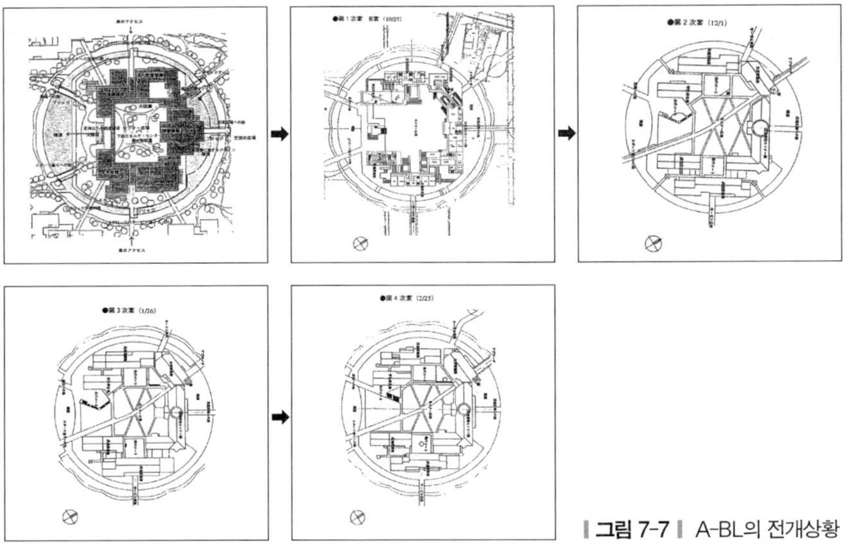

| 그림 7-7 | A-BL의 전개상황

7-3 건축 집합형태로의 통합

7-3-1 전체 공통형태의 융합

전체 공통형태는 4종류 있는데, 그 중 3종류가 실시안에서 받아들여졌다(표 7-4). 전체 공통형태는 전부 MA가 MP에서 설정한 것으로 「원형의 환호(環壕)」, 「아라카미야마(荒神山) 축선 · 조망」은 대학캠퍼스 내에서 경관의 골격을 설정하는 것이었다.

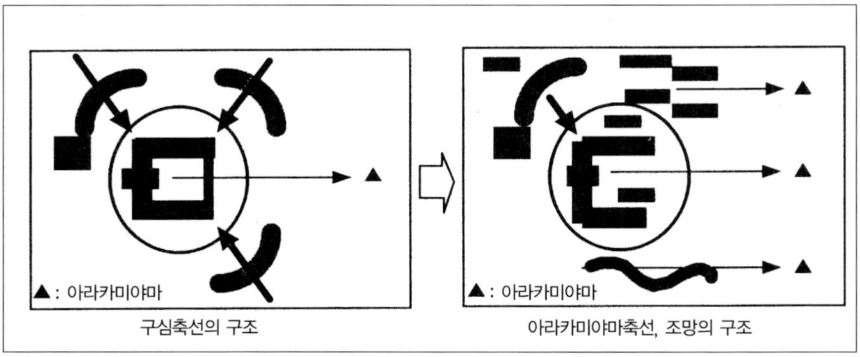

| 그림 7-9 | 구심축에서 산의 경관축으로 바뀐 집합형태 전개 모식도

「중심은 높게」의 형태구성은 대지 바깥에서부터의 경관에 대한 골격을 결정짓고 있었다. MP의 단계에서 MA는 대지 내외의 경관을 결정하는 형태구성을 생성하고, BA가 그것들을 계승해서 집합형태를 생성했다. 또한 「중심은 높게」는 A-BA가 「탑」을 계승한 것이나 B, C, D-BA가 A-BL의 건축물에 대하여 상대적으로 낮아지도록 다른 BL의 설계안과의 대응관계를 고려한 설계를 BA가 전개시킨 것으로 실현하였다(그림 7-13, 14 참조). 부분 스케일의 독립형태가 집합형태의 일부로서 융합되었다. 그런데, BL 사이의 서열관계를 설정하는 「구심축」의 형태구성은 실시안에는 반영되지 않았다. 이 확정 프로세스를 보면, A-BL은 「심메트리(symmetry)」「ㅁ자 포위형」의 형태구성을 무너뜨려 「아라카미야마(荒神山) 축선 · 조망」을 강조한 「언 심메트리(unsymmetry)」의 구성으로 했다. D-BA는 「아라카미야마 축선 · 조망」을 수용한 「평행배치」를 제시했다. 그 중에서도 B-BA는 MA의 수정요구에도 불구하고 4차안까지 「심메트리」의 형태구성을 유지했다. 그런데 실시안에서 「S자의 평면」을 「아라카미야마 축」을 채용해 제시했다. C-BA는 아라카미야마가 보이지 않으므로 구심축선을 통해 A-BL에 연결시켜 간접적으로 아라카미야마 축선에 연결시키는 구심축을 유지했다. 결과적으로 A, B, D-BL에서는 「구심축」이 「아라카미야마(荒神山) 축」으로 변화되었다(그림 7-9).

그림 7-10 아라카미야마(荒神山)

「원형의 환호(環壕)」에 의해 분할된 대지가 좁다는 등의 의견이 BA로부터 나왔다(6장 참조). MA는 전제조건으로서 D-BL의 증축부분 이외의 형태를 변화시키지 않았다. BA는 구심성이라고 하는 BL 사이의 서열관계가 배제되어 대지 주변의 경관과 관련이 있는 형태구성을 채용했다. 이러한 내용에서 지역의 환경과 관련이 있는 가지는 전체 공통형태가 집합형태의 생성에 유효하다는 것을 알 수 있다. MA는 지역환경과 집합형태를 결합시키는 전체 공통형태를 MP에서 설정해서 집합형태를 생성했다.

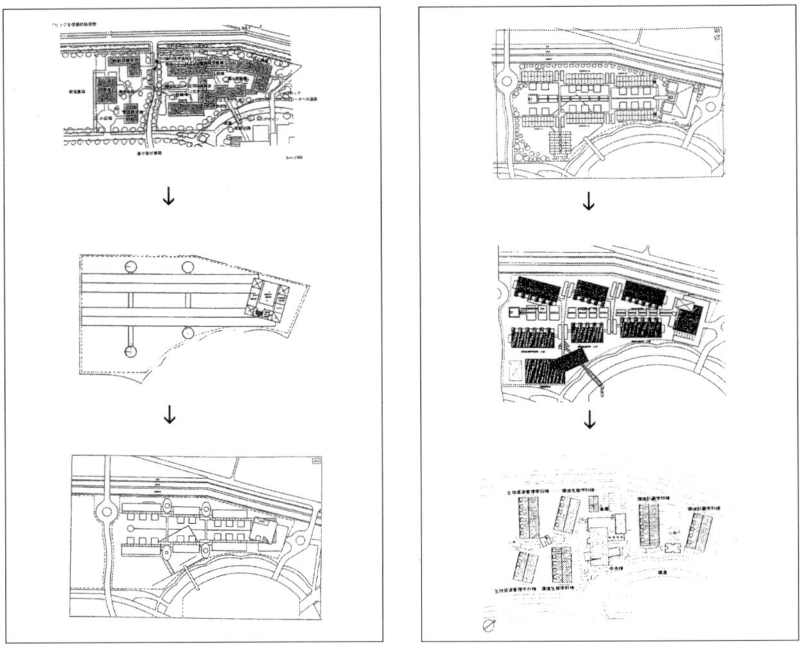

| 그림 7-8 | B-BL의 전개상황

7-3-2 부분 공통형태의 융합

부분 공통형태는 16종류였다. 그 중에서 6종류는 MP 단계에서 이미 부분 공통형태로서 생성되어, 그것들을 BA가 계승한 것이다. 나머지 10종류가 MA와 BA의 응답에 의해 부분 공통형태가 되었다(표 7-1, 표 7-4). MP의 단계에서 생성된 부분 공통형태는 「요철벽면」「중정」「복도」「양쪽구배지붕」의 구성요소이다. 이들 구성요소는 건축의 형태를 규정하고 있다. MA는 건축의 형태를 제시하고, BA가 형태를 계승했으므로 공통되는 건축의 형태가 집합형태로 융합되었다.

「언심메트리(unsymmetry)」「대지형상에 따름」의 형태구성에서는 「원형환호(円形環壕)」의 대지형상이 각 BL에 공통되고 있었으므로, BA는 이러한 「형태」를 서로 조합시켜, 공통된 형태구성에 의해 설계했으므로, 부분 공통형태가 집합형태에 융합되었다. MA가 MP에서 다른 BL 사이에 공통되는 대지조건을 준 것이 부분 공통형태의 생성을 이끌었다.

MA와 BA의 응답 단계에서 생성된 부분 공통형태에는 「일본식 기와지붕」이 있다. MA는 구성원 사이에서 합의를 형성해서 사용하는 기와를 선정했으므로 공통된 구성요소가 확정되었다. MA의 유사한 설계행위가 부분 공통형태를 생성했다. 「어스 칼라(earth color)」에서는 MA가 구성원 사이에서 공통인식을 갖도록 의견교환이 이루어지고, 토의를 통해 공통된 결론이 도출되도록 유도되어져 소재가 확정되었다. MA는 공통인식에 근거해서 부분 공통형태의 생성을 유도했다.

「분절」「안행(雁行)」에서는 MP에서 설정된 「요철벽면」의 구성요소를 BA가 「대지형상에 따름」의 형태구성과 관련시켜서 설계안이 전개되었다. MA에 의해 각 BA의 설계안에서 공통된 형태구성이 되도록 유도되었다.

「달개집 · 행랑방」의 구성요소도 「분절」과 관련되어서 설계가 유도되었으므로 공통된 구성요소가 생성되었다. 「형태」가 서로 유도하면서 부분 공통형태가 만들어졌다. MA는 부분 공통형태 스스로가 생성되는 구조로서 집합형태를 생성했다.

「ㄷ자 포위형」은 MP 단계에서 「ㅁ자 포위형」에 닫힌 중정공간이었던 것이 BA의 독자전개에 의해 개방화되었다. 중정은 부분 공통형태에 있는 「아라카미야마(荒神山) 축」을 획득하도록 BA가 설계를 전개했으므로 공통되는 형태구성이 생성되었다.

「중정의 잔디」는 주된 토론도 없었지만 구성원 사이에서 특별히 토론되지도 않고도 공통된 「형태」가 생성될 경우가 있는 것을 알 수 있었다.

7-3-3 독립형태의 융합

독립형태는 MA와의 응답을 거쳐 실시된 것과 MA와의 응답 없이 실시된 것으로 나눌 수 있다.

MA의 관여가 없는 독립형태는 「돌출한 작은방」「S자형 평면」으로, 이것들은 기본설계의 최종단계에서 갑작스럽게 확정되었으므로 MA가 충분히 관여하지 않은 상태에서 확정된 것이다. 이것들을 제외하면 MA는 기본설계단계에 생성된 모든 「형태」의 확정에 관여했다.

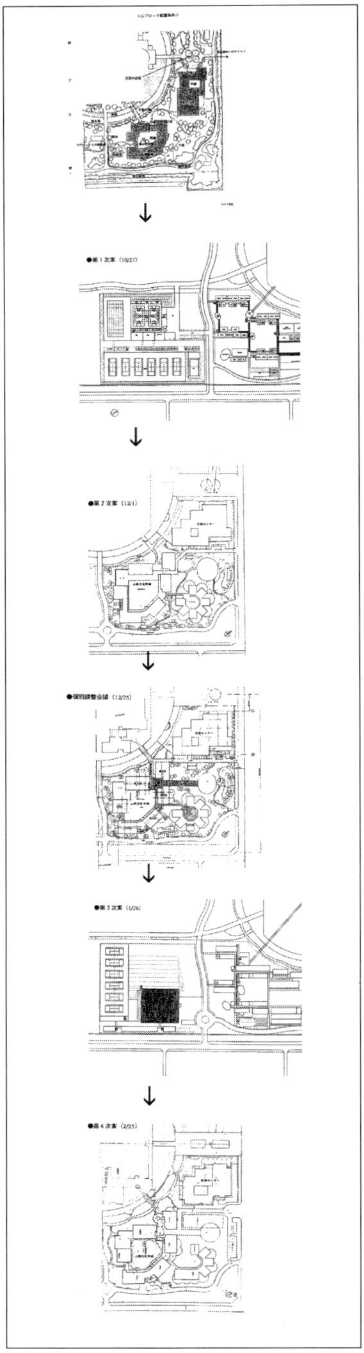

| 그림 7-11 | C-BL의 전개상황

MA가 관여한 독립형태는 MP에서 MA가 생성한 「탑」 「돔 지붕」이다. 이것들은 모두 BA가 1차안에서 비롯된 것이므로, BL마다 가지는 고유한 독립형태가 집합형태 구성의 일부로서 융합되었다. 장소와 「형태」가 MP에서 결부되었다. 독립형태에는 생성과 소멸이 되풀이된 구성요소가 많고(표 7-1), BA가 제시한 구성요소는 항상 실현되지는 않고 있다. 이러한 구성요소에는 「삼각평면」 「원추형(원뿔형)지붕」 등이 있었다. 구성요소 속에서도 지붕형태의 확정 프로세스에서 대폭적인 소멸과 생성이 보인다(그림 7- 4).

BL별 지붕형태의 확정내용을 보면, 1차안에서 C-BA는 교류센터의 「돔 지붕」을 MP로부터 계승했다. D-BA는 독자전개에 의해 체육관에서 「곡면지붕」을 생성했다. A-BA는 독자전개에 의해 도서관의 「원통지붕」을 생성했다. B-BA도 독자전개로 엔트런스 홀(entrance hall)의 「평지붕」을 생성했다. 이 단계에서 체육관과 도서관의 지붕형태는 MP에서 생성된 독립형태와는 전혀 다른 것이었다. A-BA에 대해 MA는 변경요구를 하고, 요구는 A-BA에 받아들여졌다. 그러나 MA는 D-BA에 대해서는 변경을 요구하지 않고, 랜드스케이프적인 처리로 하는 것을 조건으로 「형태」를 승인했다. 한편 2차안에서 MA는 MP에서 자체적으로 생성한 교류센터의 「돔 지붕」을 「구배지붕」으로 변경할 것을 C-BA에게 요구했다. MA는 MP의 설정을 뒤집어엎어 모순되는 요구를 C-BA에게 제시했다. C-BA는 MA의 요구를 받아들여 구성요소를 변화시켰다(그림 7-12). BL 스케일 이하에서 보면 MA는 구성요소의 취사선택을 실시하여 각 BL마다 독립형태를 확정했다. 이 변화를 전체 스케일에서 보면, 교류센터의 「돔 지붕」이 소멸해서 체육관의 「곡면지붕」이 생성된 것은, 곡면모양의 위치가 변경된 것에 지나지 않는다. 집합형태의 가장자리 쪽에 곡면모양의 형태가 위치하는 것을 변함이 없었다. MA는 집합형태의 한쪽 끝에 곡면모양의 독립형태를 위치시키는 집합형태를 생성했다. 그 외 독립형태에는 「어스 칼라(earth color)의 벽면소재」가 있었다. 최종적으로는 BA의 독자전개에 의해 확정했지만 「어스 칼라」의 부분 공통형태를 전제로 하고 있었다. 부분 공통형태의 성질을 함께 가지는 독립형태가 생성되었다.

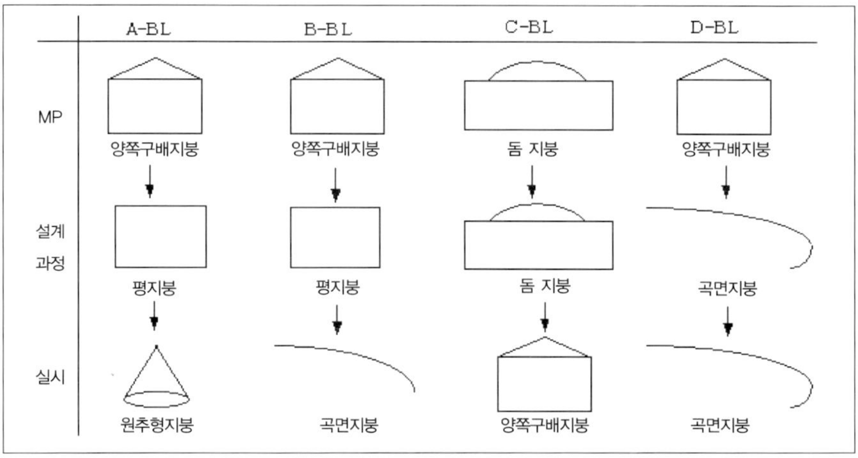

그림 7-12 지붕형태의 전개 모식도

그림 7-13 지역교류센터(C-BL)

그림 7-14 체육관(D-BL)

7-4 집합형태 생성의 배경

집합형태로의「형태」의 융합 프로세스에서 MP의 설정, MA의 유사설계, 구성원 사이에서 공통인식의 형성이 중요한 위치에 있다는 것을 알았으므로, 여기에서는「형태」확정의 근거를 조사했다.

7-4-1 마스터플랜 생성

「형태」의 의미는 MP 생성의 배경을 DC나 회의록으로부터 조사하여 추출할 수 있었지만(표 7-1 참조),「형태」의 근거는 기술되어 있지 않다는 것을 알 수 있었다. 그러므로 MA가 기본설계 종료 후에 대학시설에 대한 이상(理想)을 기술한 문장을 분석하고, MA가 기술한 문장으로부터 MP 생성의 배경에 있는「형태」의 근거를 조사했다(표 7-4, 7-5).

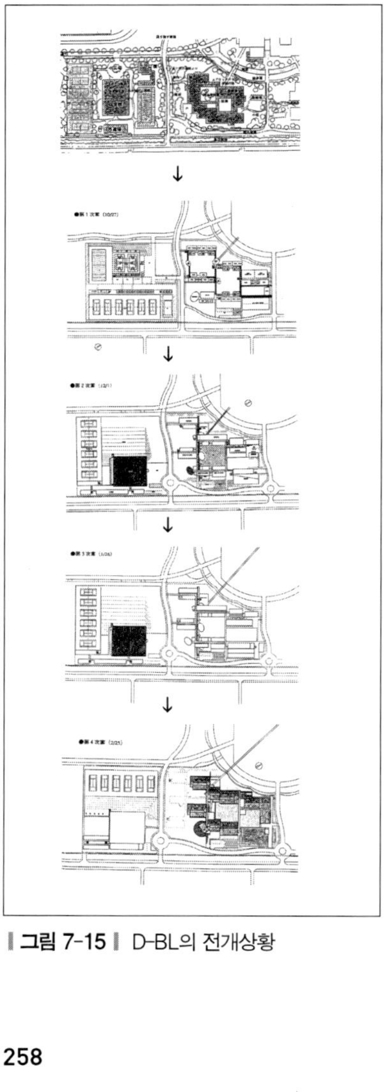

❙ 그림 7-15 ❙ D-BL의 전개상황

MA는 복수의 교육시설 건축물에서「ㄷ자 포위형」「중정」「복도」 등의「형태」를 추출하여, MA가 교육시설에 대한 설계내용의 설명을 하고 있었던 것을 알 수 있다(표 7-5). MP는 MA가 이상적인 것으로 선택한 교육시설을 구성하는「형태」로 조합하였다는 것을 알 수 있다(표 7-5). 특히 버지니아 대학과 몬티첼로(Monticello)에 관해 MA는「자연과 인간과의 조화를 생각할 때 나는 항상 버지니아의 벌판을 떠올린다」「몬티첼로의 건축을 나는 건축의 원점이라고 생각하고 있다」고 토로하고 있다. 이와 같이 다른 교육시설에 대하여 이들 건축물이 MA에게 있어 개인적으로 중요하다고 토로하고 있는 것이다. MP 생성의 배경에는 MA가 개인적으로 가지는 건축창작의 원점이 있다는 것을 알 수 있다. 이러한「형태」가 대학을 구성하는 독립형태나 전체 공통형태, 부분 공통형태로 발전해 갔다고 생각된다.

| 표 7-4 | 「형태」의 분류

	전체공통형태	부분공통형태	단독형태
MP	원형의 환호(環壕), *구심축선 중심은 높이 아라카미야마 축 · 조망	요철벽면, 중정, 복도 회랑 양쪽구배지붕 부지형상에 따름 언 심메트리	A-BL 십자 평면형, 탑, 심메트리 심메트리 B-BL C-BL * 돔(dome) 지붕 D-BL
1차안 에서 4차안		어스 칼라, 일본식 기와 지붕, 달개집 · 행랑방, 중정의 잔디, 안행(雁行) 분절, 분산, ㄷ자 포위형	A-BL 열주, *삼각의 평면, 긴 벽면, 광장으로의 벽면, 큰 벽면, 원추형 지붕, 큰 지붕, 열린 중정, ㄷ자형, 언 심메트리, 약한 심메트리, 큰 지붕, 긴 벽면 B-BL 타원평면, *원 평면, S자형 평면, *직선벽, 요철벽면, 양쪽 구배지붕, *평지붕, 곡면지붕, *세세한 지붕, 열린 중정, 평행배치, 반복, *심메트리 C-BL 8각형 평면, *닫힌 중정, 돔 지붕, 벽면색, 유수(流水) D-BL *타원평면, *한쪽 경사지붕, *방의 돌출, 곡면지붕, 열린 중정, 평행배치
실시안			A-BL 어스 칼라의 벽면소재 B-BL 어스 칼라의 벽면소재 C-BL 어스 칼라의 벽면소재 D-BL 어스 칼라의 벽면소재

주) *는 실시되지 않은 「형태」를 나타내고, 표시가 없는 것은 실시안에 반영된 것을 나타낸다.

| 표 7-5 | MA의 기술 내용에 보이는 인근시설의 「형태」

		구성요소	형태구성
MA 이외의 작품	몬티첼로(T.제퍼슨)	1) 돔 지붕 2) 로톤다(rotunda) 형식, 연속적 테라스, 테라스 난간 3) 드넓은 잔디	10) 산의 정상을 향해 크게 팔을 벌린 배치* 6) 11) ㄷ자형
	버지니아대학(T.제퍼슨)	4) 로톤다(rotunda) 형식 5) 중정 6) 콜로네이드(colonnades) 5) 둘러싸진 광장 ; 기와로 만든 벽면, 곡선을 그린 좁은 골목길	10) 벌판으로 열린 정원 11) 로톤다(rotunda)를 중심으로 ㄷ자형의 회랑, 미묘하게 다른 각 파빌리온(pavilion)의 의장
	자유학원(F.L.라이트)	낮은 처마 5) 둘러싸인 정원	13) 중심의 수직성과 수평성 11) 좌우로 나온 날개(wing)
	교토대학 인문연구동(武田吾一)	5) 중정 6) 회랑	치수체계
	빌라 · 아드리아나	8) 섬	8) 섬

		구성요소	형태요소
MA 작품	국제일본문화연구센터	6) 회랑 7) 탑	14) 분산배치 13) 도서관이 중심인 배치
	현립 니이가타 여자단기대학	5) 둘러싸인 정원 2) 십자 평면형	13) 도서관이 중심인 배치
시가현립대학 MP		5) 중정, 6) 회랑, 7) 탑 3) 중정의 잔디, 2) 십자 평면형 8) 환호(環濠)	10) 아라카미야마 축선 · 조망 13) 중심은 높게 11) ㄷ자 포위형

주 1) 칸 안의 숫자는 관련이 있는「형태」의 조합을 나타내고 있다.
2) ( ) 내는 설계자 이름.
3) 빌라 · 아드리아나(Villa Adriana)는 교육시설은 아니지만 환호(環濠)의 근거가 되고 있다.
4) 표는 저자가 문장 7-5)의 우찌이(內井)가 기술한 내용을 정리한 것이다.

7-4-2 유사설계행위

MA의 유사설계의 배경이 되는 근거를 분석하기 위해, MA가 과거에 설계한 건축작품을 구성하는「형태」를 조사한 바, MA의 건축작품과 대학에는 같은 구성요소와 형태구성이 보인다는 것을 알았다. MA 작품의 사례로서 세따가야(世田谷) 미술관과 일본문화연구센터를 보면,「중정」「복도」「어스 칼라」의 구성요소와「ㄷ자 포위형」「안행(雁行)」의 형태구성이 공통되게 보인다.

전체 스케일에서 보면, 이들 건축물의 가장자리 부분에 곡면모양이 위치하고 있는 것은, 대학 체육관의「곡면지붕」이 대학 집합형태의 가장자리 부분에 위치하고 있는 것과 공통되고 있다. 독립형태를 가장자리 부분에 배치하는 공통된 특징이 보인다. 또「일본기와」「달개집(파고라)」「분산」 등도 공통되게 보인다(그림 7-16). 이들「형태」는 MA의 작가성과 관련이 있는 것으로서 집합형태에 융합되고 있다. 유사설계의 배경에는 MA의 작가성이 반영되고 있음을 알 수 있다.

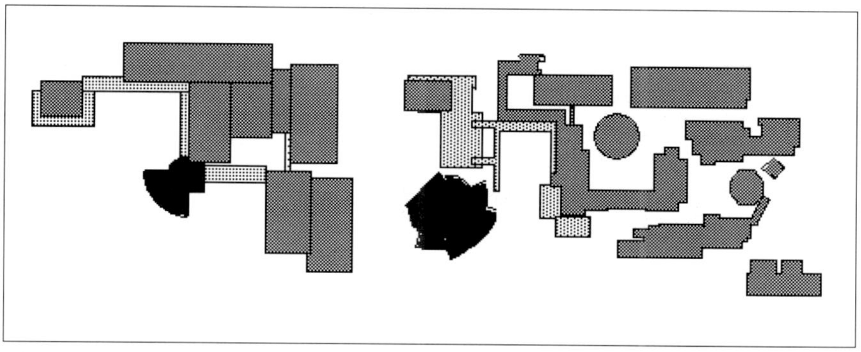

세따가야 미술관의 구성　　　　　　　　일본문화연구센터의 구성

주) 본 그림은 필자가 배치의 특색을 알 수 있도록 작성하였다.

| 그림 7-16 | MA 작품의 건축물 구성

7-4-3 구성원 사이에서의 공통인식형성

구성원 사이에 공통인식이 형성되는 배경을, 각각의 구성원이 표현한 「형태」에 관한 언어(이하 형태표현)를 추출해서 분석한 바, 건축물의 형태 표현 내용은 구상성(具象性)이 높고, 설계안의 전개와 마찬가지로 다양하게 전개한 것을 알게 되었다. 또 형태표현은 MA와 BA 사이에서 「촌락적」이라는 것을 축으로 쌓아 올리고 있었다(그림 7-17). 구상성이 높은 형태표현을 사이에 두고 MA와 BA의 공통인식이 형성되어 있었다는 것을 알 수 있다. 그 중에서도 「촌락적」의 표현은 핵이 되는 위치에 있어, 부분 공통형태의 구성요소나 형태구성의 확정과 관련되고 있었다. 지역의 환경에 근거를 가지는 형태표현이 공통인식의 형성의 역할을 하고 있었다.

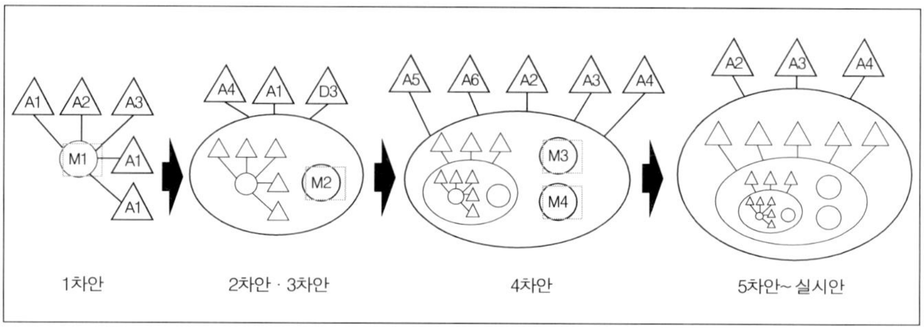

| 그림 7-17 | 형태표현의 생성

범례	M1 : 촌락적, 비와코(琵琶湖), M2 : 콘크리트적이 아닌, M3 : 고원미술관 M4 : 일본문화연구센터, A1 : 서양풍, A2 : 교토 공예섬유대학의 식당 A3 : 아즈치의 시로니시 센터, A4 : 로톤다, A5 : 토지와 연결한다 A6 : 난젠지(南禪寺) 스이도바시(水道橋) B1 : 학제적(學際的) · 국제적, B2 : 야사카(八坂) 촌락, C1 : 창고풍 C2 : 유럽식을 닮은, C3 : 아시아 문화, C4 : 교토대학 인문연구동 D1 : 테크노로지컬, D2 : 일본식, D3 : UCLA의 정원, D4 : 잡목림

주 1) 영문기호(A, B, C, D)는 발언자 BA의 명칭을 생략한 것으로, M은 MA를 가리키고 있다.
2) 실선은 응답이 있었던 것을 나타내고 있다.
3) M4은 견학회가 실시되었다.

7-5 집합형태의 근거

7-5-1 〈통합〉의 구조

물체형태에 관한 원리에 「형태의 부분형의 복잡함은 전체형태의 단순함에 의해 보충된다」고 알려져 있다. 건축물 부분형태의 자립과 전체의 〈통합〉을 생성하는 조건으로 여겨진다. 이러한 물체형태의 원리를 이용해서 집합형태를 분석하면 표 7-1과 표 7-2와 같이 BL 스케일과 부분 스케일의 「형태」는 설계단계의 진전을 따라 종류가 다양해지므로, 집합형태는 항상 복잡한 「형태」로부터 구성되는 변화를 한 것을 알 수 있다.

한편, 부분 공통형태의 생성프로세스 분석에서 MA는 전체 스케일에서 주변의 환경에 근거가 있는 단순한 「원형 환호(環濠)」의 구성요소나 「아라카미야마(荒神山) 축선 · 조망」 「중심은 높게」의 구성관계를 유지했다. 「전체형태」에 해당하는 전체 스케일은 항상 단순하고, 「부분형태」에 해당하는 BL 스케일과 부분 스케일의 「형태」는 복잡한 구성으로 되어 있었다. BL 스케일과 부분 스케일의 「형태」가 MP 단계에서는 예측할 수 없는 다양한 구성이 되어 있어도, 집합형태는 경관의 축선이나 환호(環濠)의 단순한 형태로서 유지되었으므로 BL 스케일과 부분 스케일의 「형태」는 개성을 발휘했음과 동시에 집합형태의 〈통합〉도 실현했다고 생각된다.

7-5-2 설계전개에서 MA의 역할

「형태」의 집합형태로의 융합과 통합을 분석한 바, 집합형태는 전체 공통형태, 부분 공통형태, 독립형태의 혼합에 의해 구성되어 있었던 것을 알 수 있었다. 한편, 집합형태의 생성에 MA가 수행한 역할을 형태의 확정방법에 의해 정리하면 표 7-6과 같다.

표 7-6 집합형태의 생성

	집합형태의 생성
전체 공통형태	대상대지 외의 환경에 근거가 있는 형태를 MP에 포함시킨다. BL 스케일의 건축물 형태를 집합형태를 구성하는 일부로서 MP에 포함시킨다.
부분 공통형태	공통되는 대지 조건을 MP를 통해 BA에게 부여함으로써, BA의 공통 부분형태의 생성을 이끈다. 공통되는 건축의 형태를 BA에게 주고, BA가 계승해서 집합형태에 포함시킨다. 공통되는 형태가 되도록 MA는 형태 상호의 관련을 의도해서 집합형태에 포함시킨다. 구성원 사이의 합의형성에 의해 MA는 공통되는 형태의 확정을 한다. MA는 건축의 유사설계행위에 의해 공통되는 형태의 확정을 한다.
독립형태	BA의 독자전개를 전제로 하는 형태의 취사선택을 실시하여 집합형태에 포함시킨다. BA 설계내용의 독자전개를 발휘시켜서 집합형태에 포함되게 한다. 부분 공통형태와 독자형태를 양립시키는 것 같이 설계내용의 확정 프로세스를 제어한다. MP 단계에서 BL마다 고유한 형태를 설정해서 BA가 계승한다.

7-6 집합형태의 구상모델

집합형태생성의 배경에는 MA의 개인적인 창작의 원점, MA의 작가성, 지역의 환경에 근거가 있는 형태를 사용하고 있으며, 이것들은 MA 설계의 집합형태 생성에서 근거가 되고 집합형태의 골격을 이루고 있다.

이러한 MA의 근거와 각 BA의 설계안을 구성요소와 형태구성과 연결시키면 그림 7-18을 만들어낼 수 있다. MA의 근거와 각 BA가 실시하는 형태는 집합형태를 구성하는 다양한 「형태」로 결합관계가 이어지고 있음을 알 수 있다.

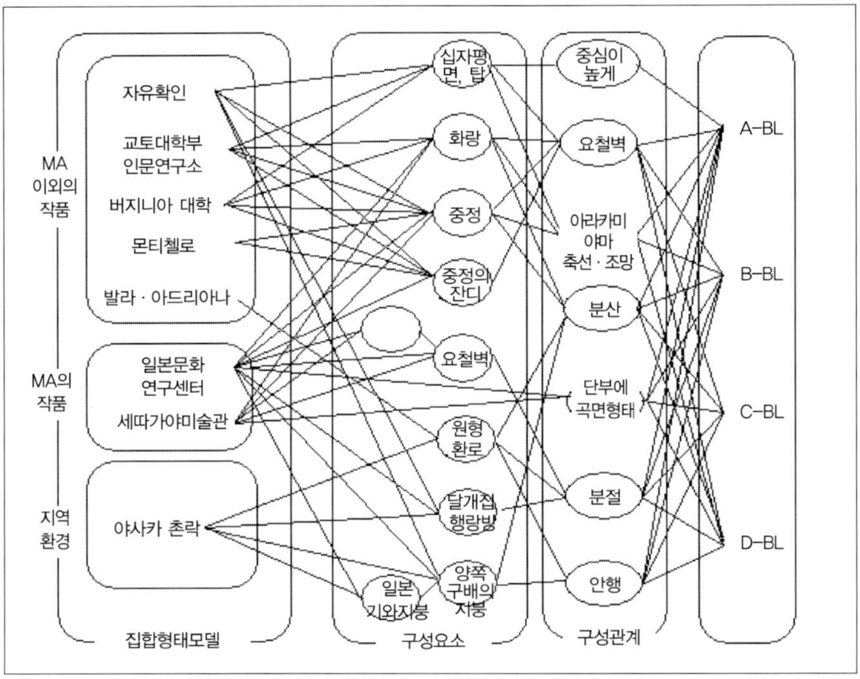

▌그림 7-18▐ 집합형태모델과 각 BL 설계안의 결합관계

앞 정원에서 산의 경관

로톤다

로톤다와 중정

몬티첼로는 샤로트힐의 조금 높은 언덕에 있는 토마스 · 제퍼슨의 주택이다. 로톤다 형식의 건물의 앞 정원과 조금 높은 언덕이 보이고, 건물은 서적을 소장한다.

▌그림 7-19▐ 몬티첼로, 버지니아. U.S.A

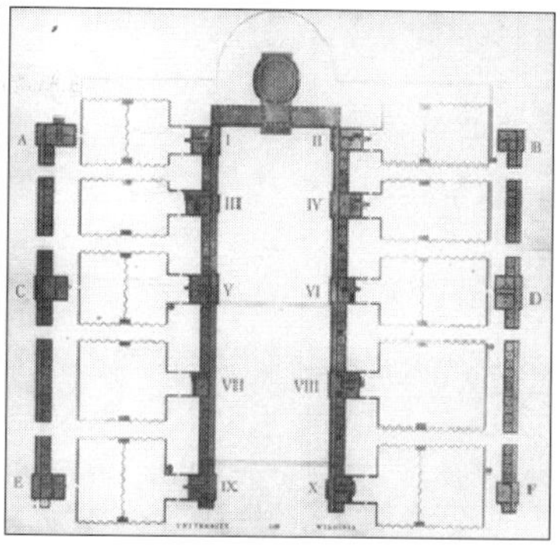

| 그림 7-20 | 버지니아대학 전체도

회랑과 중정

로톤다의 중정

파빌리온의 중정

버지니아 대학에는 론이라고 불리는 중정이 있는데, 회랑에 의해 ㄷ자형으로 굴러싸여, 회랑에는 파빌리온이라 불리는 회의실이 부속되어 있다. 파빌리온은 각각이 개성적인 모습을 하고 있으며, 각각 특징있는 중정을 가진다.

| 그림 7-21 | 버지니아대학, 버지니아, U.S.A

카노프스

물의 극장

비라 · 아드리아나는 그 자신이 혼재형의 건축 집합체이다. 수변공간과 회랑으로 구성되어 있다.

| 그림 7-22 | 비라 · 아드리아나, 로마, 이탈리아

| 그림 7-23 | 자유학원/출처 : Frank Lloyd Wright Retrospective

| 그림 7-24 | 야사카(八坂)의 촌락(좌, 중앙)

| 그림 7-25 | 교토대학 인문연구소(우)

국제 일본문화연구센터의 전경

국제 일본 문화연구센터 중정

세따가야 미술관

| 그림 7-26 | MA의 설계작품

여기서 MA가 설계전문가인 것에 의미가 있다. 설계전개에서 통합을 유지한 「탑과 광장」은 도쿄 YMCA 노베야마(野邊山) 고원센터, 다이토리츠

쿠(台東區) 우에노 초등학교, 국제 일본문화연구센터의 도서관에 볼 수 있다. 「회랑과 중정」은 가와시마(川島)직물 텍스타일 · 스쿨, 세따가야 미술관, 니이가타 현립 여자대학, 나자렛 수도원, 후키아게교엔(吹上御苑) 새 궁궐, 국제 일본문화연구센터 등의 작품에서 보인다. MA의 이상이라고 하는 건축도 또한 회상의 대상이었다. MA는 버지니아대학의 중정 정면에는 대학의 상징인 도서관이 로톤다 형식으로 세워져 있고, 한 쪽으로 버지니아의 벌판을 향해서 열린 ㄷ자형의 배치를 칭찬하고 있다. 시가현립대학에서는 로톤다 형태의 도서관, 앞뜰을 통해 산의 경관을 받아들이는 등 주변 환경과의 관계에 있어서도 버지니아 대학이나 몬티첼로와 관련성이 있다. 아드리아나는 혼재형의 「집합」인 것이나 환호(還壕)와 회랑의 구성에 회상을 볼 수 있다.

MA와 BA는 모두 건축가이므로, 실존하는 건축물이 집합하는 구성원리, 공간체험, 설계경험 등 다양한 형태지식을 공통되게 가지고 있다. 형태지식을 배경으로 MA와 BA가 응답하므로 집합형태를 협력해서 생성할 수 있다. 실존하는 건축 집합체는 구성원 사이에서 모델로 정의되었다고 할 수 있다. 이러한 모델에 포함되는 「형태」를 BA가 건축지식을 바탕으로 추출하여 설계안으로서 구체화했다. 건축가는 건물을 구상할 때에 건물의 종류를 초월해서 공통되는 「형태」를 사용한다고 하지만, MA방식에서도 MA는 빈번하게 사용하는 「형태」를 BA에게 제시했다. BA는 그것들을 이용해서 설계했으므로 전체에 MA의 개성이 반영되었다. 그 중에서도 몬티첼로나 버지니아 대학은 MA가 이상적이라고 생각하는 환경과의 관계를 구체적으로 나타내는 모델이었다. 인간의 창작은 이미 존재하는 형식과의 관계를 가지지 않고 전개되는 것은 있을 수 없다고 전해진다. MA와 BA는 공통의 집합형태의 모델을 사용해서 의사소통을 실시하면서 설계를 전개함으로써 협동해서 집합형태를 생성할 수 있었다.

결론에서는 본 환경설계 프로세스에서 얻을 수 있었던 내용을 정리하여, 어떤 건축 집합체를 MA방식으로 설계하는 것이 가능한 것인가에 대한 전망을 제시 하고자 한다. 그리고 환경설계 프로세스의 설계조정, 설계연계, 설계전개 각각의 국면에서 어떠한 방법을 통해 일체적으로 건축 집합체를 설계할 수 있는 것일지를 총괄적으로 기술한다. 또한 다양한 「개체」가 「집합」하는 혼재형의 건축 집합체를 만들어내는 것이 MA방식으로 가능하다는 것을 밝히고, MA방식의 설계프로세스가 가지는 창조성에 대해서 기술한다.

제 8 장 결론

8-1 건축 집합체

8-1-1 혼재형 건축 집합체

MA방식으로 어떤 건축 집합체를 설계할 수 있는 것일까? 복수의 설계자가 참가하므로 건축 집합체는 각각 어느 정도의 개별성을 가지는 「개체」로 구성되는 건축 집합체가 되는 것은 자명하다. 그러나 「개체」의 개별성의 혼재 정도에 대해서는 여러 가지 설계를 둘러싼 상황에 따라 좌우된다. 이러한 혼재의 정도를 정하는 것이 MA방식에서는 중요하다고 생각된다. 그것은 MA와 BA 각자가 어떠한 설계 프로세스를 가질 것인가가 혼재의 정도와 관계되어 있기 때문이다. 여기서는 복수의 설계자가 참가해서 만들어낸 건축 집합체의 설계사례 중에서 MA방식이 어떤 건축 집합체를 만들어낼 수 있는가에 대해 살펴보고자 한다.

8-1-2 건축 집합체의 기본구성

혼재의 정도를 어떻게 건축 집합체에서 나타낼 수 있을 것인가를 건축 집합체의 구성으로부터 고찰하는 것을 시도하였다. 케빈 · 린치는 대지계획의 개념을 「건물이나 그 밖의 구조물건을 서로 조화되도록 토지에 배치하는 기법」이라고 기술하고 있다. 즉 건축 집합체의 기본적인 구성을 배치구성으로부터 생각할 수 있겠다. 그래서 제1장에서 얻은 혼재형 건축 집합체의 모델에 대해 통일형, 혼란형을 나타내면 표 8-1과 같다. 혼재형의 건축 집합체가 통일형과 무질서형의 중간에 위치하고 있다는 것을 알 수 있다.

혼재형을 구체적인 건축 집합체로서 파악하기 위해, 건축 집합체를 구성하는 1개 동의 볼륨과 그 배치구성을 4면 파사드형과 연동형(連棟型)으로 나누고, 다시 4면 파사드형과 연동형(連棟型)이 섞인 것으로 생각했다. 그렇게 했을 때, 표 8-1에 나타난 혼재형의 건축 집합체 모델에 대해 합계 28개의 건축 집합체의 기본구성을 작성할 수 있었다(표 8-2).

┃표 8-1┃ 통일 · 혼란형 건축 집합체와 혼재형 건축 집합체

통일형/혼란형 모델		혼재형 모델			
통일형	무질서형	약한 개성/ 정서형(整序型)	강한 개성/ 정서형(整序型)	약한 개성/ 임의형(任意型)	강한 개성/ 임의형(任意型)
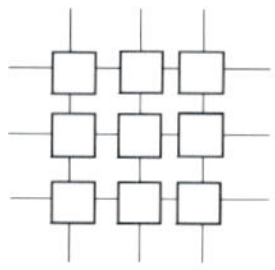		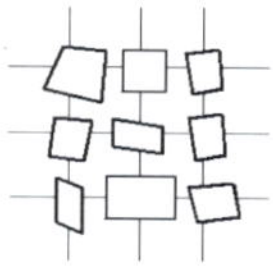		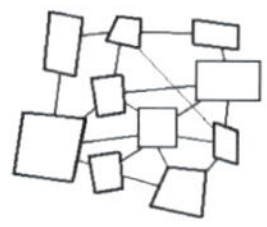	
「개체」와 「집합」은 엄밀하게 고정된다.	「개체」와 「집합」은 각각이 임의.	「집합」에 다양성과 질서성이 있고, 각각의 「개체」에 관련성, 개별성, 유사성이 있다.			

┃표 8-2┃ 건축 집합체의 기본형

혼재형 건축 집합체 모델 / 건축물의 볼륨 구성		약한 개성/ 정서형(整序型)	강한 개성/ 정서형(整序型)	약한 개성/ 임의형(任意型)	강한 개성/ 임의형(任意型)
		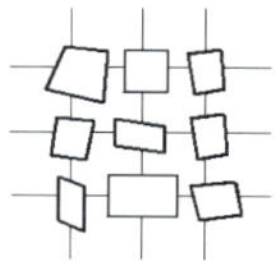		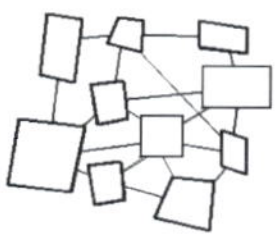	
4면 파사드형 건축 집합체의 경우	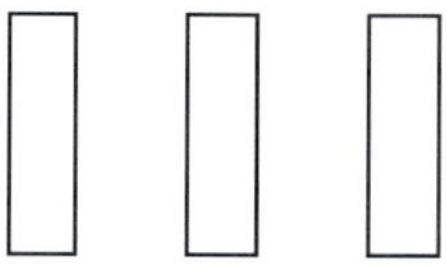 대체로 같은 볼륨의 동을 구성	A1 	A2 	A3 	A4 
	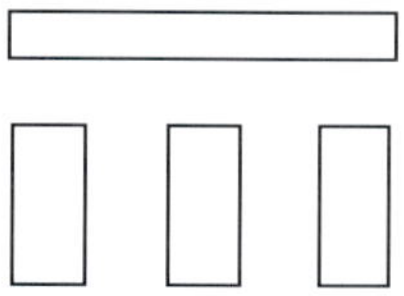 특징이 있는 볼륨과 대체로 같은 볼륨의 동을 구성	B1 	B2 	B3 	B4 
	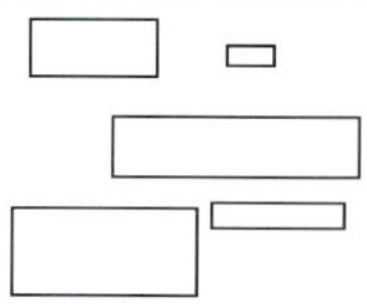 볼륨이 임의로 구성	C1 	C2 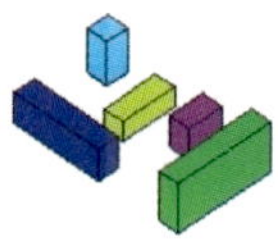	C3 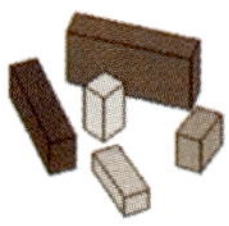	C4 

건축물의 볼륨 구성 \ 혼재형 건축 집합체 모델		약한 개성/ 정서형(整序型)	강한 개성/ 정서형(整序型)	약한 개성/ 임의형(任意型)	강한 개성/ 임의형(任意型)
		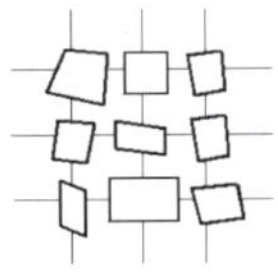		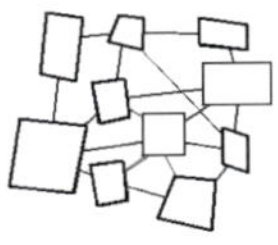	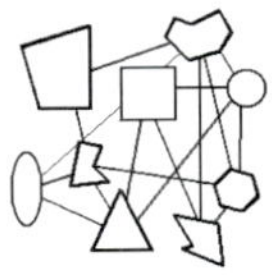
연동형 건축 집합체의 경우	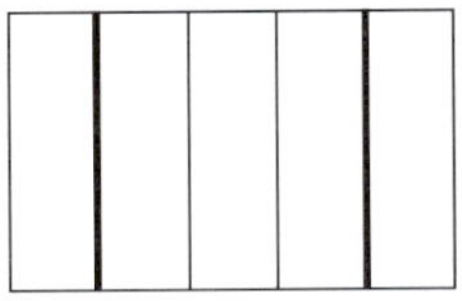 대체적으로 같은 볼륨으로 구성	D1 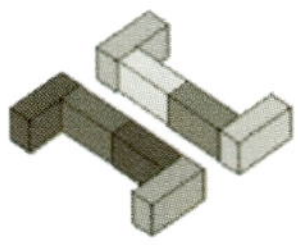	D2 	D3 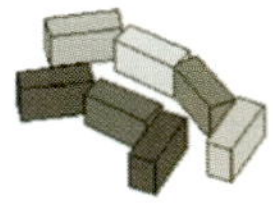	D4 
	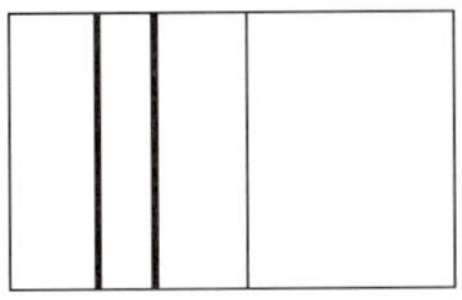 임의의 볼륨으로 구성	E1 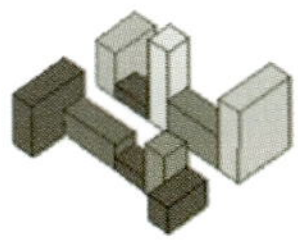	E2 	E3 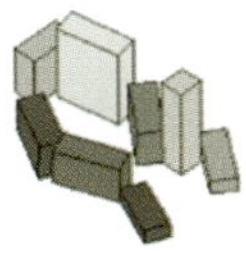	E4 
4면 파사드형과 연동형이 혼합	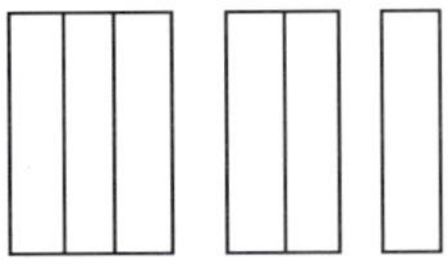 대체적으로 같은 볼륨으로 구성	F1 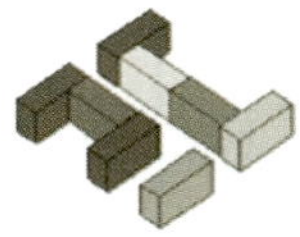	F2 	F3 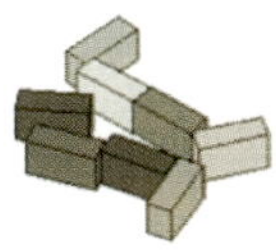	F4 
	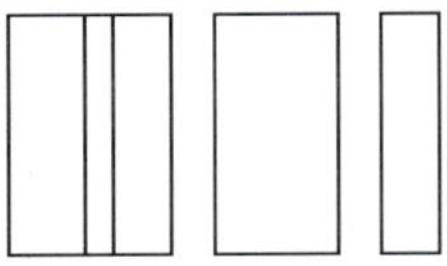 임의의 볼륨으로 구성	G1 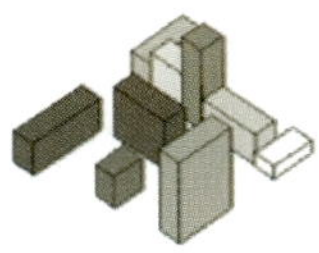	G2 	G3 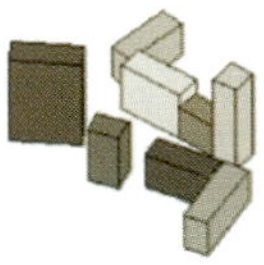	G4 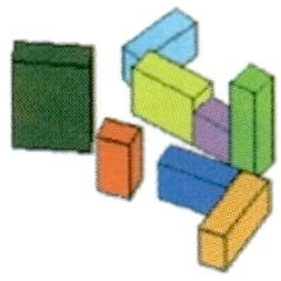

| 표 8-3 | 정서형의 건축 집합체

	〈약한 개성/정서〉형		〈강한 개성/정서〉형	
	건축 집합체의 특징	설계사례	건축 집합체의 특징	설계사례
A1, A2 	대체로 볼륨과 표현이 유사한 각각의 동이 규칙적으로 배치 구성되어 있다.	해당사례없음	대체로 볼륨은 유사하지만, 표정은 임의의 동이 각기 규칙적으로 배치 구성되어 있다(Seine river front development, Five energy-saving buildingd on the Landwehrkanal).	 Landwehrkanal
B1, B2 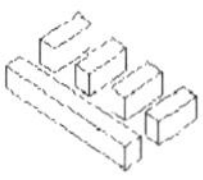	대체로 볼륨이 유사한 동과 그것과는 다른 볼륨의 동이 각기 유사한 표현을 가지고 규칙적으로 배치 구성되어 있다(Weissenhof, 에이브레인지구).	 Weissenhof	대체로 볼륨이 유사한 동과 그것과는 다른 볼륨의 동이 각기 임의의 표현을 가지고 규칙적으로 배치 구성되어 있다(Rauchstraβe city villas, 오라니에 · 낫소우 · 가젤네).	 오라니에 · 낫소우 · 가젤네
C1, C2 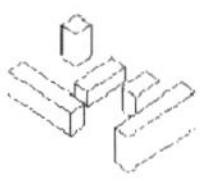	볼륨은 임의이지만 표현이 유사한 동이 각각 규칙적으로 배치 구성되어 있다 (Freie Scholle, Märkisches Viertel).	 Märkisches Viertel	볼륨과 표현이 임의인 동이 규칙적으로 배치 구성되어 있다(KNSM 섬, 루즈벨트섬, Gallatese).	 KNSM 섬
D1, D2 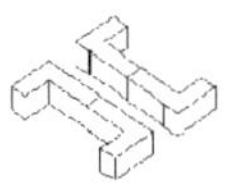	대체로 볼륨과 표현이 유사한 동이 규칙적으로 연속된 배치 구성(Berlinerstrasse project)	 Berlinerstrasse project	대체로 볼륨은 유사하지만 표현이 임의인 동이 각각 규칙적으로 연속해서 배치 구성되어 있다(자르갓세, 벨시지구).	 자르갓세
E1, E2 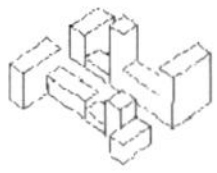	볼륨은 임의이지만 표현이 유사한 동이 각각 규칙적으로 연속해서 배치 구성되어 있다(암스테르담의 남쪽지구).	 암스테르담의 남쪽지구	볼륨과 표현이 임의인 각각의 동이 연속해서 규칙적으로 배치 구성되어 있다(IBA, 시브카와(澁川) 상가).	 IBA · 샤우스포리드리히슈타트
F1, F2 	대체로 볼륨과 표현이 유사한 동이 각각 규칙적으로 연속 혹은 독립된 배치 구성(헴스테드)	 헴스테드	대체로 볼륨이 유사하지만 각각에 임의의 표정을 가지는 동이 규칙적으로 연속 혹은 독립된 배치 구성(주택환경전)	 주택환경전
G1, G2 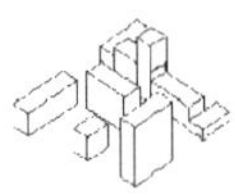	동의 볼륨은 각각 임의적이며, 표현이 유사한 동이 각기 규칙적으로 연속 혹은 독립해서 배치 구성되어 있다(르아블).	 르아블	볼륨과 표현이 임의적인 동이 각각 연속 혹은 독립해서 배치 구성되어 있다(팔쿠 · 데 · 마르지구, 마쿠하리 베이타운, 자바섬, 스볼벵구섬).	 팔쿠 · 데 · 마르지구

| 표 8-4 | 임의형의 건축 집합체

	〈약한 개성/정서〉형		〈강한 개성/정서〉형	
	건축 집합체의 특징	설계사례	건축 집합체의 특징	설계사례
A3, A4 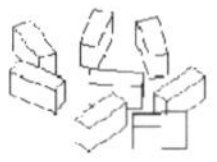	대체로 볼륨과 표현이 유사한 동이 각기 불규칙적으로 배치 구성되어 있다(카나자와 나미끼2가).	 **카나자와 나미끼2가**	각각의 동은 대체로 볼륨이 유사하지만 개별성의 높은 표현의 동이 각각 불규칙적으로 배치 구성되어 있다(쯔루가메 타운, 사쿠라가오카 단지, 나카쇼 단지, 타쿠마 단지).	 **타쿠마 단지**
B3, B4 	대체로 볼륨이 유사하고 표현도 유사한 여러 동과 그것과는 다른 볼륨의 동이 각각 불규칙적으로 배치 구성되어 있다(타자와다이 단지).	 **타자와다이 단지**	대체로 볼륨이 유사한 동과 그것과는 다른 볼륨의 동이 각각 임의의 표현으로 불규칙적으로 배치 구성(넥서스 월드, 하이터치 리서치파크)	 **넥서스 월드**
C3, C4 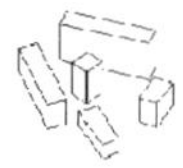	볼륨은 임의이지만 표현이 유사한 각각의 동이 불규칙적으로 독립해서 배치 구성되어 있다((인터바우) · (레이매스타드))	 **(인터바우)**	볼륨과 표현이 임의인 동이 각각에 불규칙적으로 독립해서 배치 구성되어 있다(테게르 지구 · 사이타마 신도심 · 한난 스카이타운 · 리에주대학).	 **사이타마 신도심**
D3, D4 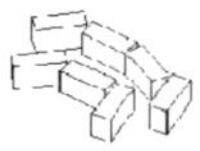	대체로 볼륨과 표현이 유사한 각각의 동이 불규칙적으로 연속해서 배치 구성되어 있다.	해당사례없음	대체로 볼륨은 유사하지만 표현이 임의인 각각의 동이 불규칙적으로 연속해서 배치 구성되어 있다.	해당사례없음
E3, E4 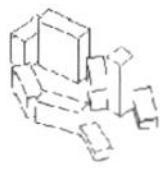	볼륨은 임의이지만 표현이 유사한 각각의 동이 불규칙적으로 연속하여 배치 구성되어 있다.	해당사례없음	볼륨과 표현이 임의인 동이 각각 불규칙적으로 연속해서 배치 구성되어 있다(마리네쥬라스).	 **마리네쥬라스**
F3, F4 	대체로 볼륨과 표현이 유사한 각각의 동이 불규칙적이며 연속적으로 배치 구성되어 있다.	해당사례없음	볼륨은 유사하지만 표현은 임의인 각각의 동이 불규칙적이며 연속적으로 배치 구성되어 있다(구마모토현 신티단지).	 **구마모토현 신티단지**
G3, G4 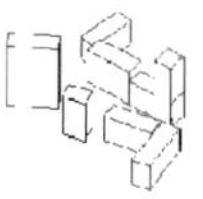	볼륨은 임의이며, 표현이 유사한 각각의 동이 연속 혹은 독립해서 불규칙적으로 배치 구성되어 있다(미나미오사와 15주구, 루반 · 라 · 누브).	 **루반 · 라 · 누브**	볼륨과 표현이 모두 임의인 동이 각각 연속 혹은 독립해서 불규칙적으로 배치 구성되어 있다(시가현립대학, 포츠다마 광장).	 **포츠다마 광장**

주) ( )는 해당하는 사례 명칭

8-1-3 정서형(整序型)과 임의형(任意型)의 건축 집합체

혼재형 모델에 대해서 본론에서 거론한 건축 집합체의 설계사례를 현지 조사에 근거해 분류했다(표 8-3, 4).

〈약한 개성/정서〉형은 20세기 전반 도시의 급격한 팽창시대에 강한 지도력을 가진 건축가가 관여한 사례가 해당된다. 개구부 등 작은 스케일의 설계표현에 개별성이 나오고 있지만, 건축물의 전체 모습에는 강력한 개별성이 보이지 않고 있다.

〈강한 개성/정서〉형은 20세기 후반의 설계사례가 해당된다. 건축물의 표현은 각각 개별성이 강하게 나타나고 있고 「개체」가 각기 균등하게 독립적으로 배치되거나, 평행하게 연속해서 배치되어 있다. 또한 각 설계대상의 볼륨이 유사한 경우 설계자는 자기의 개별성을 특별히 강하게 내보이는 경향이 있다.

〈약한 개성/임의〉형은 20세기 중반에 주택의 공업화나 디테일의 공통화가 채용되었다. 그 결과 온화한 개별성이 나타난 설계사례가 대체적으로 여기에 해당한다. 전체계획의 변화가 적용된 사례는 없다.

〈강한 개성/임의〉형은 20세기 후반의 설계사례가 해당한다. 전체계획의 변화가 설계프로세스에 도입된 사례와 그렇지 않았던 사례로 나눌 수 있다.

이와 같이 최근에 접어들면서 강한 개성의 건축 집합체가 설계되는 경향이 있다는 것을 알 수 있다.

여기에 본서에서 고찰한 풍경적인 목표상이나 감각적인 목표상을 채용한 MA방식의 사례를 적용시켜 보면 미나미오사와 15주구는 G3형, 한난 스카이타운은 C4형, 사이타마 신도심은 C4형, 시가현립대학은 G4형으로 분류할 수 있다. 즉 본서에서 분석한 사례는 건축 집합체의 기본구성에 있어 그 각각이 전체 속에서 복잡한 구성의 건축 집합체 중의 하나라고 할 수 있고, 협동설계사례에서 임의적인 「집합」을 가지는 건축 집합체의 협동설계 프로세스를 본서에서 분석하여 고찰한 것이 된다. 이것은 다른 건축 집합체의 기본구성에 대하여 본론에서 도출한 고찰 결과를 널리 응용하는 것이 가능하다는 것을 나타내고 있다. 즉 본론에서 취급한 MA방식은 협동설계방식 속에서는 하나의 사례에 불과하지만 이 중에서 협동설계사례에 널리 공통될 수 있는 방법이 존재한다는 것을 나타내고 있다.

8-2 다양과 질서의 생성

임의형 건축 집합체를 MA방식으로 설계할 수 있다면, 그 임의성을 나타내는 다양과 질서가 어떻게 형성된 것인가가 설계프로세스에서 가장 중요한 문제가 된다. 1장 협동설계방식에서는,

(1)「개체」의 유사화 · 등질화에 의해「집합」의 질서화를 유도하는 구조

(2)「개체」의 개별화에 의해「집합」의 다양화를 유도하는 구조

(3)「개체」의 관련화에 의해「집합」의 질서화를 끌어내는 것이 가능한 구조를 설명하였다. 이러한 내용에 의거 본론에서 분석한 MA방식의 설계프로세스에서의 설계조정, 설계연계, 설계전개의 국면에 있어서「집합」의 다양과 질서를「개체」의 유사화, 등질화, 개성화, 관련화를 유도하는 구체적인 구조를 정리하면 다음과 같다(그림 8-1).

‖ **그림 8-1** ‖ 다양과 질서

8-2-1 「개체」의 유사성과 균질성의 생성

설계조정의 국면에서는 조정의 틀에서 「개체」의 유사화를 유도 가능케 할 수 있는 틀을 준비하고 있다. 조정행위에서 MA는 설계에 대한 이념을 축으로 언어에 의해 평가, 설계목표, 참고정보를 BA에게 제시한다. 때로는 BA의 설계내용에 대하여 부정적인 입장으로 설계내용의 변경을 요구했다. 이러한 MA의 아키텍처코디네이터의 역할로, 유사성 · 등질성을 소재나 상세의 설계에서 만들어 내었다.

설계연계의 국면에서는 BA 상호가 설계과정에서 서로의 대화 속에서, 유사한 설계내용의 소재나 상세를 사용하는 것을 정하는 것 외에 도로나 광장 등과 같이 공통되는 외부공간에 대하여 같은 설계목표를 가지고 각각의 BA가 설계전개를 함으로써, 설계내용이 비슷해지는 결과로 이어졌다. 또한 다른 설계자의 설계내용을 자기의 설계내용의 일부로서 받아들인 설계전개가 실시되었다는 것도 유사화로 이어졌다. 나아가 각각의 BA가 소재나 상세의 설계내용에 관한 제안을 실시하고, 거기에 따라서 MA가 다른 BA에게 공통되는 설계내용을 결정해서 설계내용을 유사화시켰다. 이러한 것에서 「집합」은 질서화했다.

설계전개의 국면에서는 「집합」스케일의 전체 유사형태와 블록 또는 건축물 스케일의 유사형태를 MA가 설계지침으로 BA에게 제시하고, 그것을 BA가 받아들여 유사화하였다. DC를 사용해서 설계내용을 언어나 수치에 의해 규정하고, 그것을 지키는 설계전개가 일어남으로써 유사화되었다(7장). 설계프로세스에서 MA의 결단도 중요했다. 의견에 차이가 발생하고 있었지만 MA가 몇 개의 선택내용으로부터 하나로 정리하는 결단을 내림으로써 유사화되었다. 다른 BL간에 공통되는 도로나 수로 등과 같은 선상(線狀)의 공유공간에서 공통성이 있는 대지조건을 전체계획에 부여함으로써 설계내용이 유사화하거나 등질화하거나 하였다.

유사화 · 등질화는 주로 소재 · 상세에 관한 응답에 관한 것으로, 인간에게 가까운 스케일에서부터 유사화하는 경향이 보였다. 유사화에 의한 「집합」의 질서화가 가능하지만, 이 경우 「개체」의 개별성은 온화하지만 「집합」에서는 이러한 온화한 개별성이 모아진 모습이 건축 집합체로서 강한 개별성이 되고 있다.

8-2-2 「개체」의 개별성의 생성

「집합」에 다양성을 주는 「개체」의 개별성을 생성하는 프로세스는 다음과 같이 정리할 수 있다.

설계조정의 국면에서 MA는 아키텍처코디네이터의 역할을 약화시키고, 아키텍트코디네이터의 역할을 높여 구체적인 설계내용에 언급하지 않았다. 그리고 설계전개의 방침을 중시하는 「이념」을 대상으로 한 응답을 실시함으로써 설계내용의 개별화를 진행시키고 있었다.

설계연계의 국면에서는 어떤 BA에게 다른 BA와는 다른 특별한 설계상의 역할을 부여함으로써 그 BA는 다른 BA와는 그다지 연계를 형성하지 않아, 설계내용이 개별화되었다. 각 BA의 설계내용이 어느 정도 정해진 후에 설계조정이 이루어진 것도 개별화를 유도했다. 설계프로세스의 전제조건에 개별화를 진행시키는 것이 있었다. 또 대지를 이웃하게 되는 BA 상호가 서로에게 「제약」을 주지 않는 상황이 발생한 것도 설계내용의 개별화를 올라가게 한 요인이었다.

설계전개의 국면에서는 대지의 상황에 따라서 각각의 BA는 몇 개의 DC 속에서 임의로 DC를 선택하여 사용하게 함으로써 서로 다른 BA 각각이 다른 DC에 의해 설계내용이 개별화되었다. 또한 같은 DC라도 BA에 의해 다른 해석이 실시된 것도 설계내용의 개별화로 연결되었다. DC에서 설계내용을 나타내는 기준을 설정할 때에, 그 설정범위를 넘어서 BA가 독자적으로 해석 가능하도록 DC를 운용한 것이, MA와 BA의 사이에서 전개된 설계내용의 개별화로 연결되었다.

MA는 설계프로세스의 초기에 전체계획을 작성했지만, 이 때 BL마다 독자성이 있는 형태를 전체계획에서 설정했다. 그 내용을 BA가 자기의 설계에 적용한 것도 개별화로 이어졌다. 다른 대지마다 부여한 초기의 설계내용 조건에, 독자적인 조건을 부여함으로써 설계전개의 개별화가 이루어졌다. 설계전개의 국면에서 개별화된 설계내용은 그 생성과 소멸이 많았다. 그래서 MA는 유사화와 개별화가 동시에 양립할 수 있도록 설계프로세스를 제어하는 역할을 함으로서 BA가 독자적으로 실시한 설계전개를 「집합」에 융합될 수 있도록 MA가 지원했다. 이러한 것도 개별화를 진행하게 하였다.

MA가 BL마다 독자적으로 제안된 설계내용을 「집합」과의 관계에서 정의하는 역할을 하였다. 이 때 MA의 기존의 건축 설계경험이 개별화의 근거가 되어 개별화를 진행시켰다. 나아가 BA로부터 전체계획에의 변경 요구가 있어, 그것을 MA가 받아들임으로써 전체계획이 변경되고, 각 BL의 설계내용이 계획의 내용에 적합하도록 바뀜으로써 설계내용이 개별로 이어졌다. BA가 독자적으로 전개한 설계내용을 건축 집합체의 일부로 융합될 수 있도록 건축 집합체의 전체구성을 단순형태로 하고, 설계프로세스에서 유지하게 했다(그림 8-2).

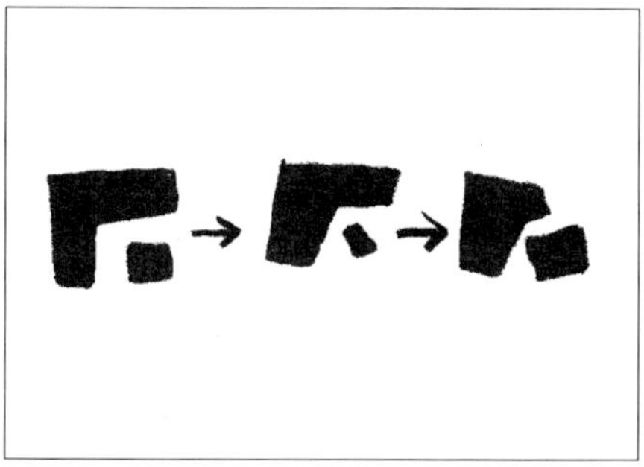

그림 8-2 골격의 유지

8-2-3 「개체」의 관련성의 생성

조정 국면에서 MA는 이념을 중시해서 다른 설계자에게 공통되는 설계의 가치를 부여하여 설계전개의 방향을 정했다. 이러한 아키텍트코디네이터의 역할에 의해 각 「개체」끼리의 관련 있는 설계프로세스를 지원했다. 도시기반의 디자인에서 설계자 상호가 도로 등의 소재를 바탕으로 상호의 설계내용에 서로 영향을 주는 상황을 MA가 만들어냄으로써 「개체」 상호는 관련성을 형성했다.

설계연계의 국면에서 유도조정형(일괄 대지형)의 경우, 각각의 BA는 공통인식을 형성하는 관련성을 만들어내었다. 다른 사람의 설계내용을 받아들여서 스스로 전개하는 수납전개나 참가자 전체가 대략적 목표로 설정한 방향에 자기의 「설계내용」을 맞춰가는 협조전개, 상호의 설계내용이 동시에 실현되도록 전개하는 공존전개가 있었으므로, 다른 BL 상호의 관련성이 만들어졌다. 조정형(분할 대지형)의 경우에는 주로 이웃하는 BA 상호가 「제약」을 주고받는 설계대상이 있고, 그러한 설계대상을 둘러싸고 상호의 「제약」관계에 관련이 발생했다. 설계의 수 · 발주관계의 차이에서 관련화 프로세스에 차이는 있지만, 다른 BA의 설계내용 상호는 각각 관계를 유지하면서 설계가 전개되었다(그림 8-3).

설계전개의 국면에서는 설계지침이나 전체계획은 상호 유도를 하면서 각각의 내용끼리가 관계를 갖는 설계전개를 하거나, 각각의 설계지침이 가지는 문제점을 밝히거나 하는 것에서도, 거기에 관련되는 설계지침끼리의 관련성이 만들어 졌다. 또한, MA와 BA는 응답을 실시하여, 상호의 의견 차이를 밝히고, 차이를 해결하는 과정에서 상호의 관련성을 만들어내었다.

▌그림 8-3 ▌ 대지공간의 조정

이렇게 각각의 BA가 설계내용이나 설계지침의 응답을 서로 실시함으로써 일체적인 건축 집합체를 만들어내었다.

8-2-4 통합의 생성

여기서는 집합 스케일에 있어서 어떻게 해서 다양과 질서를 , 프로세스 속에 공존시켜 갔는가에 대해 살펴본다.

설계조정의 국면에서는 〈건축 집합체의 구상〉과 그 구상을 실현하기 위해 필요한 프로세스의 구성을 대응시켜 설계프로세스를 진행시킴으로써 통합을 실현하는 구조를 정비하였다.

설계연계의 국면에서 설계자 상호는 1명에서부터 전체에 이르기까지 방사상으로 영향이 미치도록 함과 동시에 설계자 상호에 영향을 끼칠 수 있는 설계 진척방법을 같이 도입함으로써 다양과 질서를 통합시켰다(그림 8-4). 또 BA는 설계내용이나 설계의 부분을 설명하거나, 설계의 구체적인 디자인의 내용을 표현하거나, 종류, 사양과 같은 점을 설명하기도 했다. 때로는 설계의 문제점이나 평가를 실시하여, 그것을 다른 설계자에게 제시하는 경우도 있었다. 다른 사람과의 관계를 만드는 것을 설계의 프로세스에 포함시키는 것이나, 다른 사람과 어떤 내용으로 어떤 협의를 실시할 것인가를 설계정보로서 응답을 실시하여 설계내용의 통합을 진행시켰다.

설계전개의 국면에서는 〈건축 집합체의 구상〉에 근거해 여러 가지 해석이 가능하도록 DC를 설정하는 것이나, 일정한 폭으로 설계내용을 규정함과 동시에 그 해석을 인정함으로써 개별성과 유사성을 통합시켰다. MA가 대립하는 요구내용의 중용적인 해결방법을 제시해서 설계자간의 합의를 형성해 가는 것이나, 쌍방의 요구로부터 선택해서 합의를 형성하는 것으로 통합했다. 이러한 것의 배경에 MA의 정보적 수완과 전문적 수완이 작용하고 있었던 경우와, MA와 BA의 사이에서 상호성의 원칙이 작용했던 경우가 있었다. 또한 설계내용의 결정 순서를 MA가 제어함으로써 설계내용의 유사성과 개별성을 양립시켜 통합을 진행시켜 가는 것 외에 MA는 공통되는 형태를 확정하는 것이나, 건축의 유사설계행위로서 공통형태의 확정을 MA가 집중적으로 부담함으로써 프로세스를 제어하여 전체를 통합했다.

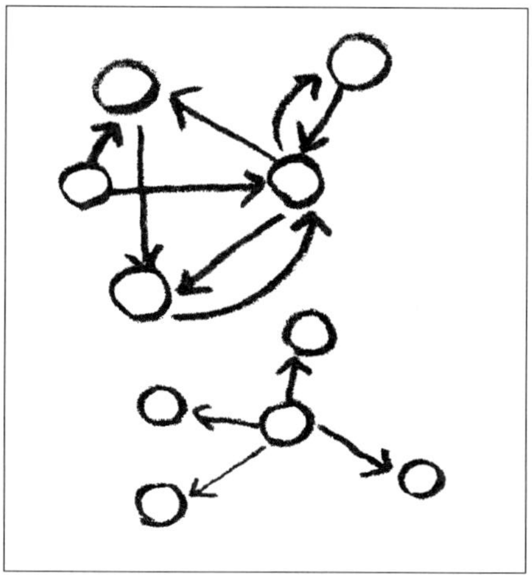

▌그림 8-4▐ 성좌형과 방사형

설계내용의 통합을 구체적인 설계내용에서 볼 수도 있다. 일괄 대지형의 시가현립대학에서는 아라카미야마(荒神山)의 축선을 이용한 단순한 「집합」의 구조에 대하여 「개체」의 복잡한 변화를 허용하는 물체형태의 법칙에 의해 「개체」와 「집합」의 관계에서 통합을 진행시켰다. 또 건축물 스케일에서는 배치구성에 있어 커다란 포위형과 각 BL의 중정과의 관계로 공간구성상의 자기상이성에 의해 통합할 수 있었다. 또 중앙

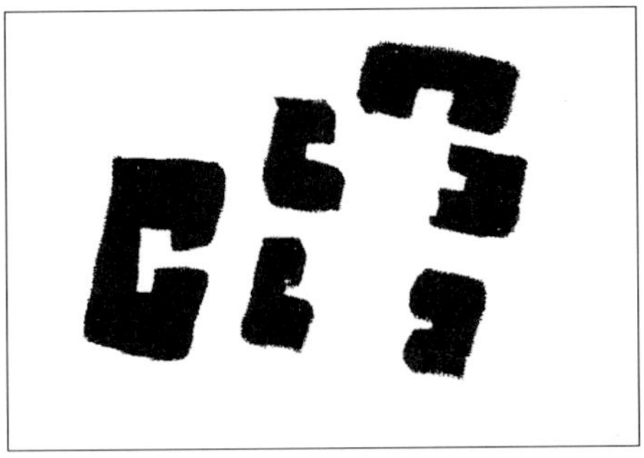

시가현립대학에 보인 〈자기상이〉의 관계 모식도에서 「개체」와 「집합」의 통합

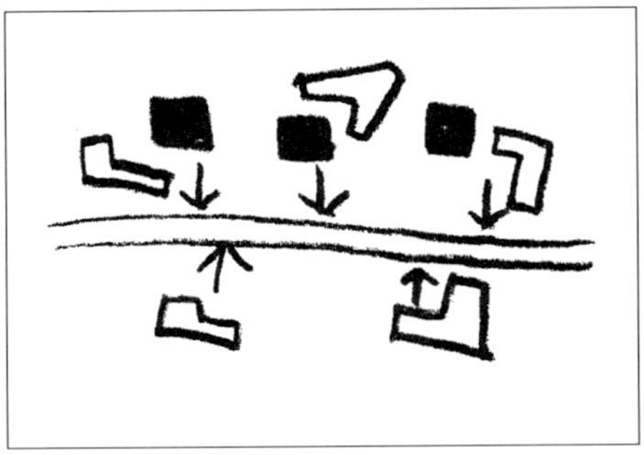

미나미오사와 15주구에서 중심성의 구조

▌그림 8-5▐ 「개체」와 「집합」의 관계

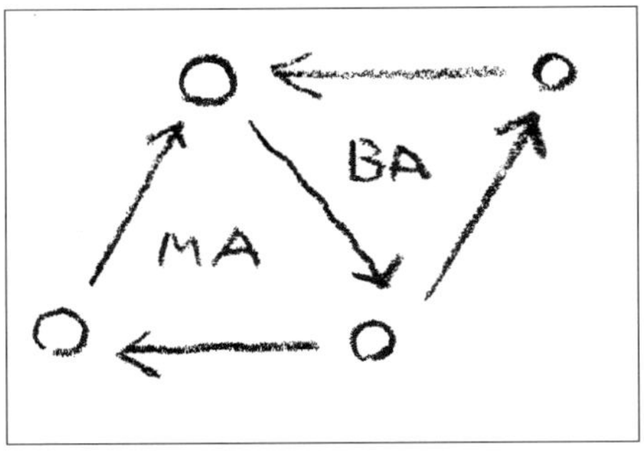

▌그림 8-6▐ 설계전개의 프로세스

탑의 중심성이 작용한 것이나, 각 BL에는 중정과 회랑으로 구성되는 공통된 건축형의 배치가 프로세스를 통해서 계승된 것으로 통합은 유지되었다. 미나미오사와 15주구에서는 고층주거동과 보행자전용도로가 전체 공간의 중심성을 만들어내고, 각 BL의 중정과 탑으로 구성된 공통 건축형의 배치가 프로세스에서 계승된 것에 의해서도 통합이 유지되었다(그림 8-5). MA는 각각의 BA가 독자적으로 설계프로세스를 진행시키는 것에는 관계하지 않고, 통합을 보유할 수 있는 구조만을 전체계획에서 설계했다. MA가 부분의 어떠한 변화에게도 대응 가능한 전체계획을 작성해서 BA가 전개한 것이다. 한편 조정형(분할대지형)인 한난 스카이타운이나 사이타마 신도심에서는 MA가 광장, 도로, 도행자전용 도로 등과 같은 외부공간과의 관계를 계속 가지도록 제안한 것이나, 그렇게 설계프로세스를 진행시킴으로써 BA 상호간에 상관관계를 가지면서 설계프로세스가 전개되었다. 외부공간 상호의 밀접한 관계를 전제로 설계를 실시함으로써 통합될 수 있었다. 이러한 프로세스는 〈구상의 합의〉→〈형태요소의 합의〉→〈설계의 실시〉→〈구상의 합의〉라는 세 가지 국면을 거쳐 설계를 전개한 것도 통합을 지원했다(그림 8-6).

8-3 환경설계 프로세스의 구조

8-3-1 조정과 연계의 구조

MA방식의 설계프로세스에서는 MA와 BA의 응답에서 「개체」 「집합」 모두 설계내용은 순차적으로 변화된다. 그래서 MA는 BA로부터 BA는 MA나 다른 BA로부터 각각 설계내용을 받아들여서, 자신의 설계내용으로 삼거나 다양한 설계내용을 첨가하거나 다시 만들어내기도 했다. 각각의 BA가 독자적으로 설계내용을 새롭게 만들어내기도 하였다. 그러한 변화는 MA가 제시한 전체계획에 의거해 BA가 완만하게 계승하는 것이었다. 그리고 작은 스케일의 설계내용 변화나, BL 전체의 스케일의 큰 변화도 일어났다. 이러한 작은 변화가 점진적으로 진행되거나, 때로는 갑자기 대폭적인 변화로 급변하거나 하는 경우도 있었다(그림 8-7). 그러한 설계프로세스에서는 모두가 한번에 결정되지 않고, 어떤 특정한 설계내용만의 결정이 빨라지거나 늦어지거나 하고, 또한 설계전개의 상황에 따라 설계자 사이에서 설계프로세스의 진행에 불균형도 생겨났다. 이러한 다양한 변화는 설계내용의 결정에도 영향을 주었다.

또한, 전체의 스케일과 BL 스케일 속에서 설계내용에 부조화가 발생하면, BA의 제안부분은 전체계획의 일부로서 자동적으로 변화되는 것이 되지만, 동시에 그 변화에 대응한 또다른 변화를 의도적으로 실시할 필요도 있었다. 그 결과, 변화된 전체계획은 다시 BL 스케일 속에 있는 설계내용에 영향을 끼친다. 또 다른 상황으로 모든 설계내용은 변화되고, MA와 BA는 그때마다의 이러한 상황에 대응할 필요가 있었다. 이러한 영향은 주로 상호 대지가 인접하는 설계자와의 관계에 의해 나타나는 것이었다.

설계자는 상호 설계내용을 설계조정이나 설계연계를 통해서 변화시킴으로써 설계내용을 유사화 · 등질화 그리고 개별화나 관련화되게 하였다. 이렇게 다른 사람과의 관계에서 설계내용이 변화되어 가고, 설계내용이 정해져 가는 것에서부터, 설계프로세스는 〈관계되는 정도〉의 문제라고 할 수 있겠다(그림 8-8). 설계자 각각이 자기들을 위해 전개하는 설계내용은 그 BL 외측의 광장이나 도로의 환경공간을 만들어낸다. 그 공간을 어떤 것으로 할 것인가를 MA와 BA가 〈관계되는 정도〉를 정해감으로써 만들어내는 것이다.

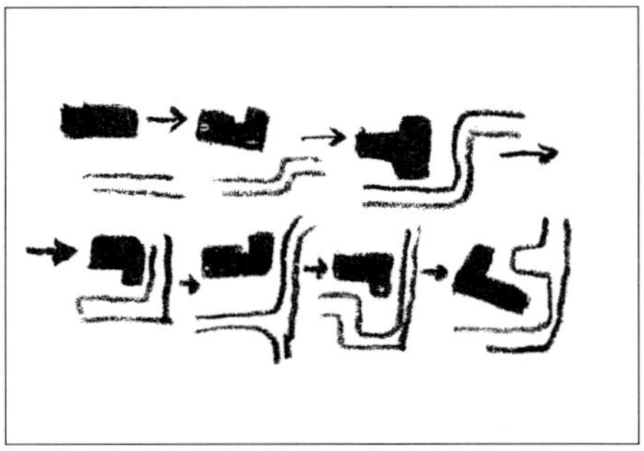

그림 8-7 설계내용의 변화

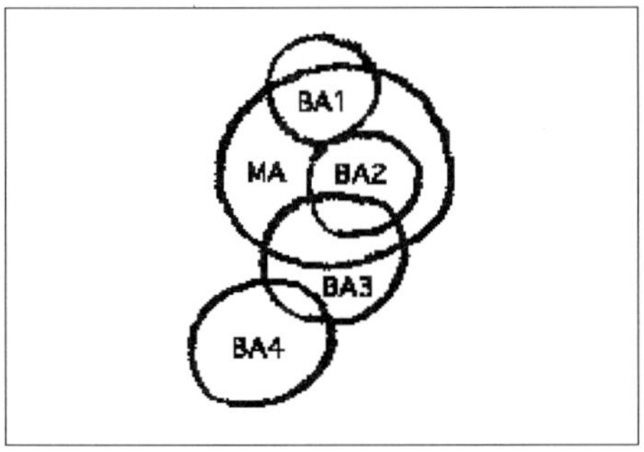

그림 8-8 관계

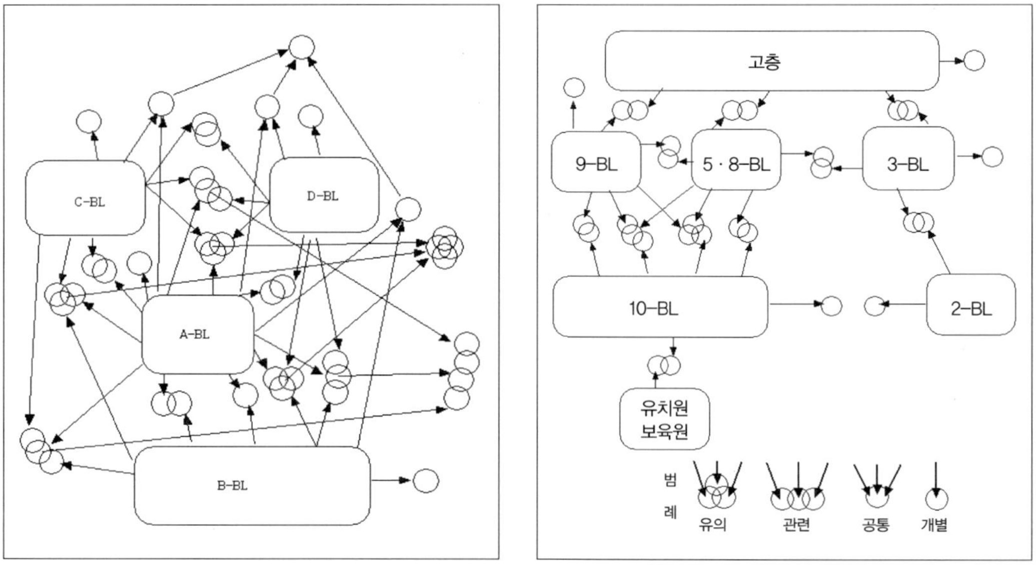

그림 8-9 설계내용의 〈관계되는 정도〉 모델도/시가현립대학(좌), 미나미오사와 15주구(우)의 경우

8-3-2 설계전개의 구조

이러한 〈관계되는 정도〉를 설계전개의 국면에서 기술하고자 한다. 우선, 모든 시작은 BA가 독자적으로 설계전개를 하는 것이다. 이것을 「개체」에 해당하는 A-1, A-2, A-3, …로 하였다. 설계전개에 의해 「개체」는 「집합」인 C를 구성하는 부분이 되지만 동시에 각각의 「개체」를 구성하는 설계내용을 가리키는 「새로운 개체」(B-1, B-2, B-3, …)를 동시에 전개하는 것이 된다. 예를 들면, B-1은 A-1의 부분으로서 만들어진다. B-2과 같이 A-1과 A-2에 의해 관련성(혹은 유사성)의 있는 관계로 「집합」의 스케일로부터 조정되는 경우도 있다. B-3과 같이 A-1과 A-2, A-3 등 유사성이 있는 관계로 조정되는 경우도 있다. B-4에서는 A-2과 A-3만에 관련성이 있으므로 「집합」으로부터의 조정은 받지 않는 경우도 있다. B-5는 A-3만에 의해 전개되지만 「집합」으로부터의 조정을 받고 있다. 이렇게 B-1~B-5는 각각 A-1~A-3에 의해 전개되지만 〈관계되는 정도〉의 차이에 의해, 관련성, 유사성 · 등질성, 개별성이 결정되어간다. 이들 B-1~B-5가 「집합」을 구성하는 경우에 「집합」-「개체」-「새로운 개체」는 결부되어, 전체로서 「새로운 집합」이 구성된다. 「개체」와 「집합」이 〈관계되는 정도〉에서 정해진 「새로운 개체」를 핵으로 하여 복잡하게 관계를 맺는 구조를 만들어간다. 이렇게 전개 프로세스를 묘사할 수 있다(그림 8-10).

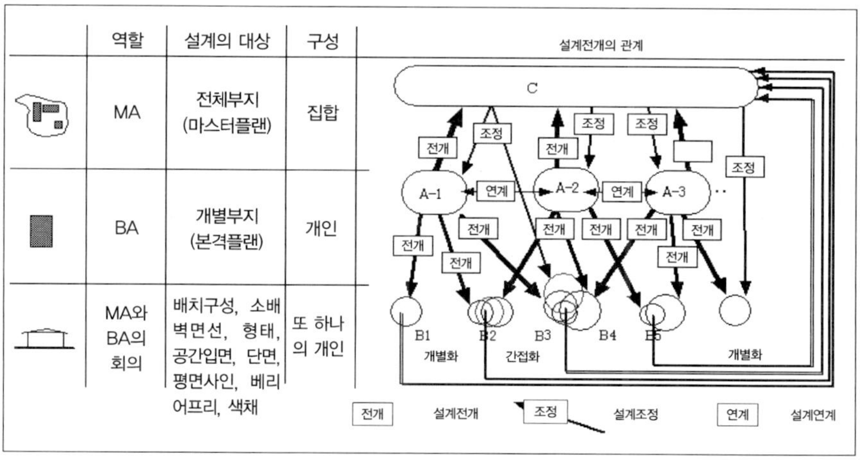

그림 8-10 MA방식에 의한 건축 집합체

8-3-3 건축 집합체의 구조

이렇게 설계프로세스에서의 〈관계되는 정도〉를 기술할 수 있지만, 거기에서 발생하는 상호의 관계에서 많은 〈관계〉가 있는 경우에는 보다 「집합」을 중시한 설계내용이며, 〈관계〉가 적을 경우에는 「개체」를 중시한 설계내용이 된다. 즉 건축 집합체를 구성하는 제부분은 설계내용 상호에서 〈관계되는 정도〉가 문제가 된다. MA가 〈관계되는 정도〉를 정하는 경우도 있지만, BA 상호의 관계에 의해 〈관계되는 정도〉가 자연히 결정되거나, 정해지거나, 〈관계되는 정도〉을 미리 설정하는 것에 의해 건축 집합체의 전체를 만들어낸다. 그러나 설계프로세스에서 〈건축 집합체의 구상은〉 항상 변화되지 않고, 설계과정을 통해서 계승되어서 점진적으로 설계프로세스의 단계를 반복한다.

이렇게 해서 전개한 「개체」는 「집합」에 대하여 그 일부가 되는 설계가 전개되고, 반대로 「더해지는 개체」에 대해 자기주장의 경향을 가진다. 만나서 상호 모순되는 방향성을 가지는 「개체」, 혹은 「더해지는 개체」의 성질은 홀론(holon)과 유사하는 것을 지적할 수 있다. 홀론은 통합경향과 자기주장경향이라고 하는 2개의 정반대 경향(또는 포텐셜(potential))을 가지는 것으로 알려져 있다. MA방식에 의해 설계가 가능한 건축 집합체의 구조는 기본적으로 세미레티스(semi-lattice)와 같지만, 각기의 스케일을 구성하는 요소는 홀론과도 같이 행동한다. 세미레티스의 구조가 홀론적인 것에 의해 구성된다. 그 구성은 상위 스케일의 구성요소가 하위 스케일의 구성요소를 지배하는 구조뿐만 아니라, 상위 스케일을 지배하는 하위 스케일의 구성요소도 존재한다. MA방식에 의해 설계할 수 있는 건축 집합체의 구조를 그림 8-11과 같이 만들 수 있다.

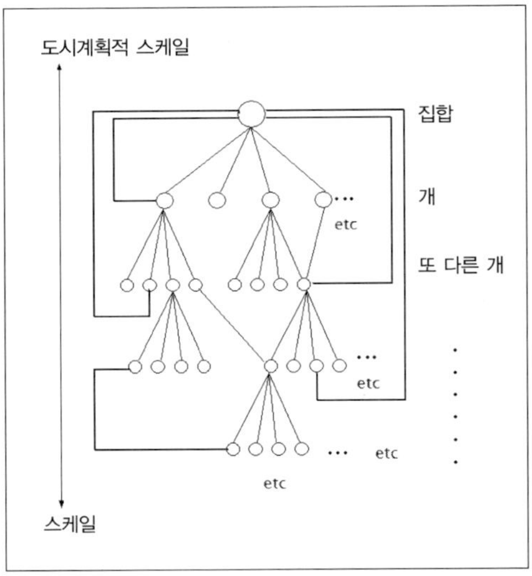

| 그림 8-11 | MA방식으로 만들어낼 수 있는 건축 집합체의 구조

8-3-4 회상(回想)설계

〈관계되는 정도〉를 정해 갈 때에, 〈건축 집합체의 구상〉은 여러 가지 국면에서 중요한 역할을 한다. 설계조정의 국면에서 보면 협동설계의 사례에서 폭넓게 설계조정의 구조와 밀접하게 관계되고 있으며, 설계프로세스에서 〈건축 집합체의 구상〉과 설계내용과는 관계가 깊다. 또한 MA의 조정행위의 기준이기도 하다. 설계연계의 국면에서는 설계자 상호가 같은 목적을 가지고 설계연계를 형성하는 것에 역할을 짊어졌다. 또 설계자 상호에서 발생하는 제약의 기준으로서의 역할도 하였다. 설계전개의 국면에서는 설계지침이나 전체계획의 해석에 즈음해서 중요한 역할을 수행했다. 그리고 설계내용의 합의형성이나 설계내용의 전개에 역할을 하였다. 특히 본론에서 분석한 〈건축 집합체의 구상〉은 기본적으로 대지주변의 환경조건과 관련되는 것으로 「환호(環壕)촌락」은 비와코 호수의 촌락과 관련성이 있다. 「남구의 산악도시」나 「목가적인 마을」은 대지의 구릉지형과 관계가 있다. 「감정적(emotional)」은 수도권의 도시성에 근거하고 있었다. 이러한 실존하는 건축 집합체의 구상이나 감각적인 구상을 이용해서, 설계자 상호가 협동적으로 환경설계 프로세스를 진행시켜 갔다. 이러한 〈건축 집합체의 구상〉은 참가 설계자 상호의 사이에서 회상(回想)의 대상이 되었다고 할 수 있다. 게다가 이러한 사례는 협동설계의 사례에서 몇 번이고 관찰할 수 있다. 그래서 환경설계 프로세스는 설계의 참가자가 각각에 설계의 회상을 실시하는 장소라고 할 수 있다. 설계자 상호의 건축 집합체에 관한 기억으로 맺어질 때 협동이 성립한다. 이 프로세스에 디자인의 충동을 주는 것(디자인의 이모션(Design Emotion))이 회상이라고 할 수 있는 것은 아닐까? 충동의 구체적인 모습은 설계자에 의해 다르게 나타나고 있지만, 창작에 결부되는 대처는 공통된 것이 될 수 있다. 바꿔 말하면 MA의 기억과 BA의 기억을 겹치게 해서 진행하는 회상의 프로세스가 MA방식의 환경설계 프로세스라고 말할 수 있다.

8-3-5 프로세스 흐름

회상의 대상은 기억의 형태를 취하고 있어 실제로 그 실체는 어렴풋이 한 것이다. 이것이 설계프로세스에 「부드러운」구조를 주고 있다는 것이 중요하다. 즉 〈건축 집합체의 구상〉은 종래의 사전 확정적인 전체계획을 대신하여 환경설계 프로세스에서 역할을 하고 있는 것이다. 설계자 상호의 〈관계를 갖는〉 프로세스만을 설정해 두고, 서로 일어나는 영향에 의해 예측할 수 없는 설계전개의 행방을 계획하고 있는 것이 MA방식일 것이다(그림 8-12).

〈관계를 갖는〉을 어떻게 구성할 것인가라고 하는 것이 중요한 점인데, 설계자 상호의 응답에 의해 〈관계를 갖는〉은 성립될 수 있다. 그러나 MA와 BA 상호의 〈관계를 갖는〉을 따라서 진행되는 설계프로세스에서는 설계의 결과를 예측하는 것은 불가능하다. 하지만 전개의 방향만은 제어되고 있다. 이렇게 방향성을 정하는 것이 〈건축 집합체의 구상〉이다. 다양한 관계 속에서 협의가 이루어진다는 것은 프로세스 자체를 부드러운 구조로 만들어 주고 있다. 거기에서, 항상 대략적인 전체상을 설계프로세스에서 계속 유지시키는 것이 MA의 역할이다. 그러한 유연함을 효과적으로 설계프로세스에 활용시키기 위해서는 MA의 경험이나 홍미 · 관심과 〈건축 집합체의 구상〉이 일체가 되고, 동시에 BA는 그 내용을 충분히 지식으로서 가지고 있어야 한다는 것이 중요하다. 그렇게 함으로써 상호의 응답이 성립한다. MA에 건축설계의 전문가가 적절한 것은, 건축물의 부분 스케일에서부터 건축 집합체의 주변 환경의 스케일까지를 포함한 〈건축 집합체의 구상〉과 관련되는 다양한 건축지식의 공유가 설계자 상호에서 가능해지기 때문이다.

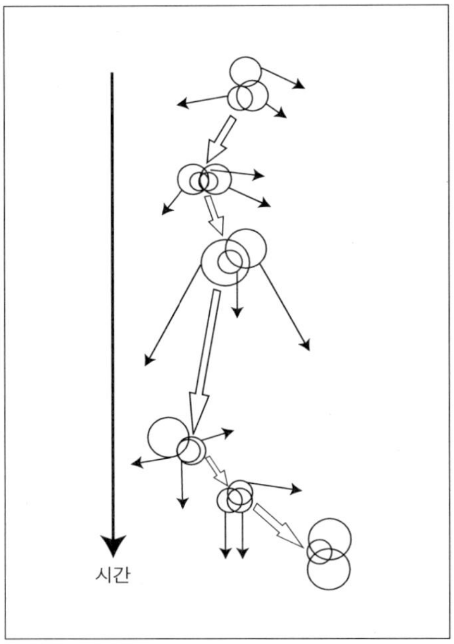

○ : 설계전개의 세대

→ : 설계전개의 경향

| 그림 8-12 | 설계프로세스의 유연함

8-4 MA방식

8-4-1 근대도시계획에서의 발전

현재 도시설계의 기본이 되는 사고방식은 르·꼬르뷔제가 작성한 「빛나는 도시」에 기인한 바가 크다. 근대의 건축이나 도시에 영향이 있었던 꼬르뷔제 이론의 보편성은 꼬르뷔제 자신의 개성이지 인간성이 결여된 이론이다라고하는 비판도 있다. 꼬르뷔제는 곡선의 가로는 동물성의 현상이며, 직선의 가로는 인간의 것으로 고귀하다고 기술하였다. 임의인 구성인 공간의 가치를 인정하지 않고 있었다는 것을 알 수 있다. 「빛나는 도시」에서는 고대로부터의 촌락이나 도시와는 전혀 다른 공간의 질을 명확히 표현하여, 휴먼스케일을 압도하는 도시상을 만들었다(그림 8-13). 또 베를린인터바우의 협동설계에 참가했을 때에는 대지에 비하여 지나치게 큰 유니테다비다시온의 설계안을 제시했다. 그것은 예정된 대지에는 들어갈 수가 없어 다른 대지에 건설되었다(그림 8-14). 그리고 다른 설계자와 함께 건축 집합체를 만들려고는 하지 않았다. 또 꼬르뷔제는 같은 모습의 건축물이 집합을 이루는 모습도 묘사했다(그림 8-15). 개성의 주장과 통일적인 공간에 대한 근대적인 가치관을 볼 수 있다. 그러한 자세로부터는 혼재형 건축 집합체의 모습을 읽어낼 수는 없다. 꼬르뷔제는 CIAM의 설립에서 「협동」의 개념을 내세웠지만, 협동설계에 의한 건축 집합체의 설계에는 도달하지 못했다고 할 수 있는 것이 아닐까? MA방식에 의해 설계가능한 건축 집합체는 도로나 대지는 부정형이며 환경공간의 모습은 임의이다. 또 공간은 복수 설계자의 설계내용 또한 각각의 개성으로 분절화된다. 동시에 건축물이나 임의의 공간이 가지는 개성에 의해

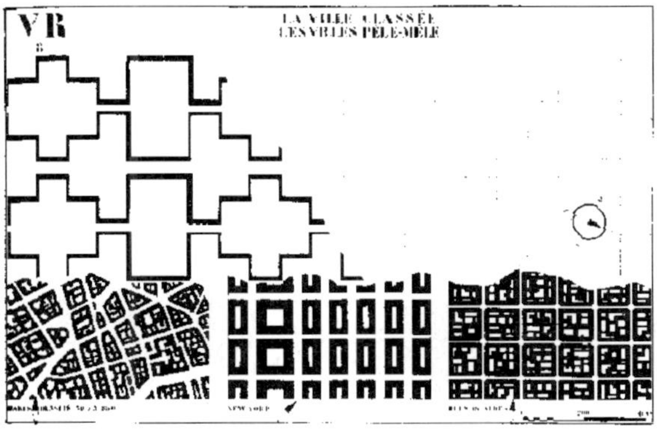

그림 8-13 The layout of Le Courbusier's Ville Radieuse, compared with those of Paris, New York and Buenos Aires/ 출처 : The history of the city

장소성이 만들어진다. 꼬르뷔제가 제안한 도시상, 즉 근대의 도시계획이 요구한 균질적인 도시상과는 다른, 그리고 근대가 이미 한 쪽으로 추진해서 「개체」가 각각에 독자적인 주장만을 실시하는 혼란형의 도시상과는 다른, 그것들의 중간적인 위치에 있는 혼재형 도시의 실현에 MA방식은 그 가능성을 발휘할 수 있다.

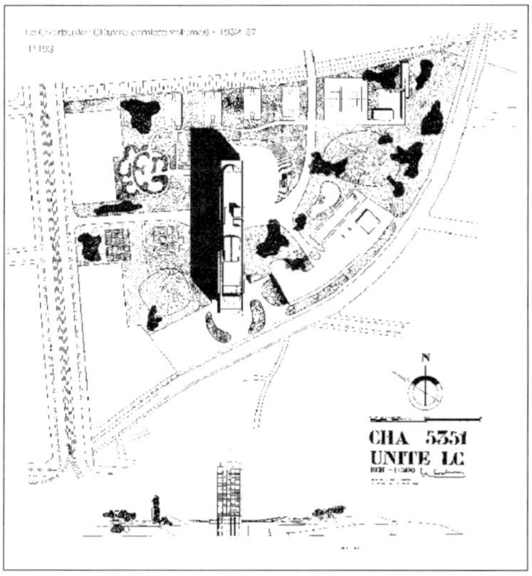

| 그림 8-14 | 베를린의 유니테다비다시온/출처 : Le Courbusier CEuvreVolume 6

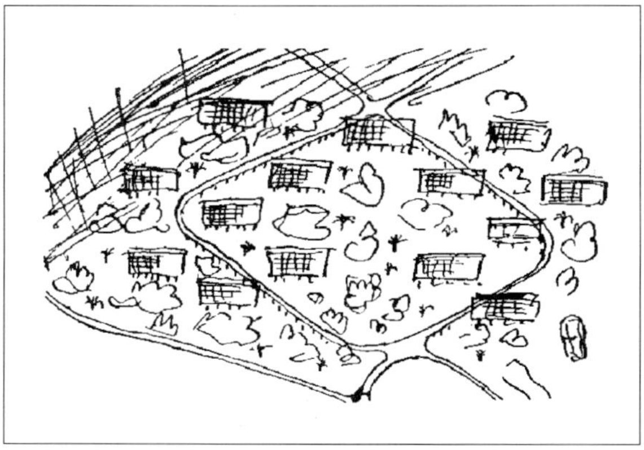

| 그림 8-15 | Theur Banization of Nemours/출처 : Le Courbusier CEuvre Volume 4

8-4-2 변화하는 전체계획

근대는 사전 확정의 전체계획에 의해 강력하게 「개체」의 관계를 미리 구속하고 있었다. 설계프로세스에서 「개체」가 변화할 수 없는 경우, 예를 들어 그것이 임의형의 건축 집합체라 할지라도, 정서형(整序型)의 경우와 프로세스는 같다. 「개체」를 사전에 확정한 것을 극복할 수 없다. 「개체」를 사전 확정한 전체계획의 강한 틀을 극복할 수 없다는 것이다. 설계전개에서 「개체」의 변화는 있어도 「집합」의 변화는 기본적으로 기대할 수 없다. 복수 참가자가 있어도 최종 모습이 예측 가능한 건축 집합체이다. 그러나 MA

방식에서는 「집합」의 임의적인 형성을 지원하고, 의도적으로 임의적인 「집합」을 만들어내려고 하는 것에 그 중요성이 있다. 협동설계의 사례에는 「개체」끼리의 관계를 전체계획에서 너무나 미리 확정적으로 관련지어버림으로써 입면의 조작이 설계의 주제가 된 사례도 있다. 그 결과 「형태의 유희」「도시계획 주도의 설계」 등과 같은 비판이 나온다. 사전의 규정이 설계프로세스에서 변화의 가능성을 미리 강제로 빼앗고 있기 때문이다. 사전에 정해진 「개체」 상호의 관계는 정서(整序)한 환경공간밖에 만들 수 없다. 쟌・안쿠로벨이 리에주대학의 설계조정 경험으로부터 지적한 바와 같이, 임의성을 인공적으로 만들어내는 것은 본질적으로는 의미가 없다. 그래서 임의적인 건축 집합체를 만들어내기 위해서는 「개체」 상호의 〈관계되는 정도〉를 결정지어 가는 프로세스를 거치는 것이 필요하다.

8-4-3 혼재형의 도시형성

세계의 인구 이동에 의해 앞으로 다양한 문화가 혼재해서 공존하는 「도시」가 나타날 것이다. 거기에서는 아이덴티티(identity)를 가지는 「개체」와 「집합」의 모습이 문제시된다. 또한 저장(stock)형 사회로의 이행에 따른 신규개발의 도시설계에서는 기존의 건축물이나 지형, 삼림, 식재, 기존 가로 등 설계 대상지의 기본이 되는 도시나 자연환경에 대해 균일한 조건일 수는 없다. 도시설계의 전제로서 자연환경이나 기존 도시 등이 존재한다. 그것들은 신규개발의 목적이나 내용과 항상 조화 가능한 것이라고는 할 수 없다. 다른 질을 전제로 한 도시설계로의 대응이 필요하다. 종래에는 이러한 전제조건을 고려하지 않고 일정한 틀을 미리 설정했었다. 그러나 이 틀에서는 설계프로세스에서 대응할 수 없는 여러 문제가 발생한다. 모든 것을 균질한 것으로 취급하는 것은 무리인 것이다. 따라서 새로운 개발을 하는 경우에는, 계획 자체가 임의인 것이 요청될 것이다. 그리고 그들 각각에 임의적인 질을 하나의 질서에 조합시키기 위해서는 다양성에 근거한 자기상이성(自己相似性)의 구조를 사용하는 것이 생각된다. 즉 혼재형의 건축 집합체를 만들어냄으로써 「도시」는 각각 자기상이(自己相似)의 개별성을 가진 질서를 가지는 것이 가능해지는 것이다. 각각이 자율성을 가지면서 하나의 것이 된다고 하는 모순된 구성의 「도시」를 형성하는 것에 MA방식은 혼재형의 건축 집합체를 실현하는 설계방법이 적용될 수 있다. 임의적인 전제조건에 대응할 수 있는 것은 원래의 전체계획이 임의적이며 임의인 변경을 허용하는 설계프로세스이다. MA방식을 환경설계방법으로서 적용해야 하는 이유가 여기에 있다.

8-4-4 창조적 환경설계 프로세스

MA방식의 설계프로세스에서는 MA와 BA의 사이에서 문제가 해결되고 그것은 항상 설계내용의 변화로 나타났다. 현상을 타파해서 항상 새로운 상태로 변하게 하는 것이 실시되고 있다. 문제해결의 창조성이 있다는 것을 알 수 있다. 설계프로세스에서는 다양한 모양으로 MA가 BA에게 영향을 주고, BA 상호도 영향을 서로 주고받는다. MA나 BA의 설계경험이 계승될 가능성이 있는 장소가 생긴 것이다. 협동설계는 건축교육의 실천의 장소로서의 역할도 하고 있다는 것을 베르라헤(Beurs van Berlage)나 그로피우스(Gropius)의 예를 살펴보면, 거기에 사회적인 설계교육의 장소가 될 가능성이 있다고 할 수 있다.

그리고 설계프로세스에는 회상의 대상이 있다. 회상이란 과거의 통찰을 통해서 달성한 것을 확인하고, 세계나 미래에 대해서 사색하는 절호의 기회가 되는 것이라고 전해지고 있다. 건축 집합체의 구상으로서 회상의 대상이 존재한다는 것은, 다른 도시나 촌락이나 다양한 건축 집합체와의 관계를 생각할 수 있다. 회상은 창조적인 설계전개에서 도약의 계기가 될 가능성을 가지고 있다. 스즈키(鈴木博之)는 「건축 속에 과거를 매장하라고 말하고 싶다」 「과거는 기억의 문제가 아니라 상상력의 문제다」라고 기술하고 있다. 회상의 대상이 된 〈건축 집합체의 구상〉이 설계프로세스에 있다고 하는 것은 설계상의 상상력을 환기(喚起)하는 프로세스가 있다고 하는 것이다. MA방식에서 〈건축 집합체의 구상〉은 설계자 집단의 창조를 위한 기억이었다라고 지적할 수 있다.

또 설계프로세스에서 각각의 설계자가 독자적으로 전개하는 「개체」와 「개체」의 관계를 구축하는 것은, 원래 전체계획 등으로 관련되어서 존재하고 있으면서 개별적으로 다루어져 온 것이 관련지어지고 통합된다고 하는 창조성이 프로세스에 있다고 하는 것도 나타내고 있다.

8-5 결어

본서에서 기술하고자 했던 것은 풍경적인 목표상이나 감각적인 목표상을 설정해서 설계자가 협동하는 범위를 대상으로 하고 있지만, MA방식에서 건축 집합체의 설계프로세스는 각각 다른 동기나 의도를 가진 설계자가 건축 집합체의 디테일에서부터 그 주위의 환경까지도 포함해서 대화를 실시하고, 협력관계를 유지하면서 설계를 진척시키는 방법이라고 할 수 있다. 그리고 그 설계프로세스는 각 설계자의 독자적인 설계프로세스의 상황에 따른 것이다. MA방식에서는 전체계획을 디자인코드(DC)나 마스터플랜(MP)의 형태로 규정하지만, 거기에서는 원래의 모습이 정서(整序)가 아니며 최종적인 모습도 정서(整序)가 아닌 임의형의 건축 집합체를 설정하고 있다. 즉 건축 집합체의 여러 부분을 다소 불확정적으로 설정하는 것이다. 그리고 명확한 디자인적인 최종목표를 설정하지 않고, 설계프로세스에 맞춰가면서 최종적인 디자인에 이르는 프로세스를 진행시켜 간다. 설계의 목표라고 하는 건축 집합체는 임의인 동시에 비통일적인 것이 본래의 모습이므로, 설계프로세스에서 설계조건의 변경이나 설계자가 독자적으로 설계전개를 해도 통합의 유지가 지켜진다면 중대한 문제가 생기지는 않는다.

즉 설계프로세스에서 「개체」가 자유롭게 의지를 발휘하기 쉬워지는 상황이 만들어지는 것이다. 그 결과, 전체와 조화된 개성이 풍부한 건축 집합체를 만들어낼 수 있다. MA와 BA가 〈건축 집합체의 구상〉을 축으로 조정,

연계, 전개의 국면에서 대화를 진척시킴으로써 진행되는 이러한 프로세스는 다양성과 질서성을 동시에 내포하는 구조로 제어되는 것이다. MA방식은 설계내용이 결정되어 가는 프로세스를 설계자 상호가 공유하고, 프로세스 전체를 알면서 전체를 만들어내는 프로세스에 참가하는 것이 가능한 설계방법이므로, 설계자의 집단은 전체성을 가지는 건축 집합체를 창작할 수 있는 것이다.

전문가 좌담

- 藤本昌也 : 建築家' 現代計画 研究所 所長·代表取締役
- 北尾靖雅 : 京都女子大学 家政学 部助教授

北尾 : MA방식에 관한 책의 한국 출판을 계기로, 일본에서 뿐만 아니라 한국에서도 MA건축가로서 활발히 활동하고 계시는 후지모토(藤本) 선생님께 한국에서의 경험 등을 토대로 어반디자인의 과제에 관한 이야기를 듣고자 합니다. 선생님께서는 현재 한국에서 어떠한 MA방식의 디자인을 하고 계시는지요?

藤本 : 한국의 대한주택공사로부터 [총괄계획가(MA)]로서 어반디자인을 실시할 권한이 주어져 현재 2개의 프로젝트에 참가하고 있습니다. 서울시내의 의왕포와 안양시 동안구 관양동입니다. 한국에서는 2001년부터 새로운 건축프로젝트를 진행하면서 지금까지의 도시계획에 나타난 문제점에 대해 논의하여 왔습니다. 한국에 MA제도가 도입되게 된 것은 2003년 수립된 도시계획법에 의한 지구단위계획이 커다란 계기라고 할 수 있습니다. 그때까지의 도시계획이란 지구단위계획에서 도시디자인 영역은 지도할 수 있는 역할을 가진 사람이 없었습니다. 그래서 지구단위계획을 하기 위한 지도자가 필요하였고 도시디자인을 총괄하고 관리를 할 수 있는 역할을 담당할 MA건축가가 필요하게 된 것 입니다. 그리고 도시경관에 특정한 룰을 만들어 공간의 형식 등을 원칙적으로 조정하기 위하여 MA가 제도화된 것입니다.

北尾 : 선생님이 담당하신 프로젝트에서는 어떤 방식으로 MA를 운용하고 계십니까?

藤本 : 제가 관여하고 있는 프로젝트의 경우 도시계획 전문가, 랜드스케이프 전문가, 건축 전문가 그리고 외국에서 온 MA 경험자(藤本)로 구성된 4인조가 활동하고 있습니다. 지금은 토지이용의 계획을 결정하기 위한 단계로서 구체적인 건축을 설계하는 단계는 아닙니다. 여기서 나는 어반디자인의 관점에서 보는 건축의 형태나, 외관계획의 관점에서 토지이용계획을 진행하여 왔습니다. 건축을 설계하는 사람도 랜드스케이프 디자이너도 아닌 도시디자인을 관리하는 역할이 필요했던 것입니다. 도시경관을 조정하는 룰을 만들고 MA건축가가 그것을 조정하여, 설계자나 발주자에게 어반디자인의 목적이나 내용을 전달하는 역할입니다.

北尾 : 그중에서도 특히 어떤 문제를 해결하는 것이 MA건축가에게 주어졌다고 볼 수 있습니까?

藤本 : 한국에서의 도시문제는 기본적으로는 서울이 중심이라고 생각하고 있습니다. 서울의 폭발적인 인구증가에 의해 서울주변의 그린벨트지역에까지 시가지가 진출하고 있습니다. 시가지가 넓어짐으로써 지금까지 유지되어져 온 녹지가 사라져 가는 것에 대해, 지구단위계획단계에서 이를 심사하고 판단하여 개발자 측에 압력과 규제를 가하면서 개발할 필요가 생겨나게 된 것이죠. 이러한 단계에서 MA건축가는 환경적이고 경관적인 조화를 만들어내야 하는 역할을 하게 되는 것 입니다.

北尾 : 지금 한국의 어반디자인 동향은 어떻게 보고 계십니까? 특히 일본과의 비교를 통해 말씀해 주시기 바랍니다.

藤本 : 현재 일본의 도시계획에서는 도시계획과 지구계획이 맞붙어 법률이 어느 한쪽으로 기울어지지 않은 상태라고 할 수 있습니다. 한편 한국에서는 지구단위계획을 만듦으로서 도시계획이 전체를 계획하는 부분을 담당하고, 도시디자인을 관리하도록 하였습니다. 이것은 일본의 도시계획에서도 추구하던 바였습니다. 도시디자인의 관점에서 본다면 건축기준법안의 집단규정은 도시계획안에서 마무리지어지는 편이 좋다고 생각합니다. 일본도 지구환경법과 같은 중간법을 만들지 않으면 안 됩니다. 집단 규정을 건축법에서 분리시킨 한국의 상황이 있습니다. 한국의 상황이 일본의 상황과 굉장히 비슷한 점은 한국에서도 도시계획이 기본적으로는 토목기술자의 범주라는 것입니다. 그러나 한국에서는 이러한 상황으로는 주거환경의 향상이 이루어질 수 없다는 의식이 높아져 건축측의 전문가를 도시계획에 도입하려고 한 것입니다. 기본적으로 서울 주거환경의 상황은 건물이 과밀하므로 건물들간의 관계를 충분히 검토할 필요가 있습니다. 한편으로 서울 중심부의 도시에 다운 조닝이 도입되었습니다. 지구단위계획은 본래 기성시가지의 재생을 유도하는 것을 목적으로 하여 다운 조닝에 의한 규제시가지의 용적율을 내리는 것에 대해 지구단위계획에 의한 용적율을 확보하고 제대로 된 도시를 만들어보겠다는 의도도 있습니다. 지구단위계획을 할 사람이 필요하고 계획을 실행하기 위해 지도를 해줄 MA건축가를 필요로 하게 된 것입니

다. 그래서 법개정 당시, 지구단위계획제도를 실행함에 있어서 건축적인 소양과 도시계획적인 소양을 갖춘 사람을 필요로 했던 것입니다.

北尾 : 과밀한 상황을 컨트롤하기위해 미리 건축의 타입이나 외부공간의 형태 등을 충분히 검토하고 그것을 구체화하기 위하여서는 MA방식은 그 효과가 크다고 생각됩니다. 네덜란드의 경우 그린벨트라고 하는 도시환경적으로 중요한 지역의 개발이 필요로 해지면서 자연과 환경과의 조화를 컨트롤하는 역할을 MA건축가에게 크게 기대를 하게 되는 것은 도시형성에 있어 대단히 긍정적인 것이었다고 평가되어지고 있습니다. 한국의 도시계획 또한 MA 건축가에게 많은 기대를 하고 있는 것 같습니다.

藤本 : 한국의 도시계획에 관해서는 일제강점기라고 하는 시기가 있었던 역사도 있고 해서 일본의 도시계획으로부터 영향을 받은 부분이 있습니다. 그러나 그와는 반대로 일본의 도시계획의 실패나 개선점들도 보고 있다는 것입니다. 최근의 일본 주택을 보면 민간 개발업자가 눈 깜짝할 사이에 만들어버리는 경우가 많습니다. 개발업자 즉 민간자본이 주도하고 있기 때문에 사회적인 섹터가 그 기능을 발휘하지 못하는 문제점이 있습니다. 주택이 상품적인 가치를 지니는 것으로 취급되고 있습니다. 집을 짓는 것과 환경을 만드는 것은 단기적으로 만들 것이 아니라 장기적으로 추진해가야 할 문제이며, 결국 민간개발업자에게만 맡기는 데는 한계가 있습니다. 역시 사회적인 부분에 있어서도 공단이나 공사과 같은 공공기관이 관여하여야 하며, 도시를 만듦에 있어서도 좀더 문을 열고 밀도 있게 계속적으로 추진해 나가야 할 필요성이 있습니다.

생활하고 있는 사람들이 공간을 소중하게 만들어가고 이를 통해 생활의 질이 향상된다는 것은 결과적으로는 도시가 좋아진다는 것입니다. 도시의 표면만을 건축가가 담당하여, 장래적으로 도시가 황폐해져가는 것은 실제적인 의미의 도시의 모습은 아니라고 봅니다. 도시디자인이라는 것은 경관을 좋게하는 것만으로는 되지 않으며 거기에 살고 있는 사람의 생활의 질을 향상시키는 것이야말로 실제적인 의미가 있습니다. 이제부터는 인간에게 있어 건강한 육체가 재산인 것처럼 도시에 있어서는 거기에 살고 있는 사람들의 생활의 질이나 생활을 만들어가기 위한 노력을 하지 않으면 안 됩니다.

北尾 : 이후 일본과 한국의 어반디자인의 분야에서는 MA방식의 건축은 어떻게 전개되리라

고 보십니까?

藤本 : MA방식에 있어서 일본은 아직도 발전도상의 상태입니다. 지역의 도시디자인에 관여한다고 하는 것은 시민의 여러 가지 요구를 전문가가 만들어내는 것이므로 본래 그 토지를 잘 알고 있는 현지의 사람만이 할 수 있는 일입니다. 제가 한국에서 MA로서 프로젝트에 참가한 것에 대해서는 MA로서의 방법, 즉 프로젝트에 참가하기 위한 방법을 전하는 정도 밖에 할 수 없다고 생각합니다. 건축가나 행정을 이끌어가는 시민의 참가방법에 대해서 대략적으로 전해주는 것이 한국에서의 MA로서의 역할이었다고 할 수 있을 것입니다. 그리고 이후 민주화가 진행되는 중에 시민참가나 합의형성이라고 하는 국면이 나타날 것으로 생각됩니다만 이러한 국면에서 일본에서의 여러 가지 경험을 전달할 수 있을 것으로 생각됩니다.

北尾 : 앞으로 한국과 일본에서 MA 전문가로서의 선생님의 역할이 기대되며, 좋은 도시디자인을 위해 힘써 주기기 바랍니다. 감사합니다.

참고문헌

· 香山壽夫：「建築形態の構造・ヘンリー・H・リチャードソンとアメリカ近代建築」, 東京大學出版會, 1988.11
· 矢守一彦：「都市プランの研究：變容系列と空間構成」, 大明堂, 1970년
· 西山康雄：「アンウィンの住宅地計劃を讀む：成熟社會住環境を求めて」, 彰國社, 1992년
· 澤田善太郎：「組織の社會：官僚制・アソシエーション・合議制」, ミネルヴァ書房, 1997년7월
· 藤田治彦：「現代デザイン論」, 昭和堂, 1999년6월
· 內井昭藏：「健康な建築：イマジネイティブな生活空間を求めて」, 彰國社, 1985년
· 藤本昌也：「住むための都市をいかにつくるか」, 住宅特集 1994년11월, 新建築社
· 保坂陽一郎：「統合へむかう街と建築：感動のある秩序を求めて」,彰國社, 1993년12월
· 五十嵐敬喜：「建築不自由時代」,日經マグロウヒル社, 1981년
· 川崎清, 笹田剛史, 山口重之, 小林正美, 吉川眞, 佐藤不二男 외 편：「設計とその表現：空間の位相と展開」, 鹿島出版會, 1990년
· 原廣司：「建築・集落からの敎え」, NHK人間大學, 日本放送協會出版
· 原廣司：「空間(機能から様相へ」, 岩波書店, 1987년3월
· 槇文彦：「記憶の形象：都市と建築との間で」, 筑摩書房, 1992년8월
· 小林重敬 편：「協議型まちづくり：公共・民間企業・市民のパートナーシップ&ネゴシエーション」, 學芸出版社, 1994년5월
· 巽和夫 편：「行政建築家の構想」, 學芸出版社, 1989년7월
· 布野修司：「裸の建築家：タウンアーキテクト論序說」, 建築資料研究社, 2000년3월
· 大野秀俊：「建築家にも都市計劃家にもできないこと」JUDINEWS056, 2000년9월호
· 大橋良介：「日本的なもの,ヨーロッパ的なもの」, 新潮社 ,1992年2月
· 鈴木成文：「住まいの計劃住まいの文化」, 彰國社, 1988년11월
· 鈴木博之：「建築の七つの力」, 鹿島出版會, 1984년
· 材野博司：「庭園から都市へ：シークエンスの日本」, 鹿島出版會, 1997년11월
· 山本光雄 역 편：「初期ギリシャ哲學者斷片集」, 岩波書店, 1958년
· 矢代眞己：「オランダの住宅」, 住まいの圖書館出版局
· 森田慶一：「西洋建築入門」, 東海大學出版會, 1971년12월
· 八束はじめ：「外國の集合住宅　戰前編」, 新建築 1977년6월 임시증간
· 吉田鋼市：「オーギュスト・ペレ」, 鹿島出版會 SD選書 196, 1985년11월호
· 山田雄一：「組織科學の話」
· 市浦健：「日本住宅開發史」井上書院, 1984년
· 菊竹淸訓：「代謝建築論：か・かた・かたち」, 彰國社, 1969년
· 齊藤勇：「人間關係の心理學」, 誠信書房, 1983년6월
· 中野實 편저：「日本型政策決定の變容」, 東洋經題新報社
· 日端康雄, 木村光宏：「アメリカの都市再開發・コミュニティ發, 都市再生のまちづくり」, 學芸出版社, 1992년
· 吉阪隆正, 寺門征男 외 편：「吉阪隆正集11・不連續統一體を」, 勁草書房, 1984년
· クリストファー・アレクサンダー(宮本雅明 역, 西川幸治 해설)：「オレゴン大學の實驗」, SD選書, 鹿島出版會
· クリストファー・アレグザンダー(押野見邦英 역)：「都市はツリーではない(The city is not a tree)」, デザイン 1967년7월호, 8월호

· ヘーゲル(竹内敏雄 역) : 「美學」, 岩波書店, 1960년
· ジョセフ・ベルモン(菊竹清訓 감역) : 「アーバン・アーキテクチュア」の時代へ : フランスの再開發事例檢證を通して描く建築・都市の未來像」, 彰國社, 1994년10월
· プロクロス : 「神學綱領」 世界の名著, 中央公論社
· ヘィッキ・フォン・ヘルツェン, ポール・D.スプライレゲン 공저(波多江健郎, 武藤章 공역) : 「Building a new town : Finland's new garden city : Tapiola(タピオラ田園都市 : フィンランドのニュータウン建設)」: 鹿島研究所出版會, 1974년2월
· C・アレクサンダー(宮本雅明 역) : 「オレゴン大學の實驗」, 鹿島出版會, 1977년
· C・アレクサンダー(難波和彦 감역) : 「まちづくりの新しい理論」, SD選書, 鹿島出版會
· J.バーネット(倉田直道, 倉田洋子 역) : 「新しい都市」(アーバンーデザイン)
· P・パヌレ 외(佐藤方俊 역) : 「住環境の都市形態 」, 鹿島出版會, SD選書220, 1993년
· Roderick J. Lawrence(鈴木成文 감역) : 「ヨーロッパの住居計劃理論」, 丸善, 1992
· Koestler, Arthur(田中三彦, 吉岡佳子 역) : 「ホロン革命」, 工作舍, 1983년4월
· Walter Porzig : 「言葉の不思議 : 近代言語學序說」, 白水社,1973
· 京都市公共建築デザイン指針~設計のかまえとたくみ~, 200012년4월, 京都市都市計劃局營繕部營繕企劃課(京都市印刷物111098호)
· 建設省住宅局建築指導課・市街地建築課 감수,(財)建築技術教育普及センター・(社)全國市街地再開發協會 편, 建築・まちなみ景觀研究會 저 : 「建築・まちなみ景觀の創造」, 技報堂出版, 1994년1월
· 住宅都市整備公團東京支社,「多摩ニュータウン 第15住區設計記錄」, 1990
· くまもとアートポリス'92實行委員會 : 「12のアーバン・デザイン」, 1992년, INAX
· 日本建築學會 편저 「設計方法と設計主體」, 彰國社, 1989년10월
· 建築白書 : 「人口の動きから見た住宅・社會資本」, 平成11년7월16일, 建設省, 大藏省印刷局
· 神奈川縣住宅供給公社 편 : 「公共住宅の軌跡と戰後の住宅政策」, 1992년9월
· 全國町並み保存連盟(稻垣榮三, 西村幸夫 외) : 「新・町並みの時代ーまちづくりへの提案」, 學芸出版社, 1999년
· 「ハイタッチリサーチパーク」, 新建築, 1990년10월호
· 「ハイタッチリサーチパーク」, 日經アーキテクチャー 1990년10월29일호
· 「ネクサスワールド」, 新建築 1991년5월
· 日經アーキテクチャー, 1993년5월24일 : 幕張新都心住宅地
· "A Bercy Villjuif : due quartieri parigini a confronto", CASABELLA, No.617, Nov. 1994
· "BERCY BRIEF", The Architectural Review No.1180, Jun, 1995년
· BRUNO TAUT RESTROSPECTIVE–Nature and Fantasy
· Colin Rowe, Fred Koetter : "Collage City" in The Architectural Review, No.942, August, 1975. Max Alfred Babel and Babylon : Housing as Mounent : "Babel et Babylone : le logement comme monument," in Architectured 'Aujourd'hui, no. 187, Oct./Nov., 1976, Abridged version. this paper is translated by Toshio Nakamura in "The Architectures of the Contemporary City" edited by Vittorio Magnago Lampugnani, July ,1999
· Denise Scott Brown : "The Meaning City", In American Institute of Architecture(AIA) Journal, January 1965. Abridged version, this paper is translated by Toshio Nakamura in "The Architectures of the Contemporary City" edited by Vittorio Magnago Lampugnani, July, 1999
· Fumihiko Maki : 「INVESTIGATIONS IN COLLECTIVE FORM」, A Special Publication Number 2,

THE SCHOOL OF ARCHITECTURE, Washington University, June 1964
· Jacques Herzog, Pierre de Meuron, Remy Zaugg "A City in the Process of Becoming?"("Eine Stadt Im Werden?") in Archithese no.6, Nov, 1992
· "JEAN-PIERRE BUFFI Une composition a plusiers mains, "Architecture Interior CREE, No.255 Aug.-Sep., 1993년
· J.M. Richrds : "CRITCISM OF THE NEW NEIGHBORHOOD OF LANSBURY", Architecture Review Dec., 1951 this paper is trancelated by Kiyoshi Higuchi in "Kokusaikennchiku", 1952
· "LOUVAIN-LA-NEUVE-VILLES NOUVELLES", SOMMAIRE No.3-4/87, le Carre Bleu33
· "Logic and Will", Prograssiv Architecture 1990.3
· Leon Krier : 「CITIES WITH IN THE CITY」, A+U, 1977
· MAarten Kloos et al. : Housing after Napoleon, New use for an old site in Amsterdam, ARCAM POCKET, Architectura & Natura, Amsterdam, in conjunctuin with ARCAM, 1992
· Max Alfred "Babel and Babylon : Housing as Mounent(Babel et et Babylone : le logement comme monument)", in Architectured 'Aujourd' hui, no.187, Oct.,/Nov, 1976, Abridged version. this paper is translated by Toshio Nakamura in "The Architectures of the Contemporary City" edited by Vittorio Magnago Lampugnani, July, 1999
· Oswald Mathias Ungers "Six Propositions for the Future Development of The City", in der Stadt. Stadterneuerung als Herausforderung unsererZeit, published by the Akademie der Architektekammer Nordrhein-Westfalen and the German Unesco Commission, Munich, New York, London, Paris, Saur, 1981
· Rem Koolhass/Oma : "The IJ-Plain", Een speurtocht naar nieue compositorische middlen
· Rem Koolhaas : "What Ever Happened to Urbanism?" in Small, Medium, Large, Extra-Large, S.M.X.L., Rotterdam, 010 Publishers, 1995
· Robert Venturi : "Complexity and Contradiction in Architecture", New York, The Museum of Modern Art, July, 1999
· ROBERT AXELROD : "CONFLICT OF INTEREST", CHICAGO, MARKHAM, 1970
· Vittorio Magnago Lampugnani : "Some Thoughts on a New Urban Design Discipline", this paper is translated by Toshio Nakamura in "The Architectures of the Contemporary City", July, 1999

저자 소개

키타오 야스노리 (北尾靖雅)

京都工藝纖維大學 졸업
京都大學 大學院 工學硏究科 박사과정 수료
東京大學 大學院 공학박사
네델란드 델프트공과대학 상석연구원
現) 京都女子大學 생활조형학과 교수

편역자 소개

이 정 호 (李正浩)

영남대학교 건축공학과 졸업
영남대학교 대학원 건축공학 석사
미국 PRATT INSTITUTE 건축학 석사
경북대학교 건축공학과 박사과정 수료
現) 경북대학교 건축학부 건축학 전공 교수

김 종 하 (金鍾河)

대구대학교 건축공학과 졸업
(日本) 京都大學校 大學院 공학박사
現) 동양대학교 건축공학과 교수

김 주 야 (金珠也)

대구대학교 주거환경디자인학과 졸업
(日本) 京都工藝纖維大學 大學院 공학박사
연세대학교 특별연구원
現) 김천과학대학 공간리모델링과 교수